碎磨工艺及应用

杨松荣　蒋仲亚　刘文拯　编著

北　京
冶　金　工　业　出　版　社
2013

内 容 提 要

本书从工程应用的角度，结合理论分析，比较系统地介绍了碎磨工艺的破碎、筛分、磨矿、分级等各个主要环节，对碎磨工艺发展的新特点、新理论、新装备及其生产实践，特别是结合国内外生产实际情况对采用自磨机/半自磨机和高压辊磨机的碎磨流程运转率的影响因素进行了详细的分析和论述。

本书可供从事矿物加工、矿山机械设备领域的科研和工程设计人员、企业的工程技术人员和高等院校的师生参考。

图书在版编目(CIP)数据

碎磨工艺及应用/杨松荣，蒋仲亚，刘文拯编著. —北京：冶金工业出版社，2013. 1

ISBN 978-7-5024-6082-2

Ⅰ. ①碎…　Ⅱ. ①杨…　②蒋…　③刘…　Ⅲ. ①磨碎机—研究　Ⅳ. ①TH6

中国版本图书馆 CIP 数据核字(2012)第 277257 号

出 版 人　谭学余
地　　址　北京北河沿大街嵩祝院北巷 39 号，邮编 100009
电　　话　(010)64027926　电子信箱　yjcbs@cnmip.com.cn
责任编辑　张熙莹　美术编辑　李　新　版式设计　孙跃红
责任校对　禹　蕊　责任印制　李玉山
ISBN 978-7-5024-6082-2
冶金工业出版社出版发行；各地新华书店经销；北京慧美印刷有限公司印刷
2013 年 1 月第 1 版，2013 年 1 月第 1 次印刷
169mm × 239mm；18.5 印张；360 千字；283 页
56.00 元

冶金工业出版社投稿电话：(010)64027932　投稿信箱：tougao@cnmip.com.cn
冶金工业出版社发行部　电话：(010)64044283　传真：(010)64027893
冶金书店　地址：北京东四西大街 46 号(100010)　电话：(010)65289081(兼传真)
(本书如有印装质量问题，本社发行部负责退换)

前　言

碎磨工艺在技术上是矿物加工（选矿）工艺中的准备作业，其在矿石的破碎、磨矿过程中所消耗的材料和能量是巨大的。如据资料报道，目前美国一年用于各种矿物生产的爆破、破碎和磨矿中所消耗的电能约 1.5×10^{10}kW·h，这个数据相当于美国年发电量的1%（而全世界矿物生产的爆破、破碎和磨矿所消耗的电能约占世界发电量的2%）。在2000年，根据美国矿物部门的统计，破碎工艺消耗电能最大的前5种矿物分别是铜矿石（3.6×10^9kW·h）、铁矿石（3.3×10^9kW·h）、磷矿石（1.3×10^9kW·h）、黏土（0.5×10^9kW·h）、钛矿石（0.3×10^9kW·h）。此外还有 1.8×10^9kW·h 用于破碎这些矿物所需的耗材（介质、衬板和耐磨件）的生产。因此，碎磨工艺的合适与否成为矿山项目建设考虑的关键因素。

20世纪80年代之前，国内外碎磨工艺主要是采用自磨和常规碎磨（即二段或三段破碎＋磨矿）流程，设备规格小，控制水平低。20世纪80年代开始，随着经济和技术的发展，半自磨机的采用成为了国外新建选矿厂碎磨工艺的主流。到20世纪末，国外新建或改造的金属矿山选矿厂的碎磨工艺几乎都采用了半自磨工艺。同时，设备的规格和控制技术也达到了一个更高的水平。

2004年10月，由中国恩菲工程技术有限公司设计的我国第一个半自磨＋球磨回路在冬瓜山铜矿建成投产。此后，采用半自磨机的碎磨工艺开始在国内的选矿厂应用。进入21世纪后，有着明显节能效果的高压辊磨机技术也开始在国内外的碎磨工艺中应用，使得碎磨工艺增添了更多的内容。

本书分为上、下篇：上篇为碎磨工艺，包括第1章～第8章，结合工程应用，比较系统地介绍了碎磨工艺的破碎、筛分、磨矿、分级等各个主要环节，对当前碎磨工艺发展的新特点、新理论、新装备进行了论述；下篇为工业实践，包括第9章～第17章，介绍了国外11个矿山分别采用的9种典型的碎磨流程的生产实践。

在本书的编写过程中，得到了部分同事的帮助，其中夏自发工程师编译了第10.3节，刘志伟工程师编译了第11章和第13章，金勇士工程师和何洋博士编译了第17章。在此谨对他们的帮助表示衷心的感谢！

在本书的编写过程中，参阅了大量相关的国内外文献、书籍和会议论文，谨向所有本书中所涉及的参考资料的作者表示衷心的感谢！

书中不足之处，欢迎批评指正。

杨松荣

2012年6月

目　　录

上篇　碎磨工艺

下篇　工业实践

附　　录

上篇

碎磨工艺

1 概　述

破碎和磨矿是所有原材料加工过程中必不可少的两个过程。原材料或者通过加工后选别，或者通过加工后改性，或者进行其他的处理过程，均需要把原料的粒度降低到后续加工过程所适用的粒度，而破碎和磨矿的过程都是使原料粒度降低的过程，但由于两者使物料粒度降低的方式不同，因而其降低过程的原理和降低的程度也不同。

由原材料的物料性质和特点所决定，物料的破碎和磨矿需要重型的设备来完成，这就决定了物料的破碎和磨矿过程本身有两个明显的特点：一是投资高，一般选矿厂中，破碎和磨矿部分的投资占选矿厂总投资的50%～60%；二是成本高，一般选矿厂中，破碎和磨矿用电量占总用电量的65%～75%，钢耗几乎占100%，破碎和磨矿的成本占选矿厂总成本的50%～70%。

因此，在矿山的建设中，根据具体矿山的矿石特性，选择采用合适的碎磨工艺流程，是矿物加工的重要环节。本书将主要就冶金矿山的碎磨工艺流程进行研究与探讨。

1.1　碎磨工艺的概念

矿物加工是将开采出来的含有有用矿物的矿石，通过施加外力，使其中所含的具有一定形状和规格的有用矿物（目的矿物）晶粒解离出来，然后通过物理的方法、化学的方法或物理化学的方法使其富集，并与脉石（非目的矿物）分离的过程。对矿石施加外力，使有用矿物从矿石中解离出来，则是通过碎磨工艺来实现的。

碎磨工艺是矿物加工中选别工艺的准备作业，是利用能量对矿石进行挤压、冲击和研磨，使矿石中有用矿物单体解理，利于下阶段进行选别的过程。破碎是利用机械能对矿石进行挤压使其碎裂解理，磨矿是利用冲击、研磨使矿石碎裂、剥蚀达到解理。磨矿作业能耗高，通常约占选矿总能耗的一半以上。20世纪80年代以来应用各种新型衬板及其他措施，碎磨效率有所提高，能耗有所下降。

根据破碎理论，采用破碎的方式达到某一粒度所消耗的能量小于采用磨矿的方式达到同一粒度所消耗的能量，这也是一般工程中所采用的“多碎少磨”碎磨流程的由来。这也仅是从能量的消耗上来考虑，工程建设上要考虑诸多因素，如矿石的物理和化学性质，流程的长短，环节的多少，岗位的多少，占地面积的大小，投资、运行成本，对环境的影响等，都要作为采用何种碎磨工艺的考虑因素。

在物料的破碎、磨矿过程中，为了使物料既充分解离，又避免过粉碎或过磨现象的发生，一般均采用筛分作业或分级作业与其组成闭路破碎流程或闭路磨矿流程。

根据矿山采出的矿石粒度，一般情况下，破碎是将矿山采出的粒度为0～1200mm的矿块碎裂至粒度为0～25mm的过程。一般按粗碎、中碎、细碎三段进行。磨矿则是将破碎的最终产品磨至粒度为10～300μm大小。磨矿的粒度根据有用矿物在矿石中的浸染粒度和采用的选别方法确定。

筛分则是按筛面筛孔的大小将物料分为不同的粒级，常用于处理粒度较粗的物料。而分级则是按颗粒在介质（通常为水）中沉降速度的不同，将物料分为不同的等降级别的过程，适用于粒度较小的物料。筛分和分级是在破碎和磨矿过程中分出合适粒度的物料，或把物料分成不同粒度级别分别入选。

在特殊情况下，为避免含泥矿物原料中的泥质物堵塞破碎、筛分设备，需在碎矿过程中设置洗矿作业。原料中如含有可溶性有用或有害成分，也要进行洗矿。洗矿可在擦洗机中进行，也可在筛分和分级设备中进行。

1.2 碎磨工艺的分类

常用的碎磨工艺主要有以下两类：

（1）常规碎磨流程。即破碎＋筛分＋闭路磨矿流程，如单段破碎＋磨矿流程、两段破碎＋筛分＋磨矿流程、两段半破碎＋筛分＋磨矿流程、三段破碎＋筛分＋磨矿流程等。

（2）自磨（半自磨）流程。即粗碎＋自磨（半自磨）＋（顽石破碎）＋闭路磨矿流程，如粗碎＋单段自磨（半自磨）流程、粗碎＋自磨（半自磨）＋球磨流程、粗碎＋自磨（半自磨）＋（顽石破碎）＋闭路磨矿流程、粗碎＋自磨＋砾磨流程等。

目前，碎磨工艺采用的设备主要有旋回破碎机、颚式破碎机、圆锥破碎机、高压辊磨机、半自磨机和球磨机。圆锥破碎机是人们熟知的破碎设备，而近20多年来发展最快的碎磨工艺是半自磨—球磨工艺，高压辊磨机作为降低能耗的有效设备，近年来也开始得到了广泛的应用。

2　物料的破碎过程

2.1　破碎的原理

2.1.1　矿石的硬度及可碎性

影响矿石破碎的因素很多，如矿石的矿物组成、结晶特性、解离度、硬度及其在矿床中的风化程度等。其中矿石的硬度是影响矿石破碎的决定因素[1]。

采矿工业上一般以矿石或岩石抵抗外力作用的机械强度作为衡量硬度的标准。机械强度是指单位面积上所能承受的外力，以 MPa 表示。

根据所受外力方式的不同，机械强度又分为：抗弯强度、抗拉强度和抗压强度。三者之间的关系为：抗压强度 > 抗弯强度 > 抗拉强度。当所作用的外力超过该矿石或岩石的机械强度极限时，矿石或岩石就发生破碎。因此，目前工业上的破碎设备主要采用压力和冲击力使矿石破碎。

采矿工业应用上通常以硬度系数 f（也称普氏硬度系数）来表示岩石或矿石的硬度，f 为岩石或矿石标准试样的单向极限抗压强度值（R）的百分之一，即

$$f = \frac{R}{100} \tag{2-1}$$

式（2－1）中 f 值越大，岩石或矿石的硬度越大，也就越难破碎。

根据上述硬度的表示方式，选矿工业上参考采矿岩石（普氏）分级表（见表 2－1）把矿石硬度简化为 5 级（见表 2－2，有的资料简化为 4 级或 3 级）。

表 2－1　岩石（普氏）分级表

等级	坚固性程度	f	岩　石
Ⅰ	最坚固的岩石	20	最坚固的石英岩，玄武岩
Ⅱ	很坚固的岩石	15	花岗质岩石，石英斑岩、花岗岩、硅质片岩等
Ⅲ	坚固的岩石	10	花岗岩，砂岩，石灰岩，极坚固的铁矿等
$Ⅲ_a$	坚固的岩石	8	石灰岩，不坚固的花岗岩，大理石，硫化铁，白云石等
Ⅳ	颇坚固的岩石	6	一般的砂岩、铁矿
$Ⅳ_a$	颇坚固的岩石	5	硅质页岩，页岩质砂岩

续表 2-1

等级	坚固性程度	f	岩　石
Ⅴ	中等的岩石	4	黏土质岩石，不坚固的砂岩和石灰岩
$Ⅴ_a$	中等的岩石	3	各种页岩，致密的泥灰岩
Ⅵ	颇软弱的岩石	2	白垩，岩盐，石膏，无烟煤等
$Ⅵ_a$	颇软弱的岩石	1.5	破碎的页岩，硬化的黏土
Ⅶ	软弱的岩石	1.0	黏土、烟煤，黏土质土壤
$Ⅶ_a$	软弱的岩石	0.8	黄土，砾石
Ⅷ	土质岩石	0.6	腐殖土，泥煤，湿砂
Ⅸ	松散岩石	0.5	砂，松土，采下的煤
Ⅹ	流沙性岩石	0.3	流沙，沼泽土壤，含水黄土

表 2-2　矿石硬度等级表

硬度等级	硬度系数 f	可碎性	举　例
很软	<2	很易	石膏、无烟煤、滑石
软	2~4	易	泥灰岩、页岩
中硬	4~8	中等	一般砂岩、石灰岩、铁矿
硬	8~12	较难	坚固的铁矿、硫化矿　硬砂岩
很硬	>12	很难	含铁石英岩、玄武岩、花岗岩

应当指出，虽然同属一类矿石，但由于其结构或构造的不同，风化程度的不同，其坚硬程度也不同。例如，同样是砂岩，由于胶结物的不同，其坚固性也不同。胶结物为石英质的最坚固，为铁质和石灰质的次之，为黏土质的最差。岩石在生成时和生成后由于地质作用的不同也影响它们的坚硬程度。如有的岩石节理发达、裂隙较多，其坚硬程度就差。同样是含铁石英岩，但由于地区不同，成矿条件不同，其硬度也不一样。

目前选矿工业也普遍采用邦德功指数（Bond work index）来评价岩石或矿石的硬度。"邦德功指数"是指将矿石从理论上无限大的粒度破碎到80%的小于100μm时所消耗的能量，以 kW·h/st（1st = 0.907t）表示。

矿石或岩石的邦德功指数越大越难破碎，一般认为，邦德功指数大于17为硬矿石，邦德功指数为11~17为中硬矿石，邦德功指数小于11为软矿石。

2.1.2　矿石的破碎方式

矿石的破碎主要是采用机械破碎，或者通过机械力转变为重力，以压力和冲击力的方式使矿石破碎，作用方式主要有以下四种：

（1）压碎，利用两个工作面施加压力使矿石破碎，如图2－1（a）所示；

（2）劈碎，利用尖齿楔入矿石的劈开力进行破碎，如图2－1（b）所示；

（3）磨剥，利用两个工作面做相对运动，对矿块施加剪力，使矿块发生破裂，如图2－1（c）所示；

（4）击碎，利用冲量使矿石破碎，如图2－1（d）所示。

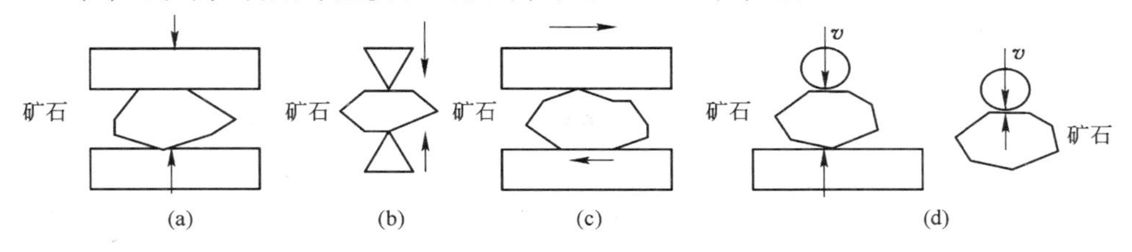

图2－1　破碎力的作用方式

（a）压碎；（b）劈碎；（c）磨剥；（d）击碎

工业上采用的破碎机械有的以某种破碎作用方式为主，其他方式为辅，多数机械采用几种破碎方式的联合作用。

目前采用的破碎设备根据破碎原理的不同主要有颚式破碎机、圆锥破碎机、辊式破碎机和冲击式破碎机。

2.2　破碎过程的能量消耗

要使矿石破碎，首先要使作用于矿石上的外力超过矿石内部各质点间的内聚力[1]。矿石内部的内聚力可以分为两种：一种是同一晶体内部各质点之间的作用力；另一种是晶体与晶体之间的作用力。这两种内聚力性质相同但数量不等。第一种内聚力比第二种内聚力要大得多，因为晶体结合时，在晶体内部各质点之间的距离要比晶体与晶体之间的距离小得多。

内聚力的大小取决于晶体本身的性质和结构，也与晶体结构中所形成的各种缺陷有关。这些缺陷可能是宏观的或微观的裂缝，也可能是晶体结构中由于质点的置换所造成的作用力的改变。由于这些缺陷的存在，矿石晶体之间的结合就变弱了。矿石破碎时沿结合最脆弱的面裂开。矿石破碎后生成的碎块上，这种脆弱面就减少了。所以，随着矿石粒度的减小，脆弱面逐渐减少，这些矿石颗粒也变得越来越坚固。因此，破碎越细的矿石，相对要消耗越多的能量。

如第2.1节所述，要使矿石破碎，必须使作用于矿石上的外力超过它的强度极限。大块的矿石由于体积大，需要大的外力才能使其破碎。随着粒度的减小，矿石也变得越来越难破碎，虽然破碎个别矿粒所需的外力较小，但单位体积的矿石破碎的功耗却相对较大。

矿石破碎时所消耗的功，一部分作用于形成新的表面，变成固体的表面自由能；另一部分使矿石变形，并以热的形式散布于周围空间。

破碎形成新的表面的功耗 A' 与新生成的表面积大小成正比：

$$A' = K'\Delta S \tag{2-2}$$

式中 K'——比例系数；

ΔS——新生成的表面积。

当 $\Delta S = 1$ 时，比例系数 K' 就是新生成的单位面积所做的功，它的因次为 N/cm^2。

破碎矿石使矿块发生变形，并变成热而散失，这部分功耗 A'' 与矿石体积的变化成正比：

$$A'' = K''\Delta V \tag{2-3}$$

式中 K''——比例系数；

ΔV——矿石体积的变化。

当 $\Delta V = 1$ 时，K'' 等于矿石变形单位体积所消耗的功，其因次为 N/cm^3。

破碎矿石总的功耗等于上述两种功耗之和，即：

$$A = A' + A'' = K'\Delta S + K''\Delta V \tag{2-4}$$

在此基础上，人们提出了三种有影响的破碎理论，即面积理论、体积理论和第三破碎理论。

2.2.1 破碎面积理论

破碎面积理论是由雷廷格（P. R. Rittinger）于 1867 年提出的。

当采用很大的破碎比进行破碎时，破碎前物料的表面积很小，而破碎后物料的表面积很大，破碎过程中使物料体积变形的功耗与新生成表面的功耗比较起来，前者显得很小，即变形功可以忽略不计，此时破碎总的功耗为：

$$A = K'\Delta S \tag{2-5}$$

这表明，破碎功耗与破碎过程中新生成的表面积成正比，这是破碎面积理论的主要论点。显然，这一理论只能近似地考虑破碎比很大时的破碎总功耗，如在磨机中的磨矿过程所消耗的功。

物料的表面积与物料的粒度有关，假定物料具有规则的形状，譬如都是立方体，且认为物料具有相同的平均粒度，则对单一颗粒有：

$$G = \delta d_m^3 \tag{2-6}$$

式中 G——每个颗粒的质量；

δ——物料的密度；

d_m——物料的平均直径。

总重为 Q（t）的物料由 N 个颗粒组成，故

$$N = \frac{Q}{\delta d_m^3} \tag{2-7}$$

每个颗粒的表面积 S 为：

$$S = 6d_m^2 \tag{2-8}$$

质量为 Q（t）物料的总表面积 S_T 为：

$$S_T = SN = 6d_m^2 \frac{Q}{\delta d_m^3} = \frac{6Q}{\delta d_m} \tag{2-9}$$

单位质量物料所具有的表面，称为该物料的比表面。比表面 S_C 为：

$$S_C = \frac{S_T}{Q} = \frac{6}{\delta d_m} \tag{2-10}$$

如果一块直径为 D 的立方体矿块，当破碎比为 i 时，破碎产品的矿块直径为 D/i，则新生成的表面积 ΔS 为：

$$\Delta S = 6\left(\frac{D}{i}\right)^2 \frac{D^3}{\left(\frac{D}{i}\right)^3} - 6D^2 = 6D^2(i-1) \tag{2-11}$$

根据破碎面积理论，破碎该直径为 D 的矿块总的功耗为：

$$A = K'\Delta S = K'6D^2(i-1) = KD^2 \tag{2-12}$$

假设有 Q（t）物料，由平均粒度为 D_m 破碎到平均粒度为 d_m，那么破碎过程增加的表面积 ΔS 为：

$$\Delta S = \frac{6}{\delta d_m}Q - \frac{6}{\delta D_m}Q \tag{2-13}$$

由式（2－12）计算破碎总的功耗为：

$$A = K'\Delta S = K'\left(\frac{6Q}{\delta d_m} - \frac{6Q}{\delta D_m}\right) = \frac{6K'}{\delta}\left(\frac{1}{d_m} - \frac{1}{D_m}\right)Q \tag{2-14}$$

以比例系数 K'_R 代替 $\frac{6K'}{\delta}$，则：

$$A = K'_R\left(\frac{1}{d_m} - \frac{1}{D_m}\right)Q \tag{2-15}$$

处理单位质量的功耗 A_R 为：

$$A_R = K'_R\left(\frac{1}{d_m} - \frac{1}{D_m}\right) \tag{2-16}$$

当破碎比 $i = \frac{D_m}{d_m}$ 时，式（2－16）可以写成：

$$A_R = K'_R\frac{i-1}{D_m} \tag{2-17}$$

式（2－12）、式（2－16）、式（2－17）均为破碎面积理论的数学表达式。由这些结果可知：

（1）当物料的平均粒度为 D_m 时，破碎功耗与破碎比成正比，破碎产品粒度越细，破碎的功耗也越大；

（2）当破碎比一定时，破碎功耗与原物料粒度成反比，原物料粒度越小，破碎的功耗就越大。

2.2.2 破碎体积理论

破碎体积理论由基克（F. Kick）于1885年提出。

当破碎大块矿石且破碎比不大时，新生成的表面积不大，所以在考虑破碎功耗时可以忽略新生成表面积的功耗 A'，总的功耗为：

$$A = K''\Delta V \tag{2-18}$$

矿块体积的变化 ΔV 与矿块的体积成正比，即

$$\Delta V = K_1 V \tag{2-19}$$

式中 K_1——比例系数；

V——被破碎矿块的体积。

将式（2-19）代入式（2-18），并使 $K_1K''=K_2$ 得：

$$A = K_2 V \tag{2-20}$$

以 δ 代表矿块的密度，对确定的矿石，密度是一个常数，使 $K_2=K_0\delta$，K_0 为另一比例常数，则式（2-20）可变为另一形式：

$$A = K_0\delta V = K_0 G \tag{2-21}$$

式中 G——被破碎矿块的质量。

矿块的体积与矿块的粒度（直径 D）之间有一定的关系，仅差一个系数，故总的功耗还可以写成：

$$A = K_2 V = K_K D^3 \tag{2-22}$$

式中 K_K——比例系数；

D——被破碎矿块的直径。

式（2-21）及式（2-22）说明，破碎功耗与被破碎矿块的质量或体积成正比。这就是破碎功耗的体积理论。显然，这一理论只考虑了变形所需的功，而忽略了生成新表面所耗的功。因此，只能近似地考虑粗破碎时的总功耗。

当矿块的直径为 D 时，每个矿块的质量 $G\propto\delta D^3$，质量为 Q（t）的矿石共有矿块数目 $N\propto Q/(\delta D^3)$。所以破碎 Q（t）矿石的全部功耗为：

$$A = K_0 GN = K_0\delta D^3\frac{Q}{\delta D^3} = K_0 Q \tag{2-23}$$

设破碎分阶段完成，总的破碎比为 i，各阶段的破碎比为 γ，每阶段的破碎比都相同，破碎的阶段数为 n，则

$$i = \gamma^n \tag{2-24}$$

第一段破碎的功耗为：$A_1 = K_0 Q$

第二段破碎的功耗为：$A_2 = K_0 Q$

$$\vdots$$

第 n 段破碎的功耗为：$A_n = K_0 Q$

总破碎比为 i，破碎 Q（t）矿石的总功耗为：

$$A = nK_0 Q \tag{2-25}$$

由于 $n = \lg i / \lg\gamma$，代入式（2-25）得：

$$A = \frac{\lg i}{\lg\gamma} K_0 Q \tag{2-26}$$

令 $K_0/\lg\gamma = K'_K$，则 $A = K'_K Q \lg i$

处理单位质量矿石的功耗为 A_K，则

$$A_K = K'_K \lg i \tag{2-27}$$

这是破碎体积理论的另一数学表达式，说明破碎单位质量的矿石，所耗的功与破碎比的对数成正比。

2.2.3 破碎第三理论

破碎第三理论由邦德（F. C. Bond）于 1952 年提出。

邦德认为，破碎每一块物料所耗的功与物料的体积和表面积的几何平均值成正比，即

$$A = K_\sigma \sqrt{D^3 D^2} = K_\sigma D^{2.5} \tag{2-28}$$

式中 K_σ——比例常数。

单位质量的矿石，所具有的矿块数目 $N = 1/(\delta D^3)$，故处理单位质量的矿石所耗的功为：

$$A_B = K_\sigma D^{2.5} \frac{1}{\delta D^3} = K_B \frac{1}{\sqrt{D}} \tag{2-29}$$

式中 K_B——比例常数，$K_B = K_\sigma/\delta$。

如果矿石由粒度 D 破碎到粒度 d，则耗的破碎功为：

$$A_B = K_B\left(\frac{1}{\sqrt{d}} - \frac{1}{\sqrt{D}}\right) \tag{2-30}$$

式（2-29）就是邦德所推导的破碎功耗公式，称之为第三破碎理论。

邦德功指数也称单位标准功，以 kW · h/st 或 kW · h/t 表示。故功指数 W_i 为：

$$W_i = K_B \frac{1}{\sqrt{d}} = K_B \cdot \frac{1}{\sqrt{100}} = \frac{K_B}{10}$$

或

$$K_B = 10 W_i \tag{2-31}$$

故邦德公式中比例常数等于 10 倍功指数。

将式（2－30）代入式（2－29），得

$$A_{\mathrm{B}} = 10W_i\left(\frac{1}{\sqrt{d}} - \frac{1}{\sqrt{D}}\right) \tag{2-32}$$

式中 A_{B}——将单位质量的粒度为 D 的矿石破碎到产品粒度为 d 时所耗的功，kW·h/st；

W_i——邦德功指数，kW·h/st；

D——给矿粒度，以80%通过的筛孔计算，μm；

d——产品粒度，以80%通过的筛孔计算，μm。

利用式（2－32）可以计算磨机的需用功率。假设有一标准矿石，它的给矿粒度为 D_1，产品粒度为 d_1，在一定条件下其功指数为 W_{i1}，已测得。有一待测矿石，为了测定其功指数，先将其破碎到和标准矿石相接近的粒度 D_2，使之用同一磨机在同样条件下磨细同样质量的矿石，得到产品的粒度为 d_2，待测矿石的功指数为 W_{i2}。因为待测矿石和标准矿石是在同一磨机在同样条件下磨细同样质量的矿石，故两种矿石所耗的功应相等，根据式（2－32）则有：

$$10W_{i1}\left(\frac{1}{\sqrt{d_1}} - \frac{1}{\sqrt{D_1}}\right) = 10W_{i2}\left(\frac{1}{\sqrt{d_2}} - \frac{1}{\sqrt{D_2}}\right)$$

式中 W_{i1}、d_1、D_1 为已知，d_2、D_2 也可实际测得，只有待测矿石的功指数为未知数，很简单地可以计算得到。

待测矿石的功指数得到以后，设计时可以根据磨机处理该矿石的实际给矿粒度和要求的产品粒度，由式（2－32）计算设计的磨机所需的功率。

通常给矿粒度以 F_{80} 表示，产品粒度以 P_{80} 表示，功耗 A_{B} 以 W 表示，则式（2－31）可表示为：

$$W = 10W_i\left(\frac{1}{\sqrt{P_{80}}} - \frac{1}{\sqrt{F_{80}}}\right) \tag{2-33}$$

2.2.4 三个破碎理论的关系

根据上面所述的三个破碎理论，当破碎比一定时，破碎一块矿石所耗的功有以下三种表示形式：

（1）按破碎面积理论，式（2－12），有：

$$A = KD^2$$

（2）按破碎体积理论，式（2－22），有：

$$A = K_{\mathrm{K}}D^3$$

（3）按破碎第三理论，式（2－28），有：

$$A = K_{\sigma}D^{2.5}$$

从上面看出，这三种理论的主要区别在于比例系数和直径 D 的指数。故在破碎比一定时，破碎一块矿石所耗的功可用式（2－34）表示：

$$A = K_{\mathrm{P}} D^{m} \tag{2-34}$$

当指数 m 为2.0、2.5、3.0时分别得到上述三个公式。

2.3　破碎产品的粒度分布

由前述可知，由于成矿因素的影响，结晶和结构构造的不同，以及所受外力作用点的不同，采矿开采出的或破碎后的矿石粒度是不均匀的。不同的矿石松散后的粒度分布是不同的，不同的破碎阶段后的产品粒度分布也是不同的。图2－2所示为不同矿石开采后的产品粒度分布情况[2]。

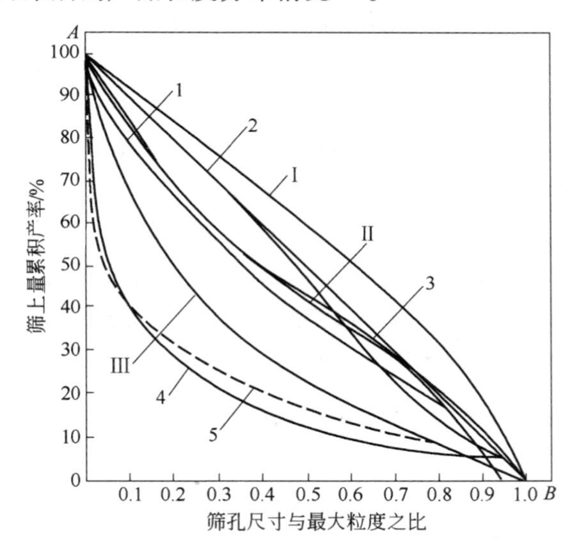

图2－2　原矿粒度特性曲线

Ⅰ—难碎性矿石；Ⅱ—中等可碎性矿石；Ⅲ—易碎性矿石；

1—铜官山，$f=9\sim17$；2—华铜，$f=6\sim10$；3—通化，$f=8\sim12$；

4—锦屏，海相沉积变质磷块岩，矿石松软；5—易门，中硬偏软矿石

根据矿石的粒度特性曲线，可以确定在不同的条件下任一粒级的产率，便于根据所需产品的粒度要求，确定采用什么样的破碎流程。

参考文献

［1］东北工学院选矿教研室．选矿学［M］．沈阳：东北工学院选矿教研室（内部教材），1981：9～20.

［2］《选矿设计手册》编委会．选矿设计手册［M］．北京：冶金工业出版社，1988：69.

3 破碎产品的筛分

破碎产品的粒度范围是很宽的，为了更合理地利用破碎能量，需要将给矿中达到合格粒级的产品通过筛分尽早分离出来，以提高整个破碎系统的处理能力。

矿石破碎后的筛分是一个严格按矿石粒度分级的过程，每个筛分阶段所采用的筛孔大小是与该阶段前面的破碎过程紧密相关的，在同样的破碎条件下，不同的矿石破碎后的粒度分布是不同的。同样，同一种矿石在不同的破碎阶段后的产品粒度分布曲线形状也是不同的。因此，在破碎工艺流程中，筛分机型号和筛孔规格的选择是破碎流程是否能够正常运行的关键因素之一。

在破碎流程中，根据总破碎比的要求，不同的破碎阶段有明确的产品粒度要求，当选定的筛孔规格在生产过程中不能满足设计的破碎流程物料平衡要求时，则需要调整筛孔的规格。如果仅采用调整筛孔的方式仍无法满足物料平衡的要求时，则需要更换不同振动形式的筛分机，以满足生产要求。

3.1 筛分的基本概念和几种粒度分析方法

3.1.1 筛分的基本概念

筛分：是指松散物料通过筛子被分成不同粒级的过程。

筛序：是指筛分过程用几个筛孔尺寸不同的筛子进行，将筛孔尺寸从大到小排列起来所构成的顺序。

筛比：是指上层筛孔与下层筛孔尺寸之比。生产中常用的筛比是$\sqrt{2}$。

筛孔尺寸：是指筛网的筛丝之间的最小距离。筛孔尺寸一般用毫米（mm）或微米（μm）表示。

网目：通常是指每英寸（25.4mm）长的筛网上所包括的正方形筛孔的数量。如200目的筛子，是指每英寸长的筛网上有200个方孔，其筛丝的直径为0.053mm，每个筛孔的尺寸为0.074mm。

目前国际上广泛使用的泰勒标准筛，即以200目（筛孔尺寸为0.074mm）为基筛，以$\sqrt[4]{2}$为筛比，构成一套筛序。如无特别说明，一般所指均为泰勒标准筛的数据。

3.1.2 粒度表示方法

在选矿上，通常有几种方式来表示某种物料粒度，如“上下限表示法”、F_{80}（P_{80}、T_{80}）、“单一粒度表示法”等。

“上下限表示法”即以物料所含矿物颗粒的最大规格和最小规格来表示该种物料的粒度范围。如某物料的粒级为 -0.074mm +0.045mm，即表示该物料的最大粒度为 0.074mm，最小粒度为 0.045mm。

F_{80}表示某作业给矿中 80% 的物料所小于的粒度。如某作业的 F_{80} = 120μm，即表示该物料中 80% 的物料粒度小于 120μm。同理，P_{80}表示某作业产品中 80% 的物料所小于的粒度。而 T_{80}则是特指半自磨（自磨） + 球磨（砾磨）回路中半自磨（自磨）磨矿后给入后面球磨（砾磨）回路的物料中 80% 的物料所小于的粒度。

“单一粒度表示法”是以某物料中 95% 的物料所通过的某一筛孔（或规格）表示其粒度。如某物料的粒度为 -0.1mm，即表示该物料中 95% 的物料颗粒小于 0.1mm。

3.1.3 粒度分析方法

选矿厂粒度分析的范围一般为 350mm ~ 5μm，即从粗碎的产品开始，到最终精矿或尾矿的粒度分析。对于物料粒度的组成一般采用下列四种方法进行分析：

（1）筛分分析。粒度大于 0.04mm 的物料均可采用筛分分析方法。但粒度过大，用的矿样太多，工作量也大，故大于 200mm 以上的物料很少用筛分分析，如确需要，可采用实际测量计算方法。粒度过细，如小于 0.04mm，因筛孔太小，没有 400 目以下的筛网，因而也不用筛析。

（2）水力分析（简称水析）。粒度在 50 ~ 5μm 范围的物料采用水析方法。水析是利用固体颗粒大小（或密度）不同，其在流体中沉降速度也不同的原理，将物料按粒度（或密度）分成许多级别的粒度分析方法。常用的流体是水，也有用空气的。由于物料细粒能在水中很好地分散，可以消除细粒的团聚现象。但水析过程中，颗粒的密度和形状会影响其沉降速度，故不能按粒度精确分级。太细的颗粒如小于 5μm 的颗粒沉降速度太慢，利用水力分析进行粒度分析需要时间较长。

（3）激光分析和超声波分析。近年来，随着超声波和激光技术的发展，激光粒度仪和超声波粒度仪已经得到了广泛的应用。如日本 HORIBA 激光粒度仪的可测粒度范围为 10nm ~ 3000μm，检测时间为 1min。德国新帕泰科有限公司的 NIMBUS 超声波粒度仪的可测粒度范围为 10nm ~ 3000μm，检测时间小于 1min，精度偏差小于 0.5%。

（4）显微镜测定。显微镜测定主要用来分析细粒物料，可以直接测定颗粒尺寸大小。这种方法很费时间，通常用来检查选别产品即水力分析的结果。

以前，上述（1）、（2）、（4）几种粒度分析方法常配合使用，各取所长。目前水析法已基本上被激光和超声分析方法所取代。上述方法中最基本、最常用且准确度较高的方法仍为筛分分析法。只有当粒度小于一定粒级（如40μm）后才配合使用其他分析方法。

3.2　工业筛分

3.2.1　工业筛分的原理

利用筛分机将矿石中的合格粒级分离出来是一个动态的过程，关键的一点是矿石和筛面间要有相对运动，这种相对运动是由于筛分机的振动作用产生的。在筛分机的振动作用下，给到筛面上的矿石颗粒产生向前的跳跃式运动，并在运动中产生粗颗粒在上，细颗粒在下的离析和分层，小于筛孔的颗粒则透过筛孔，构成筛下产品，大于筛孔的颗粒则通过筛面从筛面的另一端排出，成为筛上产品。

3.2.2　筛分效率

筛分效率是指经过筛分后筛下产品的质量与筛分给料中所含小于筛孔物料的质量之比的百分数。

理论上，筛分机给料中所含的小于筛孔的颗粒在通过筛面时会全部透过筛孔进入筛下产品，但在实际中是不可能的。由理论分析和生产实践得知，当其他因素不变时，矿物颗粒的大小决定了其透过筛孔的难易程度。

筛分过程可以看做是一系列的概率事件，矿物颗粒群要在筛分过程中多次到达筛面，每次到达都存在一个给定粒级的颗粒通过筛孔的概率。一个最简单的形式是，对一个直径为 d 的圆形颗粒，通过一个网丝直径为 w，网丝间距离为 x 的方筛孔，则该颗粒通过的概率 p 为[1]：

$$p = \left(\frac{x - d}{x + w}\right)^2 \tag{3-1}$$

或者把开孔面积 f_0 定义为 $x^2/(x + w)^2$，则有：

$$p = f_0\left(1 - \frac{d}{x}\right)^2 \tag{3-2}$$

对于 n 次到达筛面通过筛孔的概率则有：

$$p' = (1 - p)^n \tag{3-3}$$

因此，物料的筛分性能受到影响其颗粒透过筛孔概率的因素的影响，这些因素影响了物料颗粒能够通过筛网的机会的数量。

根据式（3-3），假定一个圆形颗粒，在每1000次无限定的给予其通过方形筛孔的机会，可以计算出在其通过的路线上串联排布保证其通过筛孔所需的筛孔数量，见表 3 - 1。

表 3 - 1　物料颗粒通过筛孔的概率

物料粒度与筛孔尺寸之比	每 1000 次中通过的机会	在途径中所需的筛孔数
0.001	998	1
0.01	980	2
0.1	810	2
0.2	640	2
0.3	490	2
0.4	360	3
0.5	250	4
0.6	140	7
0.7	82	12
0.8	40	25
0.9	9.8	100
0.95	2.0	500
0.99	0.1	10^4
0.999	0.001	10^6

从表 3 - 1 中可以看出，物料颗粒的粒度在接近于筛孔的尺寸时，其通过筛孔的机会急剧降低，也即由于这些接近于筛孔尺寸的颗粒的存在，使得整个的筛分效率明显降低。因此，当矿物颗粒尺寸与筛孔尺寸之比小于 0.5 时，颗粒很容易透过筛孔。当二者之比接近或大于 0.8 时，这部分颗粒称为“难筛颗粒”，很难以正常速度透过筛孔。在实际生产中，如果要求这些“难筛颗粒”都透过筛孔成为筛下产品，则矿石在筛面上的料层必须很薄，以增加单位体积矿石在筛面上的跃动频率，且通过速度必须非常缓慢。但这样，就降低了筛分机的生产能力。

因此，对于筛分过程的研究，主要是考虑既能使筛分给矿中的小于筛孔的颗粒尽可能地透过筛孔，又要使筛分机有尽可能高的处理能力，因而就导致了各种不同结构和不同运动特性的筛分机的出现，目的是在保证高的处理能力的前提下，尽可能地提高筛分机的筛分效率。

筛分过程如图 3 - 1 所示。计算筛分效率时，以 Q_1、Q_2、Q_3代表筛分给矿、

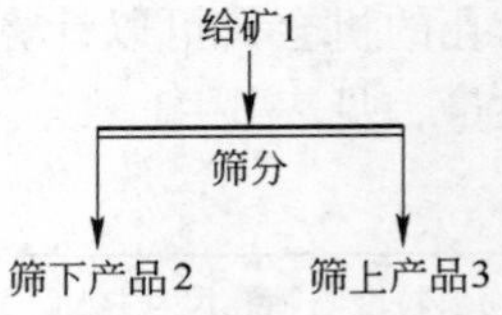

筛下产品和筛上产品的矿量，以 β_1、β_2、β_3 分别代表筛分相应产品中小于筛孔级别的含量百分数，ε 表示筛分效率，则有

给矿1
筛分
筛下产品2 筛上产品3

图 3－1 筛分过程示意图

$$\varepsilon = \frac{Q_2}{Q_1\beta_1} \times 100\% \qquad (3-4)$$

因为 $$Q_1 = Q_2 + Q_3 \qquad (3-5)$$

所以有 $$Q_1\beta_1 = Q_2\beta_2 + Q_3\beta_3 \qquad (3-6)$$

解式（3－4）、式（3－5）、式（3－6）三个方程式，得：

$$\varepsilon = \frac{\beta_1 - \beta_3}{\beta_1(\beta_2 - \beta_3)} \times 100\% \qquad (3-7)$$

又因为 $\beta_2 = 100\%$，故式（3－7）可写为：

$$\varepsilon = \frac{\beta_1 - \beta_3}{\beta_1(1 - \beta_3)} \times 100\% \qquad (3-8)$$

在实际工程选取中，筛分机的筛分效率视其结构和运动特性不同而稍有差别，如圆振动筛的筛分效率一般取 0.85。

3.3 筛分作业的影响因素

筛分作业的评价主要有两个指标：处理能力和筛分效率，对这两个指标的影响因素有多种。

3.3.1 处理能力的影响因素

与处理能力有关的因素主要有以下几点：

（1）筛分给料中的细粒级含量；

（2）筛分效率；

（3）筛面上纵向条形孔的数量；

（4）筛面的开孔面积；

（5）有效的筛分面积；

（6）筛分的方式（干筛或湿筛）。

3.3.2 筛分效率的影响因素

与筛分机的筛分效率有关的因素主要有以下几点：

（1）被筛矿石的性质，如矿石的粒度特性，颗粒形状，矿石中的含泥量、含水量；

（2）筛分机本身的结构和运动特性；

（3）筛分机的安装及操作因素。

3.4 筛分机的选择计算

3.4.1 计算方法

矿石筛分所需的筛分面积 A 的计算采用式（3－9）[2]：

$$A = \frac{Q_{-}}{C\rho_{B}(F,E,S,D,O,W)} \tag{3-9}$$

式中 Q_{-}——给矿中小于筛孔粒级的含量，t/h；

C——基本筛分能力，t/h，如图 3－2 所示；

ρ_B——密度系数，ρ_B = 筛分给矿物料的密度/1602kg/m^3；

F——细度系数；

E——效率系数；

S——筛孔形状系数；

D——筛层系数；

O——开孔面积系数；

W——湿式筛分系数。

上述各系数的含义详细表述如下：

（1）基本筛分能力 C。图 3－2 的曲线所示为所筛分物料的松散密度为 1602kg/m^{3}时，不同筛孔下的基本筛分能力 C 值。由于大部分的金属矿石具有类似的筛分特性，因而任何金属矿石的 C 值都可以通过简单的密度比来确定。图 3－2中的能力不能用于焦炭、沙子及砂砾等，因为这些物料有它们自己的特性曲线。因此，图 3－2 只能用于金属矿石。

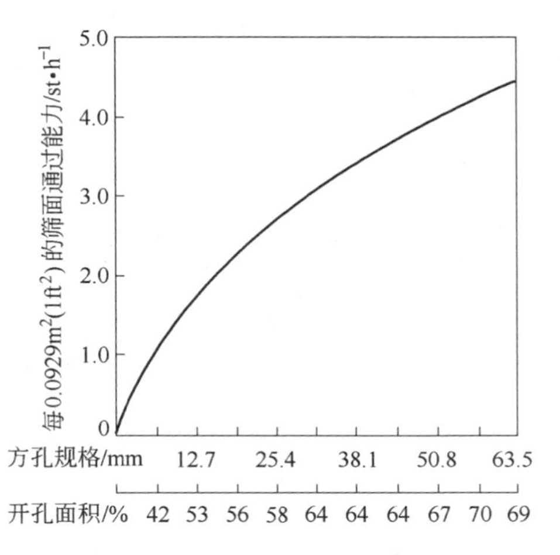

图 3－2 松散密度为 1602kg/m^{3}的矿石的基本筛分能力（1st = 0.907t）

（2）细度系数 F。细度系数是给到筛分机筛面上的物料量中的小于筛孔尺寸一半的物料的量值。当与图 3－2 中的基本能力所采用的 40% 的细度系数（$F=1.00$）比较，这是一个筛分难度的量值。各种百分含量的细度系数值见表 3－2。

表 3－2　细度和效率系数

细度含量/%	系数	
	细　度 F	效　率 E
0	0.44	
10	0.55	
20	0.70	
30	0.80	
40	1.00	
50	1.20	
60	1.40	
70	1.80	2.25
80	2.20	1.75
85	2.50	1.50
90	3.00	1.25
95	3.75	1.00

必须记住的是，细度系数所对应的是给到该筛面上的，粒度为该筛面筛孔规格一半的粒级含量的百分数占该筛面上总给矿的百分数，也就是说，对上层 38mm 的筛孔，底层 12.7mm 的筛孔，给矿粒度分析为 70% 小于 38mm，50% 小于 12.7mm，35% 小于 6.3mm，那么下层筛的细度系数就是 35/70＝50%。

（3）效率系数 E。分离效率是指实际通过筛孔的矿石量与给矿中所含的可以通过的矿石量的比值。工业应用上把 95% 的筛分效率作为理想值，因此在表 3－2 中，分离效率为 95% 时的效率系数为 1.00。对于生产中使用的隔粗筛和破碎回路中的控制筛分，一般筛分效率取 80% ～85% 即可。

（4）筛孔形状系数 S。筛孔形状系数是用于补偿当矿石颗粒通过筛面时，横着的筛条妨碍矿石颗粒通过筛孔的影响程度。各种不同筛面的筛孔形状系数见表 3－3。

（5）筛层系数 D。是表示多层筛不同筛层的有效筛分面积的系数。由于物料的层化不可能刚好在筛层的端点开始，细粒不会马上透过筛孔落到下层筛面，因此，除了顶层筛面，其他层的给矿不会刚好在给矿端，导致部分筛分面积无效。筛层系数见表 3－4。

表 3-3 各种不同筛面的筛孔形状系数

不同筛孔	长宽比（L/W）	筛孔形状系数（S）
方形和微矩形孔	<2	1.0
矩形孔（Ton-Cap 筛）	2~4	1.15
条形孔（Ty-Rod 筛）	4~25	1.2
平行条筛	>25	条形孔平行于矿石流向：1.4； 条形孔垂直于矿石流向：1.3

表 3-4 筛层系数

筛　　层	筛层系数（D）
顶层	1.00
第二层	0.90
第三层	0.80

（6）开孔面积系数 O。图 3-2 中的基本能力曲线所表示的是依据编织筛网、方孔，在不同开孔规格下的开孔面积时的能力。当上面有筛层时，则其下面筛层的基本能力与图 3-2 中所示有很大的不同，开孔面积系数则为所要计算的筛面开孔面积与图 3-2 中对使用的筛孔所给出的标准开孔面积的比值。

例如，分离的粒度为 24mm，筛面的开孔面积为 36%，系数则为 36/58（如图 3-2 所示）或 0.62。如果筛面的开孔面积是 72%，则系数为 72/58 或 1.24。

（7）湿式筛分系数 W。湿式筛分系数是在当物料筛分时，需要用水喷淋才能进行正常筛分时使用。由于在给矿上喷水的效果随着筛孔的规格而变化，因此，系数的选择见表 3-5。

表 3-5 湿式筛分系数

筛孔（方孔）/cm	湿式筛分系数（W）
≤0.8	1.25
1.6	3.00
3.2，4.8	3.50
7.9	3.00
9.5	2.50
12.7	1.75
19	1.35
25.4	1.25
>50.8	1.00

另外，要注意喷淋所用的水量合适才能发挥湿筛的优点，对于有效的湿式筛分，建议对给矿的喷淋水量为 14.84～24.73L/(min·m^3)。

3.4.2 计算实例

某铁矿石，矿石松散密度为 2.082t/m^3，含水量为 8%，处理能力为 300t/h，粒度分布见表 3-6。

表 3-6 矿石粒度分析

粒级/mm	累积通过量/%
38	100
25	98
19	92
12.5	65
6.3	33

需要的分离粒度为 12.7mm，单层，干式筛分，Ty-Rod 筛网。

3.4.2.1 所需筛分面积的计算

$C=1.7$st/0.09m^2（从图 3-2 曲线中查得），$\rho_B=2.082/1.602=1.30$，$F=0.86$（从表 3-2 中插值法得到），$E=1.00$（95%），$D=1.00$，$S=1.2$。

由式（3-6）得：

$$A=\frac{Q_-}{C\rho_B(F,E,S,D,O,W)}$$
$$=\frac{300\times 65\%}{(1.7/0.0929)\times 1.3\times 0.86\times 1.00\times 1.00\times 1.2}$$
$$=7.95\ (m^2)$$

在给定条件下，所需的有效筛分面积为 7.95m^2。另外，考虑筛网胀紧、夹具及筛网支撑等对有效筛分面积的影响，增加 10% 的有效筛分面积，即总的筛分面积为：7.95+0.79=8.74（m^2）。

因此，所选用的筛子筛分面积为 8.74m^2。从有效的筛分考虑，筛子的长宽比不得小于 2:1，该筛子的规格可以是 1.83m(6ft)×4.87m（16ft），总的面积为 8.91m^2。

3.4.2.2 筛面物料厚度的计算

根据有效筛分的要求，排矿端筛面上物料的厚度不能大于筛孔规格的 4 倍。也就是说，当筛孔为 12.7mm 时，筛面排矿端矿石的厚度不能大于 50.8mm。

图 3-3 所示为在矿石运动速度为 18.29m/min 的条件下，不同宽度的筛面每厘米床层厚度的处理能力（st/h）。

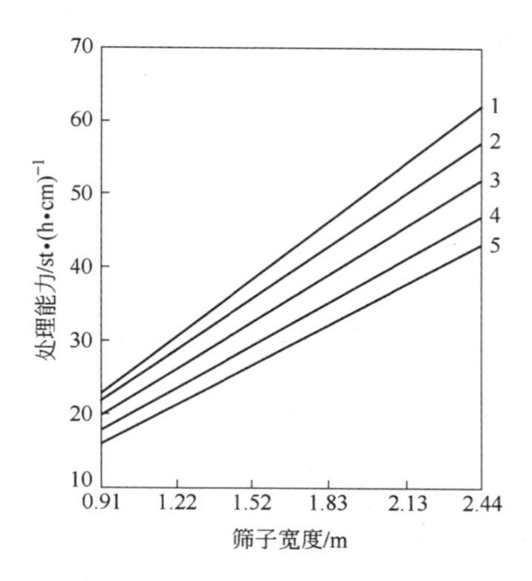

图 3－3 不同宽度筛面床层厚度的处理能力（1st＝0.907t）

1—矿石松散密度为 2082kg/m^3 （130lb/ft^3）；2—矿石松散密度为 1922kg/m^3 （120lb/ft^3）；
3—矿石松散密度为 1762kg/m^3 （110lb/ft^3）；4—矿石松散密度为 1602kg/m^3 （100lb/ft^3）；
5—矿石松散密度为 1442kg/m^3 （90lb/ft^3）

圆振动筛在不同安装角度条件下的物料运动速度见表 3－7。可以根据设定的安装角度下物料的运动速度除以图 3－3 中采用的筛面物料 18.29m/min 的运动速度后得到的比值来调整筛面料层的厚度。破碎厂房的筛子通常采用 20°～25°的安装角度，大多数情况下为 20°。

表 3－7 圆振动筛在不同安装角度条件下的物料运动速度

安装角度/(°)	运动速度/m · min^{-1}
18	18.29
20	24.39
22	30.48
25	36.58

从上面的例子可以看到，1.83m 宽的筛子，单位料层厚度（cm）的通过能力为 46.0t/h，该铁矿石筛分所需的通过能力为 105t/h（见图 3－4），则所需的筛面物料厚度为 105/46.0＝2.28（cm），远小于筛子所允许的最大料层 50mm 的厚度。

因此，一台 1.83m×4.87m 的圆振动筛可以满足该实例中的 300t/h 铁矿石的筛分要求。

当进行双层筛的筛分面积计算时，对每一层筛面都作为单独的筛子来考虑，

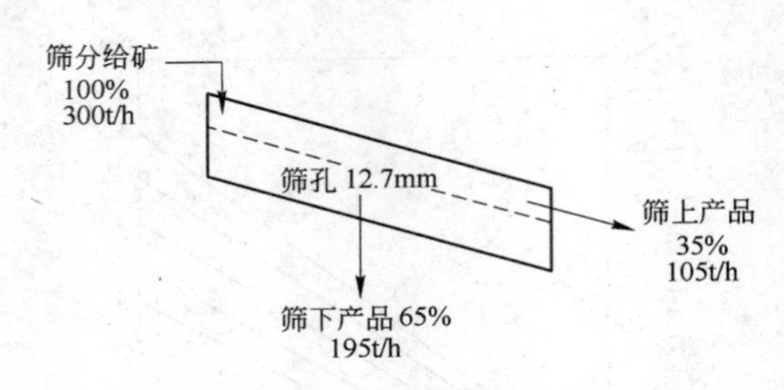

图 3－4 某铁矿的筛分流程

特别需强调的是细度系数是根据给到要计算的筛面上的给矿中（而不是原始给矿中，除非是顶层筛面）所含的小于筛孔尺寸一半的含量百分数来计算的。

3.5 破碎回路的循环负荷

当闭路破碎流程中只有一段破碎时，筛分选择的方法稍有不同。选择的关键参数有：（1）筛子的总给矿量（包括循环负荷）；（2）总给矿的粒度分析。

由于方案中破碎机的选择不一定是非常合适的，因此，循环负荷的确定是非常关键的，它有可能会影响整个系统达到设计能力。

目前，确定循环负荷有多个复杂的公式，而下面介绍的方法是最直接和合理的。

例如，给出的给矿粒度分析结果见表 3－8，闭路筛分流程如图 3－5 所示。

表 3－8 给矿粒度分析结果

粒度/mm	通过量/%
38	100.00
25	98.00
19	92.00
12.7	65.00
6.3	33.00

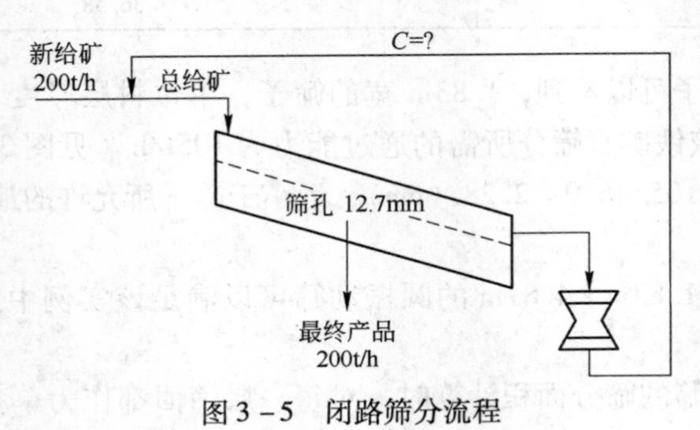

图 3－5 闭路筛分流程

计算图3-5中流程的循环负荷方法为：

（1）第一步先设定筛分效率。筛分效率越高，筛子越大，但循环负荷越小。这也可能是一个优点，因为通常一台大的破碎机的费用远高于一台大的筛子。因此，一般设定筛分效率为85%。

（2）根据85%的筛分效率，最终产品为200t/h，则筛子的总给矿中小于12.7mm的物料为200/0.85=235.3t/h。

（3）根据表3-8的粒度分析，新给矿中小于12.7mm的含量为200×65%=130t/h，因此，破碎机必须生产的小于12.7mm的含量为105.3t/h。

（4）如果采用一台圆锥破碎机，紧边排矿口为12.7mm，排矿中小于12.7mm的含量为75%，为了生产105.3t/h的小于12.7mm的含量，则破碎机的给矿量至少应当是105.3/0.75=140.4t/h。

（5）因而，筛分回路的循环负荷为140.4t/h，新给矿为200t/h，则筛分总的给矿量为340.4t/h。

在任何选矿厂中，筛分机都是一个非常关键的设备，因此，要特别重视筛分机的规格和类型的选择，不要因为筛分设备的不足而导致形成处理能力的瓶颈，使预期的处理能力难以实现。

参考文献

[1] WILLS B A, NAPIER-MUNN T. Mineral Processing Technology [M]. 长沙：中南大学出版社，2008：186~202.

[2] WEISS N L. SME Mineral Processing Handbook [M]. New York：AIME，1985：3E-17~3E-19.

4 磨 矿

矿石在经过破碎（筛分）之后，根据矿石中有用矿物的嵌布特性，没有达到选别作业所需的解理粒度时，则需要磨矿，对矿石继续进行加工使其达到下一步的选别作业所需的粒度。

与矿石的破碎作用方式不同，磨矿主要是靠冲击、研磨和磨剥作用来完成矿石中有用矿物的解理。

磨剥是当两个或更多的颗粒沿着它们的接触面移动时，表面被一点点磨掉，而颗粒的芯则基本完整。磨剥被认为是自磨机磨矿中主要的粉碎机理。研磨的发生条件和磨剥机理类似，但它是小颗粒在大颗粒之间被夹住且破碎。冲击破碎的发生，取决于大的颗粒撞击小的颗粒的动能。图 4 – 1 所示为主要的破碎机理。

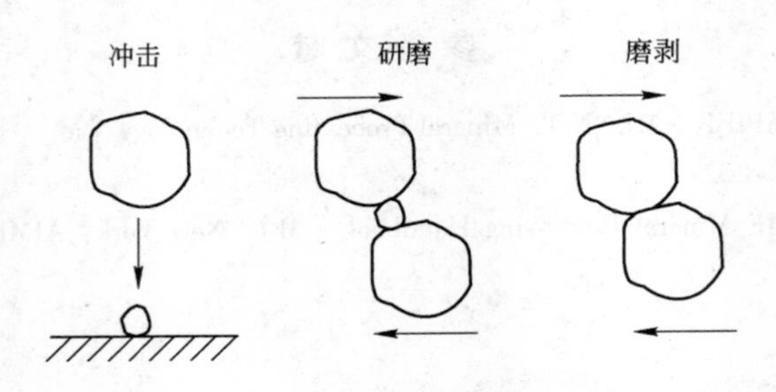

图 4 – 1　主要破碎机理

在筒形磨机中发生的不同的破碎机理主要处于磨机的两个位置，如图 4 – 2 所示。第一个是冲击破碎，发生在介质的趾部位置（图中 M 位置）；第二个是在随着筒体的旋转而升起的充填体内（图中 C 区位置）。充填体旋转的频率以及冲击的能量确定了所发生的破碎的量。磨剥和研磨主要影响细粒级颗粒的破碎，主要发生在随着筒体的旋转而升起的充填体内。充填体由一系列的互相滑动的层组成。破碎的频率取决于层间的相对速度，而层间的速度取决于物料的内摩擦角和磨机的转速。冲击能取决于颗粒的质量和降落的高度。

工业上，磨矿依据所磨矿石性质的不同，或矿石中有用矿物的性质不同，或综合因素的要求不同，需采用不同的磨矿介质，依据所采用的介质的不同可分为自磨、半自磨、棒磨、球磨和砾磨。

自磨是指采用所需加工的矿石本身作为介质进行磨矿的过程。

半自磨则是在自磨的基础上再添加一定比例的钢球（一般为 8% ~16%，最多可达 20%）作为被磨矿石自身作为介质不足的补充进行磨矿的过程。

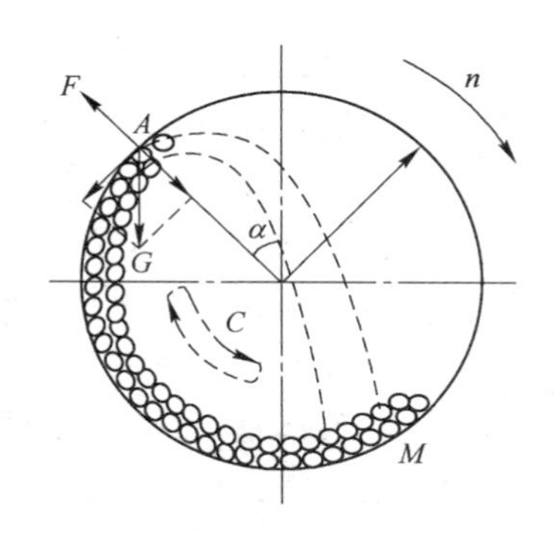

图 4－2　磨矿机筒体内质点的受力状态分析

棒磨是利用钢棒作为介质进行磨矿的过程。

球磨是利用钢球作为介质进行磨矿的过程。

砾磨是利用砾石（如鹅卵石、砂砾石、磨矿过程中产生的顽石等）作为介质进行磨矿的过程。

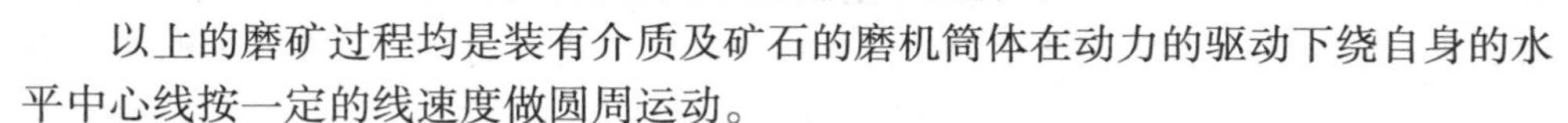

以上的磨矿过程均是装有介质及矿石的磨机筒体在动力的驱动下绕自身的水平中心线按一定的线速度做圆周运动。

20 世纪 80 年代末期，人们根据矿物分离的需要，研制出了适用于细粒或微细粒嵌布矿物分离的立磨机及艾萨磨机（Isa Mill）。这两种磨机和上述磨矿过程的不同点是磨机筒体是固定的，在磨机的筒体内装有搅拌装置，该装置在动力的驱动下带动筒体内的磨矿介质和细粒的矿石进行研磨和磨剥。这两种磨机之间的不同点是，安装后立磨机筒体的中心线是垂直的，而艾萨磨机筒体的中心线是水平的。

以下叙述，除有特别说明外，均按筒体转动的磨机为例。

4.1　磨矿原理

工业上磨矿是在磨矿机中进行的。磨矿机内装有磨矿介质（自磨则以矿石自身作为介质），磨矿机筒体转动时，带动筒体内的物料（介质及矿石）一起转动。由于工业上磨矿过程是连续的，矿石在磨矿机筒体内需要一定的停留时间，一般均是磨矿机的水平中心线的两端作为给料和排料端。因此，在磨矿机正常运行过程中，由于磨矿机连续运行、端部给排料的特性，其充填率不会过大，最大充填率只能小于 50%。因此，磨矿机内部物料的运动可以通过磨矿机的转速来进行控制，使其对不同的物料得到最佳的磨矿效果。

在磨矿机中，将给入的物料视为质点群，则质点群在磨矿机内的运动轨迹分为两部分：类螺旋线运动和抛物线运动。

当质点群给入磨矿机内随筒体一起以一定的速度转动时，开始阶段，在径向上，除做圆周运动外，还同时产生一个离心运动，圆周运动使质点群随筒体旋转方向向上提升，离心运动使质点群自筒体内的位置向筒体壁移动；在轴向上，质点群受给入时轴向冲力的作用向排矿端的方向移动。两种运动的轨迹合成则为物料在磨矿机内磨矿过程初始阶段的运动轨迹。

在随筒体运动旋转上升过程中，质点群中不同的质点由于受其自身的特性（粒度、密度、形状等）和周围环境（位置、空间、搬运介质的密度等）的影响，尽管其运动轨迹仍为类螺旋线，其受力状态却一直处于变化之中。当作用于质点上的使其向筒体壁方向附着的力等于使其反方向运动的力时，此时质点的状态称为临界状态运动。此时的位置称为该质点的临界点（图4－2中A点）。质点以原有的状态继续运动超过此点后，其运动轨迹则发生改变，呈抛物线下落，如图4－2所示。

图4－2为磨矿过程中磨矿机筒体内物料运动时简单的质点受力分析正投影示意图。当同体沿n所指示的方向旋转时，质点所受的力为离心力F和重力G。重力G在径向上的分力为$G\cos\alpha$，在圆周切向上的分力为$G\sin\alpha$。在切向上的分力对质点是否偏离筒体不产生影响，作用于质点上的径向分力与离心力的大小决定了质点运动状态的改变，当$F-G\cos\alpha>0$时，则质点受离心力的作用继续附着在筒壁上做圆周运动；当$F-G\cos\alpha\leqslant 0$时，则质点受重力的径向分力的作用，以一定的初速度脱离筒壁（质点群）抛落。当质点落到M之后，又随着筒体的运动，开始了一个新的循环。

在整个质点群中，外层的质点由于线速度高，被提升的高度也大，当提升到一定的高度后，随着受力状态的变化，大多数的质点以一定的初速度离开筒体沿抛物线轨道下落到底部，与底部的物料发生冲击碰撞和磨剥，此种状态下质点的磨矿作用以冲击为主，磨剥次之；在质点群中靠近内层的质点由于线速度较低，提升的高度也小，到达受力的平衡点后，受其外层质点的影响，以初速度近乎为零的状态向下滑落到筒体底部（图4－2中C区），此过程主要是质点之间的互相滚动与摩擦，冲击作用很弱，此种状态下质点的磨矿作用主要是研磨，冲击次之。

由上面的分析可知，质量为m的质点在磨矿机内运动时，运动轨迹的改变有一拐点（临界点A），质点处于此点时，其所受的离心力F和重力G的径向分力相等。则有：

$$F=G\cos\alpha \tag{4-1}$$

式中 α——质点所在位置的半径与垂直方向之间的夹角。

离心力F：

$$F=m\frac{v^2}{R} \tag{4-2}$$

式中 m——质点的质量；

v——质点运动时的切线速度；

R——质点距磨矿机中心的距离。

重力 G：
$$G = mg \tag{4-3}$$
式中 g——重力加速度。

把式（4-2）、式（4-3）带入式（4-1）中，有：
$$m\frac{v^2}{R} = mg\cos\alpha \tag{4-4}$$
或者
$$v^2 = Rg\cos\alpha \tag{4-5}$$
由于
$$v = \frac{2\pi Rn}{60} \tag{4-6}$$
式中 n——质点在磨矿机中的转速，r/min。

把式（4-6）带入式（4-5），则
$$\left(\frac{2\pi Rn}{60}\right)^2 = Rg\cos\alpha \tag{4-7}$$
即
$$n = \frac{30}{\sqrt{R}}\sqrt{\cos\alpha} \tag{4-8}$$

当质点到达磨矿机内的最高点时，$\alpha=0$，$\cos\alpha=1$，由式（4-1）可知，此时质点所受的离心力与重力相等，在这种情况下，质点在磨矿机内的运动轨迹不会产生拐点，此时质点的运动转速称为临界转速。质点的临界转速 n_c 可由式(4-9)求得：
$$n_c = \frac{42.4}{\sqrt{D}} \tag{4-9}$$
式中 D——质点运动轨迹的直径，m。

应用上，质点的运动是由于磨矿机筒体的转动带动了质点群的运动，因此在临界转速的概念上，把质点群最外层质点的临界转速等同于该磨矿机的临界转速。实际上，一个直径为 d，处于磨矿机内质点群的最外层的质点，在其运动轨迹的直径为 D 的条件下的临界转速 n_c 为：
$$n_c = \frac{42.4}{\sqrt{D-d}} \tag{4-10}$$

式（4-10）中，质点可以是矿石、钢球、钢棒或其他的磨矿介质，当其直径趋于无限小时即为式（4-9）。

在生产实践中，为了充分发挥磨矿机的作用，需要知道一台磨矿机的临界转速和转速率（实际转速与临界转速的百分比），以便使磨矿机的实际转速适应于所处理的矿石的性质。一般认为，在粗磨时由于磨矿机内矿石的粒度较粗，需要更多的冲击作用，所以选择的转速率较高。反之，细磨阶段，需要更多的研磨作用，选择的转速率则应较低。磨矿机的转速率一般为72%～80%，也有个别的达到90%以上，如南非的库克金矿的5台 ϕ4.3m×7.3m 半自磨机的转速率为90%，也有的为60%左右，如挪威肯勒铜锌矿的一台 ϕ6.1m×6.1m 自磨机的转速率为 61%[1]。

4.2 磨矿的理论能耗

4.2.1 常规磨矿的理论能耗

对于常规碎磨流程中棒磨机和球磨机的理论能耗的计算依据，目前应用最广泛且被业界认可的是邦德功指数法，其理论能耗的计算公式（式（2－33））为：

$$W = 10W_i\left(\frac{1}{\sqrt{P_{80}}} - \frac{1}{\sqrt{F_{80}}}\right)$$

实践证明，直径为 5.0m 及以下规格采用空气离合器连接驱动的球磨机，采用邦德功指数法计算的功率与实际应用是非常吻合的。但是，随着磨矿机的规格越来越大，采用邦德功指数法已经不能正确评价更大直径的磨矿机的功率。

我们知道，磨矿机中的磨矿作用，主要有三种：冲击、研磨和剥磨。其中，冲击磨矿是球磨机磨矿的主要因素。研究表明，在磨矿机的磨矿过程中，对于某一给定半径为 R 的轨迹，其最大冲击破碎效率是在此圆周的转速为临界转速的 76% 时得到的[2]。

磨矿机的临界转速 n_c 的计算见式（4－10），从式中可知，随着磨矿机直径的增大，在一定的临界转速下，磨矿机转速必须下降，而转速的下降，导致单位时间内钢球的抛落次数减少，冲击作用减小，磨矿效率降低。同时，由于磨矿机直径的增大，钢球的充填总量增大，球介质层数增加。理论上当球介质的层数增加后，由于磨矿机转速的降低，介质的剥磨及研磨作用应该增大，但实际并非如此。在磨矿机筒体内，由于介质自身不可能与所磨的物料均匀混合，这就使在小直径磨矿机中介质与所磨物料接触的机会，随着磨矿机直径的增大而进一步减少，而介质内部所存在的“惰性区”却随着介质总量的增加而进一步增大。研究表明[3]，在磨矿过程中，球与球之间的空隙与磨矿机直径转速成正比，低磨矿机转速使球与球之间的空隙缩小，矿浆通过介质的几率下降，导致磨矿效率降低。

表 4－1 和表 4－2 列出了国内外几种不同规格的大型球磨机的使用情况及其按实际生产数据计算所预期安装功率完全输出时应达到的结果。

表 4－1 几种不同规格大型球磨机的使用情况

项 目	希德瓦尔基	布干维尔	德兴	德兴	平托瓦利	永平
球磨机规格/m×m	φ6.5×9.65	φ5.5×6.4	φ5.03×6.4	φ5.5×8.5	φ5.5×6.4	φ5.03×6.4
电动机功率/kW	8100	3170	2611	4100	2985	2611

续表 4－1

项 目		希德瓦尔基	布干维尔	德兴	德兴	平托瓦利	永平
球磨机转速/$r \cdot min^{-1}$		2.5～13.1	13.5	13.8	13.7		13.8
临界转速率/%		71.2	74	72	75		72
处理能力 /$t \cdot (h \cdot 台)^{-1}$	设计	1000	438	208	325		208
	实际	662	459	210～230	325	370	200～230
充填率 /%	设计	45	40	40	32～35		40
	实际	22	43	36～38		32～35	36～38
给矿粒度 F_{80}/μm	设计		9400	12000	7000	12500	9000
	实际	22000	7000	12000		7000	15000
产品粒度 P_{80}/μm	设计	108	200	120	120	190	120～130
	实际	180	290	118		210	100
球磨功指数 /$kW \cdot h \cdot t^{-1}$		8.85	12.5	13.6	13.6		12.7
最大钢球直径/mm		114	76	100	75		100

表 4－2 实际与采用邦德功指数计算预期结果比较

项 目	希德瓦尔基	布干维尔	德兴	德兴	平托瓦利	永平
球磨机规格/m×m	φ6.5×9.65	φ5.5×6.4	φ5.03×6.4	φ5.5×8.5	φ5.5×6.4	φ5.03×6.4
实际处理能力 /$t \cdot (h \cdot 台)^{-1}$	662	459	210～230	325	370	220～230
计算处理能力 /$t \cdot (h \cdot 台)^{-1}$	1430	630	230	390①		220

① 按球磨机安装功率 4100kW（5500 马力）计算的数据。

从表 4－1 和表 4－2 中的数据比较可知，球磨机直径越大，采用邦德功指数计算的球磨机处理能力与实际生产能力出入越大。尽管随着球磨机直径的增大，由邦德功指数计算的球磨机所需轴功率也增大，而实际上磨矿机的处理能力并不与容积成正比增加，按邦德功指数计算的磨矿机轴功率并不能完全输出，也就是说，当球磨机直径达到一定的限度（如 5m）后再增大时，为了降低介质内部的“惰性区”的影响，磨矿机的充填率应该相应地降低（即相当于球磨机的单位有效容积下降），单位容积所需的输入功率也相应降低。这是大型磨矿机功率计算选择的一个应十分慎重考虑的问题。

因此，对于直径更大的磨机（包括自磨机、半自磨机），不可能再直接采用式（2－33）来进行选择计算，而是在邦德功指数计算公式的基础上增加修正系数。

4.2.2 半自磨磨矿回路的理论能耗

对自磨机和半自磨机的能耗计算，目前主要采用的为半自磨机制造商的经验数据计算方法和 MinnovEX 的计算法、Outokumpu 方法和 Fluor 公司的磨矿功率（Grindpower）法。半自磨机制造商的选择计算方法没有公开，故在此主要介绍一下 MinnovEX 的计算方法，即半自磨功指数法（SAG Power Index，SPI）[4]，Outokumpu 的标准自磨设计试验方法（Standard Autogenous Grinding Design Test，SAGDesign Test），即 SAGDesign 试验法[5]和磨矿功率（Grindpower）法[6]。

4.2.2.1 半自磨功指数法

半自磨功指数（SPI）是通过试验获得的，该试验的概念于 1991 年提出，当时试验的目的是研发一种采用矿石的小样，通过评估半自磨机功率的变化来调查矿体中矿石硬度变化规律的方法。

SPI 磨机直径是 300mm（12in），径长比为 3:1，钢球充填率为 15%，磨机给矿量为 2kg，给矿粒度为 80% 小于 12.7mm（0.5in），磨矿的功率通过把矿石磨到 80% 小于 10 目所需的时间来确定，这个时间即作为半自磨机的功指数（SPI），是矿石的属性，以分钟（min）表示。

在 MinnovEX 的 CEET（Comminution Economic Evalution Tool）[7]中，半自磨机的功耗计算公式为：

$$W = k\left(\frac{\mathrm{SPI}}{\sqrt{T_{80}}}\right)^{n} f_{\mathrm{SAG}} \tag{4-11}$$

式中 SPI——矿石的半自磨功指数，min；

T_{80}——半自磨机回路到球磨机回路的物料中 80% 通过的粒度，μm；

n——常数；

f_{SAG}——回路特性函数，与回路配置和操作条件有关，其值可以通过标定程序测得，或通过 MinnovEX 的标定数据库来估计出。

半自磨 + 球磨回路中，球磨机的能耗则为修正后的邦德公式：

$$W = 10W_i\left(\frac{1}{\sqrt{P_{80}}} - \frac{1}{\sqrt{F_{80}}}\right)CF_{\mathrm{NET}} \tag{4-12}$$

式中 CF_{NET}——修正系数，说明邦德标准回路（棒磨机排矿给入与旋流器构成闭路的直径 2.44m（8ft）湿式溢流型球磨机）和目标回路之间的差别。其值可以直接从回路的基准测定中获得，或通过经验值获得。

注意，此时，式（4-12）中的 F_{80} 即式（4-11）中的 T_{80}。

CEET 的最大的特点是利用数据库进行磨矿回路设计和生产计划，其数据库由成千上万甚至几百万个点组成，其中每个点都是矿体的 x，y，z 坐标三维空间中的一个位置，有其唯一的一对 SPI 值和 W_i 值。一旦矿体样品采集过程完成，就可通过试验得到 SPI 和 W_i 值，然后利用几何学和地质统计学技术将这些指数值从岩芯扩展至周围的矿体，最终的结果是矿山的矿块模型中的每一个矿块都有两个硬度指数（SPI 和 W_i）的估值。这些矿块利用矿山计划和进度软件编码后，与含有 SPI 和邦德功指数（W_i）的矿块数据表一起汇编形成 CEET 数据库。

具体的 CEET 数据库形成过程见附录 A。

4.2.2.2 SAGDesign 试验法

SAGDesign 试验法是由 Starkey & Associates、Outokumpu 技术公司和 Dawson 选矿实验室三家共同研发出的一种专门用于工业上半自磨机设计选型的方法。该方法中，采用的半自磨机规格为 ϕ488mm×163mm 的 MacPherson 磨机，内装 8 个 38mm 的正方形提升棒，添加的钢球为 ϕ51mm 和 ϕ38mm 的各一半。采用的运行参数为 26% 的充填率，其中钢球 11%（16kg），矿石 15%（恒定体积），转速率为 76%。每个试验所需的矿样为 4.5L（约 7kg 硅质矿样，密度为 2.7g/cm^3）。

半自磨机的给矿粒度与 MacPherson 自磨功指数试验相同，即 80% 小于 19mm（F_{80}=19mm），每个磨矿循环后，从充填的物料中筛除小于 1.7mm（12 目，美国标准）的细粒，反复进行，使得到的半自磨试验的产品粒度是 80% 小于 1.7mm（P_{80}=1.7mm）。

为了重复工业上半自磨机内的停留时间，对于硬矿石，第一个循环的磨矿是 462 转（约 10min），对软矿石则少一些。然后把物料从磨机中倒出，将矿石和钢球分离，采用美国标准 12 目（1.68mm）的筛子对磨过的矿石进行筛分。筛分后，小于 12 目的细粒被除去，大于 12 目的矿石和钢球再装入半自磨机继续磨矿。一旦有 60% 小于 12 目矿石已经除去，则停止细粒筛除，磨矿继续进行，直到达到 80% 通过 12 目（P_{80}=1.7mm）的目标。达到这个目标时，半自磨机的转数是 SAGDesign 中半自磨机磨矿所要得到的结果，这和 SPI 试验中所要得到的结果为时间（分钟数）是不同的，由于细粒已经筛除，相对球矿比更大，磨矿时间则会减少。

SAGDesign 试验方法中，半自磨机所需功率有如下关系：

$$N = n\frac{16000 + g}{447.3g} \qquad (4-13)$$

式中 N——半自磨机所需功率，kW·h/t；

n——半自磨机把给定的矿石磨到所需结果时的转数；

g——所试验矿石的质量，即 4.5L 的矿石质量，g；

16000——半自磨机中充填钢球的质量，g。

式（4-13）为一线性函数，试验结果的可重复性很好，偏差小于 3%。和工业上运行的半自磨机及半工业试验的半自磨机运行结果比较，仍是类似的准确度。这种线性关系使得 SAGDesign 试验磨机的性能可以利用磨机每一转中功率的增量，采用基本原理进行分析，因为体积是恒定的，矿石质量是已知的，选择恒定的矿石体积与邦德试验是相同的。

SAGDesign 试验详细的原理及设计实例见附录 B。

4.2.2.3 磨矿功率（Grindpower）法

磨矿功率法是一个经验公式，其净功率 N_{Net} 计算如下：

$$N_{Net} = P_N \rho_c D^{2.5} L \tag{4-14}$$

式中 N_{Net}——净功率，kW；

ρ_c——磨机充填密度，t/m³；

D——磨机有效直径（筒体衬板内直径），m；

L——磨机有效长度（筒体上给矿端衬板至排矿格子板之间距离），m；

P_N——功率数，根据测得的磨机功率，考虑磨机转速、磨机筒体及两个锥形端内充填体运动的所有方面（包括冲击破碎、研磨、磨剥、摩擦和转动，由于热和噪声产生的损失，风的损失，磨机充填体的形状和充填体的重心位置，充填体的粒度组成和无负荷功率）计算所得。

其中

$$\rho_c = \left(\frac{V_b}{V_t}\rho_b + \frac{V_o}{V_t}\rho_o\right)\left(1 - \frac{\varphi}{100}\right) + \rho_p \frac{\varphi}{100} \tag{4-15}$$

式中 ρ_b，ρ_o，ρ_p——分别为钢球、矿石、矿浆的密度；

V_b，V_o，V_t——分别为钢球、矿石及总的充填体积，%；

φ——充填体中的孔隙度，%。

式（4-14）中的功率数可以根据运行的磨机实测功率得到，图 4-3 所示为对不同的实例计算后得到的功率数。图 4-4 所示为磨矿功率法的不同转速率条件下功率数和总的充填体积的关系曲线。

在磨矿功率法（Fluor 公司拥有）选择磨机的程序中，一旦磨矿所需的净功率确定，还需要输入下列内容：驱动类型（单齿轮驱动，双齿轮驱动，无齿轮驱动），磨机的数量，预期的充球率（体积分数，%），总的充填率（体积分数，%），磨机转速率（%），磨矿浓度（质量分数，%）。

该程序可以用于选择不同径长比的自磨机、半自磨机和砾磨机。

值得注意的一点是，对于任何的自磨机或半自磨机磨矿过程，功率数可以在人为控制的突然停车后，通过对磨机内的详细测量结果计算得到。对于两端为平面型的磨机，其功率数通常低 5% 左右。

许多矿山如 Cadia Hill、Batu Hijau、Alumbrera、Collahuasi、El Teniente、Ernest Henry、La Candelaria、Fimiston、INCO Clarabelle、Freeport 95K Expansion、Lisheen、Dreifontein 等都采用功率数和磨矿功率法选择了半自磨机的规格。采用

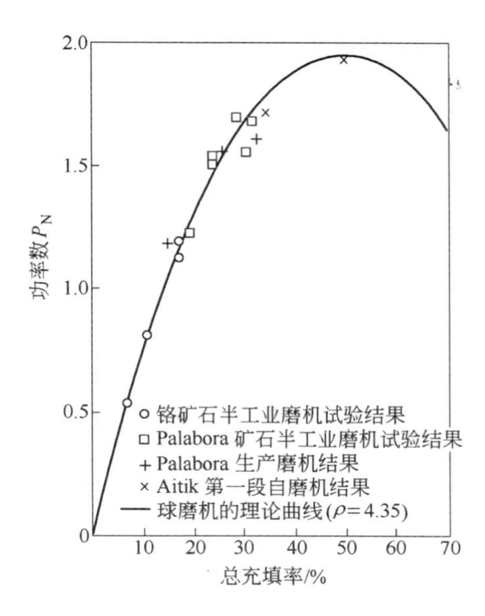

图 4-3 不同实例计算后功率数和充填体积的相关关系[6]

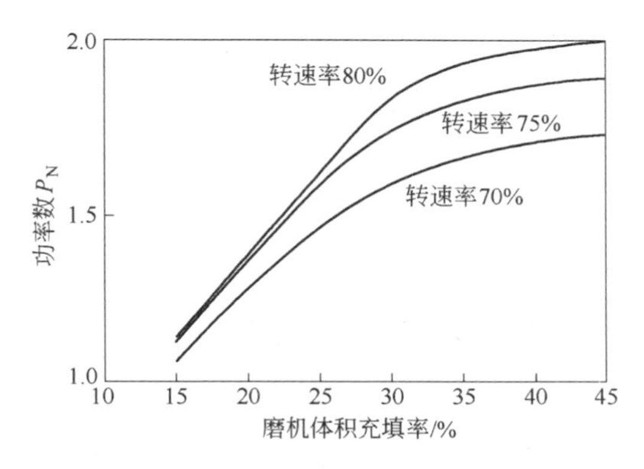

图 4-4 磨机设计中不同转速率条件下功率数和总的充填体积的关系[6]

该方法还可以用来检查运行磨机的性能，优化提升棒和衬板的设计、磨机的转速、充球率等，功率数的计算偏差一般为 2% ~3% 。

4.3 磨矿工艺

磨矿按所采用介质的不同分为自磨、半自磨、棒磨、球磨、砾磨，不同的磨矿方式对应于不同的矿石性质、不同的磨矿产品要求，同时考虑综合的投资需求和经济效益。

4.3.1 自磨工艺

如前所述，自磨是指采用所需加工的矿石本身作为介质进行磨矿的过程，一般是把开采出的矿石破碎到 300～0mm 的物料作为自磨机的给矿。

自磨工艺应用的条件是所处理的矿石自身能够形成足够的磨矿介质。

自磨过程的特点是：破碎比大；与钢球作为介质相比，矿石过磨的可能性小；与常规碎磨流程相比，特别适宜于含泥量高、水分大、黏性大的矿石；衬板的消耗量相对低。自磨工艺的另一个独特的特点是磨矿过程中没有外来铁离子的污染，这对一些多金属矿的选矿过程要求消除或降低铁离子对有用矿物的污染是非常有利的。在磨矿过程中，当钢球作为磨矿介质进行研磨时，剥蚀下来的 Fe^{2+} 易在矿浆中形成 $Fe(OH)_2$，$Fe(OH)_2$ 吸附到矿物表面，会使矿物表面的电化学性质发生变化而受到抑制，降低可浮性，从而影响矿物的回收。如 Boliden 公司的一个选矿厂，在采用自磨机处理金矿石后，金的回收率提高了 10%[8]。

对于金属硫化矿，由于硫化矿物的表面活性受重金属离子的影响大，从而使自磨工艺对硫化矿的选矿具有更重要的意义。Boliden 的 Aitik 选矿厂对处理矿石为 10000t/d 和 13000t/d 的两个并列的磨矿系列进行了比较研究，其中一个系列为棒磨 + 砾磨，另一个为自磨 + 砾磨。比较结果，棒磨 + 砾磨系列的铜回收率为 91%，混合浮选扫选的尾矿含铜为 0.04%，铜精矿品位为 28%；自磨 + 砾磨系列的铜回收率为 93%，混合浮选扫选的尾矿含铜为 0.02%，铜精矿品位为 30%[9]。I. Iwasaki 等人对美国 Climax 金属公司的硫化矿样进行半工业试验对比结果指出，自磨产品中 Cu、Ni、Co、S 的回收率均大于类似球磨产品的相应指标。采用球磨时，即使增加捕收剂加入量，浮选尾矿中残存的硫也不会低于采用自磨时所达到的数值。从浮选产品的粒度分析特性和显微镜研究可以推测，是磨矿介质和硫化矿物之间的相互作用，而不是两种磨矿方式的破碎特性导致了自磨和球磨产品浮选性能的差异[10]。

采用自磨工艺，可以使碎磨流程大为简化，省去两段破碎和干式筛分作业，减少了多个物料转运过程，减少了粉尘污染，节省了占地面积。

自磨的缺点是由于矿石自身性质（如硬度、含泥量、含水量等）的不均匀性导致处理能力波动范围太大，对自动控制的水平要求很高，生产操作要求水平高。

目前自磨主要应用于铁矿石、金矿石、金刚石及早期采用的有色金属矿石（如铜矿石）等的磨矿。

4.3.2 半自磨工艺

半自磨则是在自磨的基础上再添加一定比例的钢球（一般为8%～16%，最多可达20%）作为被磨矿石自身作为介质不足的补充进行磨矿的过程。一般是通过粗碎把矿石破碎到小于250mm（或小于200mm）的粒度后作为半自磨机的给矿。

与自磨机相比，半自磨机对矿石性质变化的适应性，特别是对矿石硬度变化的适应性更强。如原来的皮马选矿厂，其露天矿比较潮湿，尤其在夏季多雨季节更是如此，其高品位矿石产于露天矿底部的角页岩区，在此区域内常常出现断泥层与黏土矿物或滑石矿物，当常规碎磨设备遇到这种混合矿石时，由于潮湿的细粒矿石堵塞在给矿机、筛分机、排矿溜槽等处，产量会显著下降，这一问题严重到往往不得不降低球磨机的生产能力，因为破碎机无法维持正常生产。然而半自磨机则可以很容易地处理这类矿石，因此，皮马的半自磨流程不仅大大超过设计能力，而且解决了许多常规流程中出现的棘手问题。

半自磨具有与自磨类似的特点，但半自磨回路比自磨回路更易于控制。由于半自磨是在自磨的基础上添加部分钢球辅助磨矿，如对Fe^{2+}敏感的有用矿物回收则有一定的影响。

目前半自磨的应用范围与自磨类似，除矿物选别的特殊要求外，新建或改造的项目大部分采用半自磨回路进行磨矿。

4.3.3 棒磨工艺

棒磨是采用钢棒作为磨矿介质的磨矿方式，一般当磨矿产品的粒度P_{80}为2～0.5mm或更细一些时，可采用棒磨。生产应用一般是对嵌布粒度粗的矿物或脆且易碎易过磨的矿物选别时采用棒磨机磨矿。棒磨机的特点是磨矿介质与矿石呈线接触，具有一定的选择碎磨作用，产品粒度比较均匀，不易产生过粉碎。

棒磨机通常用作湿磨。一般不建议棒磨机进行干磨，因干物料流动性很差，会导致棒隆鼓使棒断裂和搅体。干式棒磨可作特殊用途，如在铁矿石烧结厂磨焦炭粉，磨水泥熟料（节省能源但投资高）[11]。

为防止棒磨机中搅棒，一般建议采用棒的长度与磨机衬板内侧直径比为1.4～1.6。当其比率小于1.25时，搅棒的情况迅速增加。当棒磨机直径大于3.8m时，必须考虑棒的可用性及其质量。

优质棒长度的实际极限为6.8m（即棒在磨机中保持平直，而磨损后破碎成碎段，从磨机中排出）。长度是影响棒质量的因素之一。

沿筒体衬板表面测量两端部衬板内侧的磨机长度应比棒长0.1～0.15m，使棒适合研磨室的长度，才不会斜置和横转。棒磨机端部（尾部）衬板应尽可能采用较陡的坡度，以防止棒的无支撑端从荷载中凸出并受其他棒的冲击而断裂。

棒磨机正常棒荷为磨机容积的35%～40%，有时能高达45%。棒荷限制范围为，保持给料端中空轴颈通畅，使给料能进入磨机中，并保持棒荷足够低到不使棒进入排矿端的中空轴径为准，因在颈口会使棒斜置和引起搅棒。

棒磨机目前主要应用在镍矿、钨矿、锡矿、汞矿、钽铌矿、稀土矿等嵌布粒度粗的重矿物的回收当中。

4.3.4 球磨工艺

球磨则是采用钢球作为磨矿介质的磨矿过程，一般是将矿石破碎到小于20mm或更小的粒度后作为球磨机的给矿。球磨的特点是对矿石的适应性强，磨矿过程控制容易，是目前生产过程中采用最多、应用最广的磨矿过程。

球磨机的充填率相对比较高，中小型磨机一般为40%以上，直径5.5m及以上的大型球磨机充填率则相对降低，一般为30%～35%。

球磨机目前主要应用于各种金属矿、非金属矿等选矿过程及水泥等的研磨过程。

4.3.5 砾磨工艺

相对于其他磨矿过程，砾磨是以天然砾石、砂粒、人工砾石或炉渣作为介质进行磨矿的过程。砾磨原主要应用于玻璃、化工、陶瓷等易于被铁质污染的原材料研磨，由于球磨过程中产生的Fe^{2+}在浮选过程中会参与电化学过程，使浮选过程中的电化学性质发生变化，导致目的矿物的回收率受到影响，而采用砾磨则可以减少或消除这种影响，因此，在一些对Fe^{2+}比较敏感的目的矿物的回收流程中采用了砾磨流程。砾磨机干磨时的衬板一般为石英块或陶瓷衬板，排料装置为耐磨合金铸铁或铸钢。砾磨机湿磨时的衬板可以为橡胶衬板等。

砾磨机的充填率一般设计为45%～50%，操作时一般为40%。

湿式砾磨机目前主要应用于铜矿、金矿、铂矿、铅锌矿等矿物的回收。

参考文献

[1] 穆拉尔 A L，杰根森 G V. 碎磨回路的设计和装备 [M]. 北京：冶金工业出版社，1990：326～342.

[2] 马雷查尔 B. 自磨机转速对磨矿效率的影响 [C] //自磨磨矿译文集. 北京：冶金工业出版社，1983：171～195.

[3] 高明炜，福斯伯格 E. 大型球磨机效率的研究 [J]. 金属矿山，1989 (10)：31～38.

[4] KOSICK G A，BENNETT C. The value of orebody power requirement profiles for SAG circuit design [C] //The 31st Annual Canadian Mineral Processors Conference. Ottawa，1999.

[5] Starkey J，Hindstrom S，Nadasdy G. SAG design testing —— what it is and why it works

[C] // Department of Mining Engineering University of British Columbia. SAG 2006. Vancouver, 2006: Ⅳ-240~254.

[6] BARRATT D, SHERMAN M. Selection and sizing of autogenous and semi-autogenous mills [C] // Mular A L, Halbe D N, Barratt D J. Mineral Processing Plant Design, Practice, and Control Proceedings. Vancouver: SME, 2002: 755~782.

[7] AMELUNXEN P, BENNETT C, GARRETSON P, et al. Use of geostatistics to generate an orebody hardness dataset and to quantify the relationship between sample spacing and the precision of the throughput predictions [C] // Department of Mining Engineering University of British Columbia. SAG 2001. Vancouver, 2001: Ⅳ-207~220.

[8] MYINE R J M. Boliden mines ore makes know-how [J]. E/MJ, 1990 (8).

[9] 法尔施特勒姆 P H. 波立登公司重金属矿石的自磨 [C] //自磨磨矿译文集. 北京: 冶金工业出版社, 1983: 243~280.

[10] IWASAKI I. Effect of autogenous and ball mill grinding on sulphide flotation [J]. Mining Engineering, 1983 (3).

[11] 穆拉尔 A L, 杰根森 G V. 碎磨回路的设计和装备 [M]. 北京: 冶金工业出版社, 1990: 268~305.

5 磨矿物料的分级

5.1 磨矿物料分级的原理

按物料在介质中的不同沉降速度，将物料分成若干粒度级别的过程称为分级。

分级和筛分的目的相同，都在于把物料分成不同的粒度级别，但两者的工作原理和产品的粒度特性是完全不同的。在筛分过程中，物料是严格地按几何粒度（筛孔尺寸）分离的；在分级过程中，物料是按它们在介质中不同的沉降速度分离的。

分级使用的介质有空气和水。使用空气作为分级介质称为干式分级；使用水作为分级介质称为湿式分级。

在湿式分级中，根据作业目的和使用设备的不同，又分为水力分级和机械分级。水力分级是按物料在水流当中的沉降速度不同而分级的，物料粒子在水流中所受到的力有重力、浮力和介质的阻力，物料的沉降速度不仅与物料粒度有关，还与物料的密度和形状有关。水力分级主要用于重选矿物的分级入选。

机械分级与水力分级的原理类似，只是在水力分级的力场中又施加了一个机械力。机械分级则主要用于磨矿回路的分级。

5.1.1 水力分级的原理

根据两相流流体力学理论，球形物料颗粒在介质中沉降时，在重力、浮力和介质阻力的作用下，经过很短一段加速运动后，便很快达到等速，此后便以这个速度向下沉降。该速度称为物料颗粒的沉降末速，以 v_0 表示，则

$$v_0 = \sqrt{\frac{\pi d(\delta - \rho) g}{6 \Psi \rho}} \tag{5-1}$$

式中 d——球形物料颗粒的直径，cm；

δ——物料颗粒的密度，g/cm^3；

ρ——介质的密度，g/cm^3；

Ψ——阻力系数，无因次；

g——重力加速度，980cm/s^2。

如果物料颗粒不是球形，还要考虑其形状对沉降末速的影响。

从式（5－1）可以看出，当介质一定时，颗粒在介质中的沉降末速不仅与粒度有关，还与颗粒密度和形状有关。因此，具有相同沉降速度的物料颗粒——等降颗粒，它们的粒度大小并不相同，其中小密度颗粒的粒径要大于大密度颗粒的粒径。所以分级作业不是按几何粒度，而是按水力粒度把物料分成不同级别的。

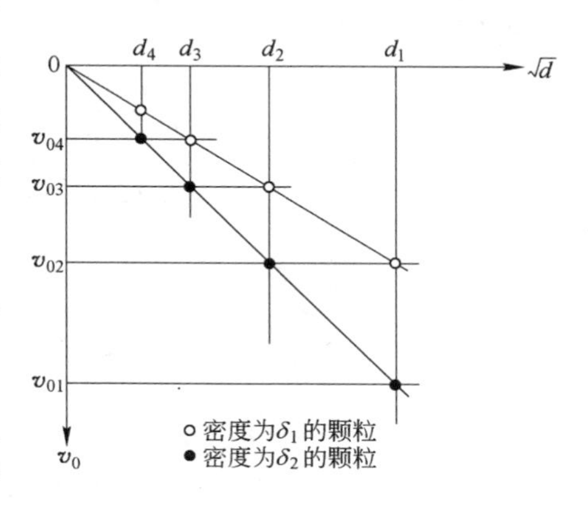

图5－1 颗粒沉降末速与粒径的关系

由式（5－1）还可以看出，密度相等、形状相同而粒径不同的物料颗粒，其沉降末速 v_0 与$\sqrt{d}$成比例。以$\sqrt{d}$为横坐标，v_0 为纵坐标，可以得到如图 5－1 所示的直线，图中 δ_2 的密度大于 δ_1。如果以沉降末速等于 v_{02} 的颗粒为界限对物料进行分级，则溢流产品中密度为 δ_1 的最大颗粒粒径是 d_1，而密度为 δ_2 的最大颗粒粒径是 d_2。

水力分级设备一般为多室水力分级机。在分级过程中，物料粒群在分级室上升水流的作用下，按水力粒度进行分级，即按颗粒沉降速度的差异分成不同的粒级。根据流体动力学，颗粒在介质中的运动速度 v 等于颗粒在静止介质中的沉降末速 v_0与介质上升流速 u_a之差，即

$$v = v_0 - u_a \quad (5-2)$$

从式（5－2）可以看出，当 $v_0 > u_a$时，颗粒在介质流中下沉；当 $v_0 < u_a$时，颗粒在介质流中上升；当 $v_0 = u_a$时，则颗粒在介质中悬浮。

因此，在多室水力分级机的某一室中，一切沉降末速大于介质上升流速的颗粒将在介质中下沉，并从分级室的底部排出；一切沉降末速小于介质上升流速的颗粒将同介质一起上升，从分级室的顶部排出，成为溢流产品。根据所需分级的粒级多少，确定所需水力分级机的室数；根据所需分级粒级的范围，来调节水力分级机各室的介质上升流速，就可得到相应的粒级产品。

通常介质上升流速是通过试验确定。沿介质流动方向，各室介质上升流速依次递减，产品粒度依次变细，改变介质上升流速，即可改变分级粒度。

5.1.2 机械分级的原理

机械分级的原理与水力分级相似，所不同的是机械分级增加了相应的机械力场（如螺旋分级机增加了螺旋搅动装置，水力旋流器则增加了离心力场）。

5.1.2.1 螺旋分级机的分级原理

物料颗粒在螺旋分级机中的分级是在水平介质流中进行的。螺旋分级机有一个矩形的表面，分级作用发生在靠近表面的一层很薄的水平介质流（分级带）中，如图 5－2 所示。

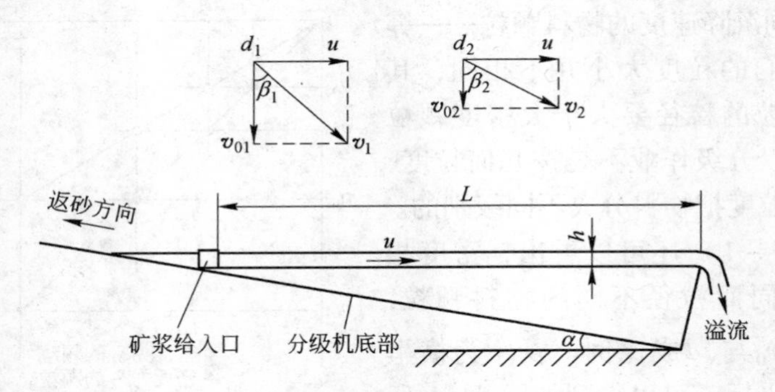

图 5－2 螺旋分级机的分级带示意图

物料颗粒在薄层中，一方面以本身的沉降末速 v_0 向下沉降，同时又受介质流动的影响，沿水平方向以介质流的水平流速 u 向分级机的溢流端运动，其运动轨迹为两个速度的合成速度方向（见图 5－2）。当水平流速 u 一定时，粒度不同（假定密度和形状相同）的颗粒沉降末速 v_0 不同，所以和水平流速 u 的夹角 β 不同。粒度大的，沉降速度大，夹角小；粒度小的，沉降速度小，夹角大。因此，粒度不同的颗粒将因具有不同的运动轨迹而分离。

设水平介质表面的长度为 L（见图 5－2），溢流截面高度为 h，物料颗粒从矿浆给入口流到溢流堰的时间为 t_l，颗粒从介质表面沉降 h 距离所需的时间为 t_h，则

$$\left.\begin{aligned} t_l &= \frac{L}{u} \\ t_h &= \frac{h}{v_0} \end{aligned}\right\} \qquad (5-3)$$

假设颗粒在水平介质流（分级带）中的停留时间为 t，则有：

（1）当 $t_l > t > t_h$ 时，则颗粒进入沉砂，返回到球磨机；

（2）当 $t_l < t < t_h$ 时，则颗粒进入溢流，到下一作业处理；

（3）当 $t_l = t = t_h$ 时，则颗粒属于临界粒子，其进入沉砂和溢流的几率各占 50%。

对于临界粒子，$t_l = t_h$，则有 $\frac{L}{u} = \frac{h}{v_0}$，其沉降末速 v_{KP} 为：

$$v_0 = v_{KP} = \frac{hu}{L} \qquad (5-4)$$

如果单位时间溢流的体积为 Q，则有：

$$u = \frac{Q}{Bh} \tag{5-5}$$

把式（5－5）带入式（5－4）得：

$$v_{KP} = \frac{Q}{BL} = \frac{Q}{A} \tag{5-6}$$

式中 B——分级机槽宽；

h——分级带介质流厚度；

L——分级带长度；

A——分级带的表面积。

以上分析仅基于颗粒在介质流中只有向前和向下的运动。实际上螺旋分级机中螺旋叶片转动产生的扰动和逆介质流动方向的机械推力都对分级带的分级环境有着直接的影响。

5.1.2.2 水力旋流器的分级原理

水力旋流器作为一种离心分级设备（见图5－3），其上部为柱状体，该柱状体的高度与分级所需停留时间有关。下部是一个倒锥体，锥体的角度介于12°～20°之间，一般直径不大于250mm的旋流器采用12°锥角，直径更大的旋流器采用20°的锥角。圆柱体的上部切向装有给矿管，上端中心装有溢流管，圆锥的下端装有沉砂嘴。

图5－3 水力旋流器

矿浆以一定的压力（0.05～0.3MPa）由给矿管从切线方向进入旋流器，高速度绕轴线旋转，矿浆中介质以及密度和粒度不同的颗粒，由于受到的离心力不同，因而它们在旋流器中运动的速度、加速度及方向也各不相同。粗而重的颗粒受到的离心力大，甩向旋流器壁，以螺旋线轨迹下旋到旋流器底部，随同部分介质从沉砂嘴排出，成为沉砂；细而轻的颗粒，受到的离心力小，被推向中心，随同大部分介质一起从溢流管排出，成为溢流，如图5－4所示。

矿浆在水力旋流器中是一种三维空间的运动，其任一质点的运动速度都可以分解成切向（u_t）、径向（u_r）和轴向（u_s）三个分速（见图5－4）。

切向速度 u_t 是由于旋流器给矿沿切向方向高压给入方式所形成的，图5－5所示为矿浆在旋流器中不同横截面上和不同半径处的切线分速 u_t 的分布规律。从图中可以看出：

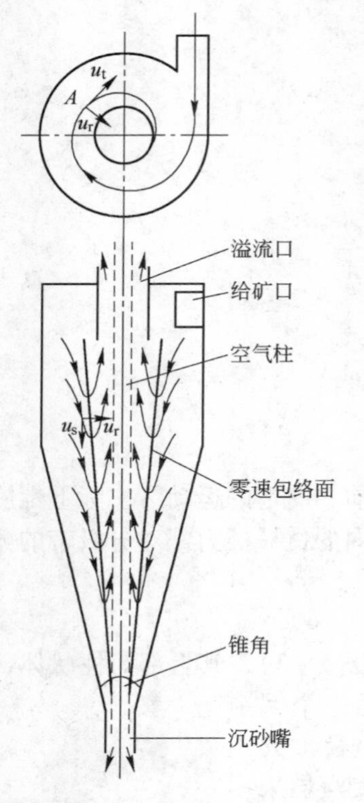

图 5－4 矿浆在旋流器中运动示意图

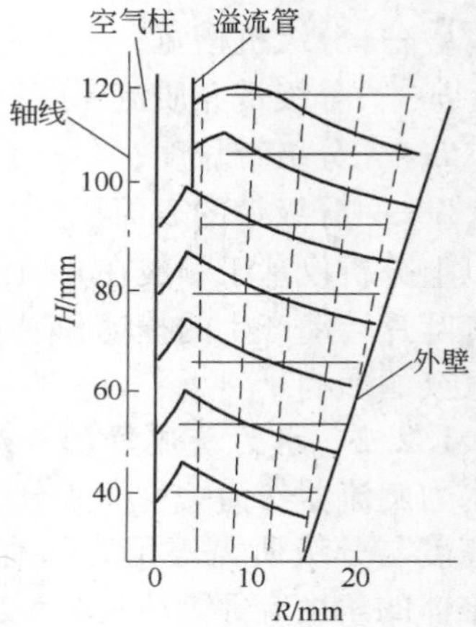

图 5－5 旋流器切向速度 u_t 分布规律

（1）在同一断面上，u_t 随旋转半径 r 的减小而增大，在靠近溢流管中心处附近迅速减小，这是受管壁和中心空气柱的影响造成的。

（2）图中虚线是等 u_t 线，在该线上各点的 u_t 都相等。旋流器中部区域的虚线近于垂直，因此不同横断面上的相同 r 处，u_t 都相等。

（3）不同横断面的 u_t 分布曲线略有差别，但除靠近中心空气柱及溢流管壁处 u_t 随 r 的减小而减小外，其余部分都符合下列关系式：

$$u_t = \frac{C}{r^n} \tag{5-7}$$

式中 C——常数；

n——指数，在 0.5～0.8 之间，与流体性质有关，湍流取小值，黏性流取大值[1]。

径向速度 u_r 是外沿压力大于溢流管及沉砂口压力使矿浆向中心区域流动所造成的。u_r 在管壁周围最大，方向向内。随半径的减小，直至降为零。在溢流管管壁附近及溢流管入口下方的平面内径向速度向外，再向下的区域内径向速度零点接近空气柱与矿浆的界面。径向速度 u_r 的大小决定了矿浆在半径方向上运动和粒度分布的特性。

轴向速度 u_s 是由于给矿口位于溢流管入口和沉砂口的上部而产生的。当矿浆进入后，先向下流动，靠近锥壁处矿浆方向都是向下的，但在向下流动的过程中，由于锥体的阻流作用，使内层矿浆转而向上流动，即 u_s 随着 r 的减小从向下的最大值转到向上的最大值。因此，在每一个断面上的轴向速度分布曲线上，都有一个 $u_s=0$ 的点。如果把所有这些 $u_s=0$ 的点都连接起来，在旋流器中便得到一个空间倒锥形面——轴向零速包络面。包络面内的区域为上流区，处于此区域内的矿粒将随矿浆向上流动，从溢流口排出；而包络面外的区域为下流区，处于此区域内的矿粒将向下流动，从沉砂口排出。

包络面的大小和位置对分级过程具有重要意义。轴向零速包络面始于旋流器溢流管底面水平，自旋流器中心起1/2旋流器半径的位置，一直沿锥面向下延伸到与沉砂嘴交叉面，1/2沉砂嘴半径处止。

矿浆在旋流器中的运动如图5-4所示，切向速度分布曲线如图5-5所示。

物料在切向进入旋流器后，即进入由重力和离心力为主形成的复合力场。由于此时的离心加速度远大于重力加速度，故物料主要依据其受到的离心力差异进行分级，即沿着离心力的方向沉降。假设质点 A（见图5-4）的直径为 d，密度为 δ，介质的密度为 ρ，则质点 A 在离心力场中所受到的离心力 F_c 为：

$$F_c=(m-m_l)\frac{v_t^2}{r}=\frac{\pi}{6}d^3(\delta-\rho)\frac{v_t^2}{r}=\frac{\pi}{6}d^3(\delta-\rho)\frac{C'}{r^{2n+1}} \tag{5-8}$$

式中 C'——常数；

r——物料颗粒的回转半径；

v_t——回转半径为 r 的物料颗粒的切线速度。

从式中看出，在旋流器中，对于质点 A 在旋流器中所受到的离心力与 $1/r^{2n+1}$ 成正比，即在靠近空气柱附近的离心力要高于靠旋流器壁附近的离心力。同时，质点 A 所受到的离心力，在其他条件不变时，只与粒径的大小有关系：

$$F_c\propto d^3 \tag{5-9}$$

质点 A 在旋流器中运动，还要受到介质的阻力。根据流体力学理论，当质点很小时，运动的雷诺数很小，可以认为质点所受的介质阻力（F_R）为黏性阻力，应用斯托克斯阻力公式计算：

$$F_R=3\pi\mu dv \tag{5-10}$$

式中 μ——介质的黏滞系数，水常温下为0.01dyn·s/cm^2，1dyn=10^{-5}N；

v——质点与介质的相对速度，cm/s。

当研究质点在旋流器中径向运动所受的阻力（F_{R_r}）时，则：

$$F_{R_r}=3\pi\mu d v_r \tag{5-11}$$

式中 v_r——质点的径向速度，cm/s。

当质点在径向受力达到平衡时，有 $F_c=F_{R_r}$，则质点在径向的离心沉降末速 v_r 为：

$$v_r=\frac{d^2(\delta-\rho)v_t^2}{18\mu r} \tag{5-12}$$

从式（5－12）中可以看出，质点 A 的离心沉降末速与质点的性质、介质的性质以及质点在旋流器中的运动状况都有直接关系。当其他条件不变时：

$$v_r\propto d^2 \tag{5-13}$$

从式（5－9）和式（5－13）可以反映出矿粒在水力旋流器中按粒度分级的依据。不同的矿粒由于粒度上的差异，而引起离心力和离心沉降速度上的很大差别。

从上面分析可知，矿粒在旋流器当中由于离心力的作用以速度 v_r 向外运动时，必然遇到与之运动方向相反的介质流以径向速度 u_r 的推动。因此，某个颗粒在径向的绝对运动速度的方向和大小，将由两者的速度差来决定：

（1）当 $v_r-u_r>0$ 时，颗粒向外运动；

（2）当 $v_r-u_r<0$ 时，颗粒向内运动；

（3）当 $v_r-u_r=0$ 时，颗粒在回转半径等于 r 处旋转。该颗粒的回转半径可由式（5－12）求得。

Renner 和 Cohen 曾对水力旋流器内部的分级状态进行了测试[2]。他们利用一个直径 150mm 的水力旋流器，从选定的几个位置，采用高速探头采样，对样品进行粒度分析。结果表明，水力旋流器内的分级过程并不像传统的模型所假设的那样贯穿整个旋流器内部，而是分为 4 个区，4 个区之间的粒度分布明显不同（见图 5－6）。

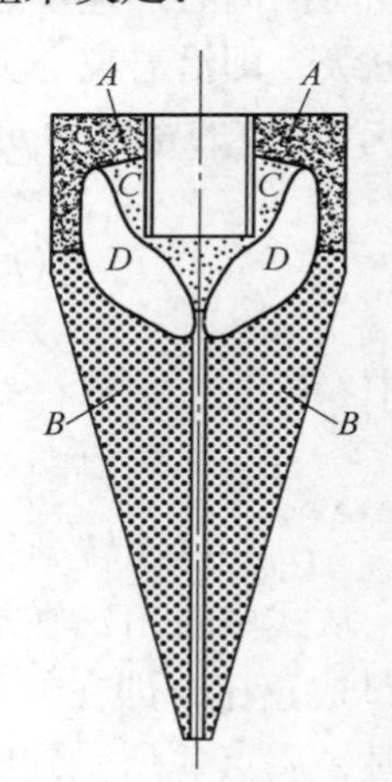

图 5－6　旋流器内类似粒度分布的区域

图 5－6 中 A 区为没有分级的给矿，主要分布在靠近旋流器圆筒体壁及顶部的区域；B 区为完全分级后的粗粒物料部分，主要分布在锥体的绝大部分区域；C 区为完全分级后的细粒物料部分，主要位于溢流管周围的很窄的区域及沿旋流器轴线向下延伸的部分区域；D 区则是分级区，分级过程在该区域内发生，在该区域上，粒级沿径向分布，从旋流器的轴线开始，粒级的粒度随着径向距离的减小而减小。由于该旋流器测试时，是在低压力下运行，因此，实际生产中旋流器中的 D 区会更大。

5.1.2.3 水力旋流器的分离粒度

以前，旋流器的分离粒度被定义为该粒度的粒子在分离中有1%～3%（质量分数）的部分进入溢流中，97%～99%（质量分数）的部分进入沉砂中。后来，根据不断的实践和探索，在20世纪60年代初，提出了d_{50C}的概念。d_{50}就是该粒度的粒子，在旋流器分离过程中，有50%（质量分数）的部分进入溢流，有50%（质量分数）的部分进入底流，如图5－7所示[3]。

从图5－7中可以看到，在回收率97%～99%附近，回收率曲线很平，粒径变化很大，而回收率变化很小；而在回收率为50%附近，曲线很陡，粒径稍微变化，则回收率变化很大。因而使用d_{50}粒度比使用原来的分离粒度更合理。

同时从图5－7中还可以看出，固体的实际回收率不能等于零。这说明总是有一定量的物料没有经过分级，形成短路而进入底流中。将固体回收率为最小时的旋流器工作情况与水在旋流器中的分布情况相比较，发现这个现象是吻合的。因此，Kelsall提出了一个假定[4]，即旋流器工作当中，短路进入底流的所有粒级与进入底流的水是成正比的，然后实际回收率曲线的每个粒级部分用一个与水的回收率相等的量进行校正，就得到“修正回收率”曲线。也就是说，d_{50C}是该粒级在充分分级后，50%（质量分数）的部分进入溢流，50%（质量分数）的部分进入底流的粒级粒度。

d_{50C}在不同的用途中是不同的。为了确定能够代表修正的回收率曲线的单个曲线，把每个粒级部分的粒度除以d_{50C}值，就得到一个换算回收率曲线，如图5－8所示。

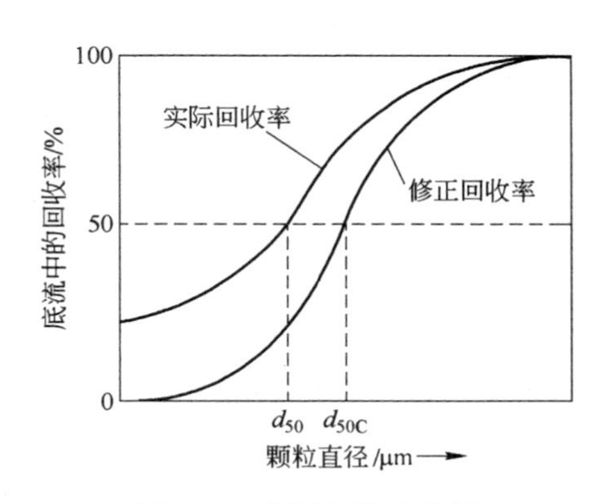

图5－7 颗粒回收率曲线

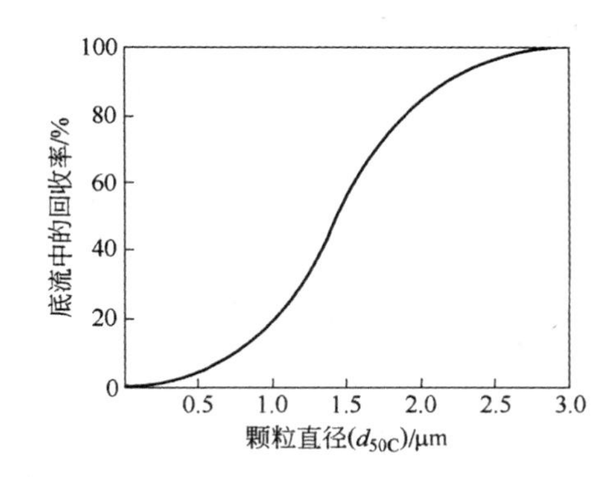

图5－8 换算颗粒回收率曲线

换算颗粒回收率曲线在大多数的磨矿回路中，对单一密度的固体矿浆，及特殊的或通常的粒度分布，在一个宽范围的旋流器直径或操作条件下，仍然是可用的。式（5－14）则为换算回收率的数学关系式，该回收率用于预测底流中的整个粒度分布。

$$R_r = \frac{e^{4x}-1}{e^{4x}+e^4-2} \tag{5-14}$$

式中　R_r——修正后的底流回收率；

x——粒径/d_{50C}。

以 Krebs 旋流器为例，其 d_{50C} 与溢流中要求粒级分布量有如下关系：

$$d_{50C} = Kd \tag{5-15}$$

式中　K——系数，与溢流中要求粒级分布量有关，见表 5-1 和图 5-9；

d——要求通过粒级的粒径，μm。

表 5-1　溢流中粒度分布与 K 值

要求粒级粒度分布/%	K 值
98.8	0.54
95.0	0.73
90.0	0.91
80.0	1.25
70.0	1.67
60.0	2.08
50.0	2.78

5.1.2.4　水力旋流器的能力和功耗

关于水力旋流器的能力计算，比较常见的有以下几个公式：

(1) 按给矿体积计算旋流器处理能力的经验公式[5]：

$$V = 3K_\alpha K_D d_n d_c \sqrt{p_0} \tag{5-16}$$

式中　V——按给矿体积计的水力旋流器处理能力，m^3/h；

K_α——水力旋流器圆锥角修正系数，按下式计算：

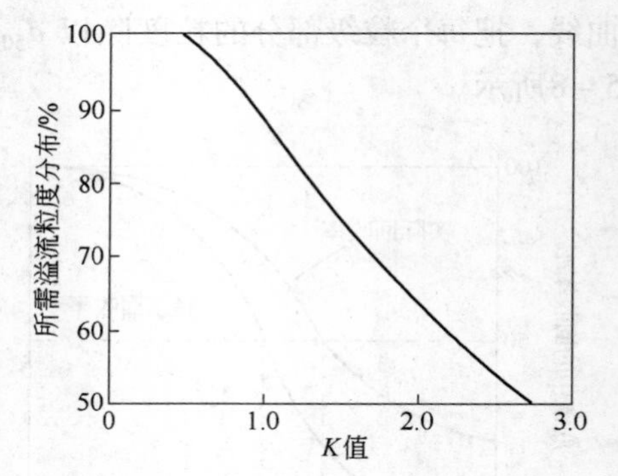

图 5-9　d_{50C} 与要求粒级的粒度分布曲线

$$K_\alpha = 0.79 + \frac{0.044}{0.0397 + \tan\frac{\alpha}{2}} \tag{5-16a}$$

α——水力旋流器的圆锥角，(°)，当 $\alpha = 10°$ 时，$K_\alpha = 1.15$；当 $\alpha = 20°$ 时，$K_\alpha = 1.0$；

K_D——水力旋流器的直径修正系数，可按下式计算：

$$K_D = 0.8 + \frac{1.2}{1 + 0.1D} \tag{5-16b}$$

D——水力旋流器直径，cm；

d_n——给矿管当量直径，cm，按下式计算：

$$d_n = \sqrt{\frac{4bh}{\pi}} \tag{5-16c}$$

b——给矿口宽度，cm；

h——给矿口高度，cm；

d_c——溢流管直径，cm；

p_0——旋流器入口处工作计示压力，MPa，对于直径大于50cm的水力旋流器，入口处的计示压力应考虑水力旋流器的高度，即：

$$p_0 = p + 0.01H_r\rho_n \tag{5-16d}$$

H_r——水力旋流器的高度，m；

ρ_n——给矿矿浆密度，t/m^3。

（2）按体积流量估算水力旋流器能力的经验公式[6]：

$$Q \approx 9.5 \times 10^{-3} D^2 \sqrt{p} \tag{5-17}$$

式中 Q——流量，m^3/h；

p——旋流器入口压力，kPa；

D——旋流器直径，cm。

（3）目前应用较多的旋流器选择方式是采用查图计算[7]。由式（5-15）可求得所需的 d_{50C}，据此查图5-10所示的旋流器性能图，可以看到，有一种或几种型号的旋流器都适合于该 d_{50C} 的分离要求。

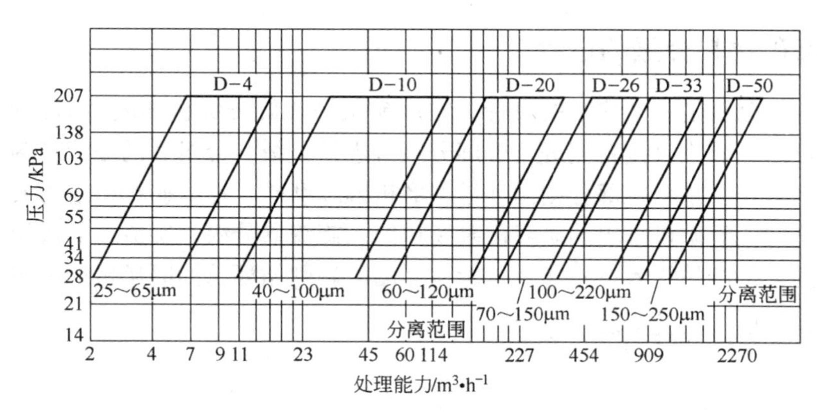

图5-10 Krebs旋流器性能图[6]

根据前面所述分离粒度的定义，又从表5-1可知，Krebs旋流器的 d_{50C} 和分离粒度有如下关系：

$$d_{50C}=0.54X \tag{5-18}$$

式中 X——分离粒度，计算如下：

$$X=\frac{d_{50C}}{0.54} \tag{5-19}$$

由图 5－10 可知，适合于所求的 d_{50C} 的几种不同规格的旋流器有一共同的适宜分离粒度 T，而分离粒度 X 与适宜分离粒度 T 之比称之为分离系数 f，则有：

$$f=\frac{X}{T} \tag{5-20}$$

由分离系数，从图5－11 可得到所选择的旋流器的给矿浓度。

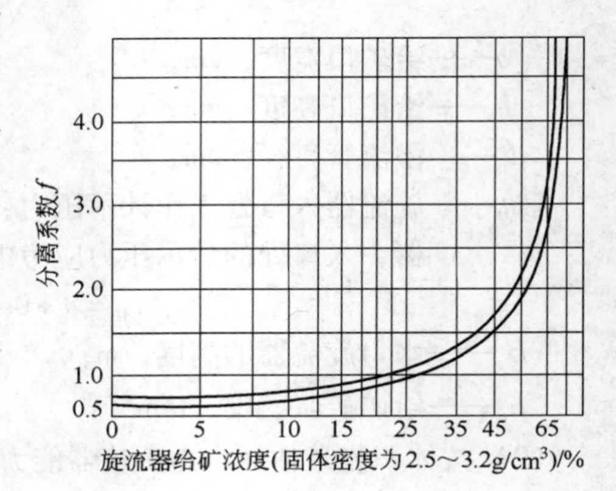

图5－11 分离粒度与给矿浓度关系

（4）旋流器工作所需功率。旋流器自身工作所需的有用功耗 N 可由下式计算[6]：

$$N=\frac{PQ}{3600} \tag{5-21}$$

式中 N——功率，kW；

P——旋流器入口压力，kPa；

Q——流量，m^3/h。

5.2 磨矿物料分级的过程

物料的分级是一个连续的过程，在磨矿机—螺旋分级机的闭路磨矿回路中，磨矿机排出的矿浆直接自流进入螺旋分级机进行分级，分级后的溢流作为合格产品给入下一作业，粗粒部分则循环返回磨机继续磨矿；在磨矿机—水力旋流器的磨矿回路中，磨矿机排出的矿浆用泵扬送给入旋流器分级，旋流器的溢流作为磨矿回路的合格产品给入下一作业，旋流器的沉砂则循环返回磨矿机继续再磨矿。

5.3 磨矿物料分级的方式

5.3.1 水力分级

水力分级一般是机械分级后的二次分级，主要用于重选工艺中摇床选别“分级入选”的给料分级。由于摇床选别的粒度范围一般为 2（或 3）～

0.04mm，故水力分级的要求是将该范围内的物料根据其性质和粒度分布分成为相应的更窄的粒级，以便于摇床分选。

水力分级主要采用多室水力分级机来完成，由于物料在分级室中的分级过程实际上是干涉沉降过程，而非理论上的自由沉降过程。干涉条件下的分级过程，颗粒的沉降速度与粒度关系曲线不是直线。因此，式（5－2）中，理论上 $v_0 > u_a$的颗粒在介质流中并不一定都下沉；理论上 $v_0 < u_a$的颗粒在介质流中不一定都上升；同理，理论上 $v_0 = u_a$的颗粒在介质中不一定都悬浮。在各分级的产品中同密度不同粒度的颗粒会有一定程度的互含。实践中水力分级设备的选用要根据具体情况通过试验来确定合适的设备。

5.3.2 水力旋流器分级

在水力旋流器分级过程中，由于颗粒在旋流器中受到的离心力大小既与其粒度有关，又与物料的密度有关，因此，当矿浆中物料密度相同或相近时，则旋流器的主要作用是分级，使粗细粒级分开；如果矿浆中物料的粒度相同或相近，则旋流器的主要作用是选别，使轻重物料分开；旋流器还有浓缩作用，使沉砂浓度高于给矿，溢流浓度低于给矿。由于所处理物料在组成上的复杂性，旋流器工作过程中，上述三个作用是同时存在的。在选用旋流器的过程中，根据物料性质和作业的需要，通过调节工艺参数和设备参数，可以使其以某一作用为主。

作为分级设备的旋流器，其结构参数和操作条件，则应满足物料按粒度进行分级的要求。

机械分级是磨矿回路的主要分级方式，不论是球磨机还是自磨机或半自磨机，普遍采用机械分级作业与之配合。

在磨矿回路中使用的机械分级机有浮槽式分级机、耙式分级机、螺旋分级机和水力旋流器。浮槽式分级机和耙式分级机由于缺点太多，自 20 世纪 60 年代，已基本不再使用，机械分级设备主要是螺旋分级机和水力旋流器。

我国在 20 世纪 80 年代之前，选矿厂的一段磨矿回路分级设备基本是螺旋分级机，从 80 年代开始，随着砂泵制造技术和砂泵过流部件使用寿命的提高及其水力旋流器制造技术的提高，开始逐步在一段磨矿回路中采用水力旋流器代替螺旋分级机。目前，大型选矿厂磨矿回路的分级设备主要是水力旋流器，但也有例外，如 Aitik 铜矿选矿厂 2009 年投产的目前世界上最大的自磨＋砾磨回路则是采用了螺旋分级机作为检查分级设备。

5.3.3 螺旋分级机分级

螺旋分级机分级过程简单，工作可靠，易于操作，分级效率高，所需动力少，对于中小型的磨矿回路分级多采用螺旋分级机。另外，螺旋分级机由于其分级区平稳，返砂中含水量低的特点，除作为金属矿山选矿厂的湿式磨矿的预先分级和检查分级作业外，还广泛应用于非金属、建材、化工、煤炭等行业的分级、洗矿、脱泥、脱水等作业中。

5.3.4 筛分分级

筛分分级设备主要是高频振动筛，采用湿式筛分。目前多用于铁矿选矿厂的细磨回路分级和铁精矿的降硅分级，采用聚氨酯材料的细筛筛孔已经达到0.1mm。如美国 Minnesota 的 National Steel Pellet Company（NSPC）[8]，为了增加其铁矿的处理能力和改进产品质量，没有直接把投资用于增加磨矿回路，而是决定来改善其第二段磨矿回路的分级效果。该回路原设计是磨机的排矿用泵送到旋流器分级，分级后的底流返回球磨机。经过研究后，他们把其改造为该回路的新给矿仍是用泵送到水力旋流器分级，旋流器的底流直接给到球磨机，球磨机的排矿用泵送到振动筛，振动筛采用聚氨酯细筛筛面，筛下产品和旋流器溢流合并为回路产品，筛上产物给到磁选机选别，选别后的精矿返回到球磨机再磨。该回路改造的结果是，精矿产率增加了30%～34%，每吨的功率消耗降低了24%。由于分级效果的改善，减少了中间粒级，使得在较粗的磨矿条件下，得到了同样的精矿品位。

参考文献

[1] FUERSTENAU M C, HAN K N. Principles of Mineral Processing [M]. Colorado: SME, 2003: 156～172.

[2] RENNER V C, COHEN H E. Measurement and interpretation of size distribution of particles within a hydrocyclone [J]. trans. IMM. Sec. C, 1978, 87 (6): 139.

[3] MULAR A L, JERGENSEN G V. Design and Installation of Comminution Circuits [M]. New York: Society of Mining Engineers of AIME, 1982: 592～601.

[4] KELSALL D F. A further study of the hydraulic cyclone [J]. Chem. Engng. Sci., 1953 (2): 254～272.

[5]《选矿设计手册》编委会. 选矿设计手册 [M]. 北京：冶金工业出版社，1988：160～167.

[6] WILLS B A, NAPIER－MUNN T. Mineral Processing Technology [M]. 长沙：中南大学出版社，2008：203～224.

[7] 刘文拯，杨松荣. Krebs 旋流器的选择 [J]. 有色矿山，1988 (10)：40～43.

[8] BARRATT D, SHERMAN M. Selection and sizing of autogenous and semi－autogenous mills [C]//MULAR A L, HALBE D N, BARRATT D J. Mineral Processing Plant Design, Practice, and Control Proceedings. Vancouver: SME, 2002: 917～928.

6　物料的碎磨流程

6.1　碎磨工艺的主要影响因素

碎磨工艺的选择，主要与下列因素有关:

（1）采矿的方式及方法。采用不同的采矿方式和方法时，采矿的产品粒度是不同的，因而直接影响到选矿碎磨工艺的选择。一般情况下，当采用露天开采时，矿石粒度受装、运设备规格的影响一般也比较大。因此，后续的选矿准备工艺的设备规格就相应增大。当采用地下开采方式时，由于受坑内运输方式的影响及其提升或牵引方式的影响，矿石的粒度一般比较小，后续的选矿碎磨设备规格也相应的小。但也有例外，当坑内采用矿块崩落法采矿时，矿石的粒度也很大。

近年来，随着对能源的重视程度和理念的变化，人们发现矿石开采过程中的爆破方式（爆破孔之间的距离、装药量、爆破孔深度等）对其后矿石碎磨过程的能耗有着重要的影响效果，并且已经开始了这方面的探索和研究。

（2）矿山的规模。当矿山的规模大时，由于采矿选用的装、运设备大，矿石的粒度相对就大，选矿的碎磨设备规格就大；矿山规模小时，采矿的装、运设备规格小，后续的碎磨设备相应也小。

（3）矿体的赋存状态。矿体的赋存状态，如矿体的厚或薄，倾斜角度，集中或分散等都能影响开采方式的选择，进而影响到采矿产品的粒度，影响到后续碎磨工艺的选择。

（4）有用矿物的嵌布粒度和构造形态。不同的矿物，由于晶体结构的不同，其嵌布粒度是不同的。受矿床地质成因的影响，同一种晶体结构的矿物，在不同的矿床中，其嵌布粒度也是不同的。嵌布粒度不同，要求采用不同的碎磨工艺。矿物嵌布粒度直接影响碎磨流程的确定。

同理，矿物在矿体中不同的构造状态，如浸染状、块状、鲕状构造等，都需采用相应的碎磨流程进行加工后才适于下一步的选别。

（5）目的矿物的物理、化学性质。组成各种矿物的元素的特性不同以及地质成因不同，会使形成的矿物即使组分相同而晶体结构却不尽相同，各种矿物的表面特性差异很大。即使完全相同的矿物，由于成矿时的外部条件（如温度、压力等）差异，也会使形成的矿物性质有很大的差异。因此，不同矿物的物理、化学性质如硬度、磁性、电性、表面性质如电化学性、溶解度等也影响碎磨工艺的选择。

6.2 碎磨流程结构

碎磨流程的基本结构目前主要有常规碎磨流程和半自磨（自磨）流程。

6.2.1 常规碎磨流程

常规碎磨流程即三段（或二段）一闭路破碎筛分+磨矿流程（见图6-1）。

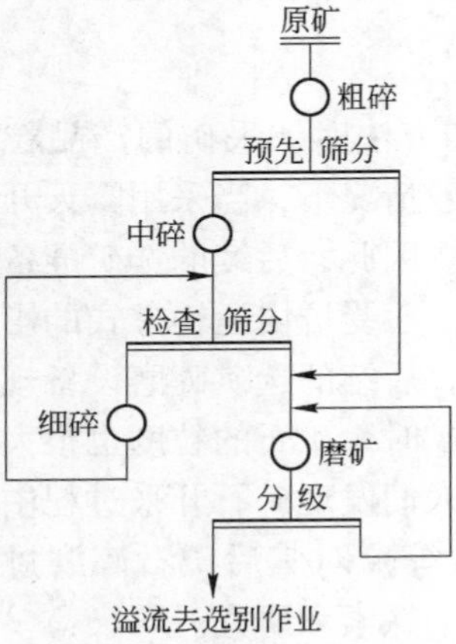

原矿
粗碎
预先 筛分
中碎
检查 筛分
细碎
磨矿
分 级
溢流去选别作业

图6-1 典型的常规碎磨流程

在常规碎磨流程中，又根据所采用破碎及筛分设备的不同分为三种情况：

（1）20世纪60~70年代及以前广泛采用的早期的常规碎磨流程。在该流程中，对于大、中型矿山，粗碎设备可采用旋回破碎机或颚式破碎机，中碎设备一般采用传统的标准或中型弹簧圆锥破碎机，细碎设备采用短头型圆锥破碎机，该流程中球磨机的给矿粒度 F_{80} 一般为12~20mm，单位处理能力的碎磨能耗较高。

（2）20世纪80年代以后兴起的采用“多碎少磨”理念改造出来的新的常规破碎流程（或称“多碎少磨”流程）。在该流程中，大、中型矿山，粗碎设备可采用旋回破碎机或颚式破碎机，中碎设备则采用新型的高能破碎机，也称超重型弹簧（或液压）圆锥破碎机，细碎设备则采用超重型弹簧（或液压）短头型圆锥破碎机，该流程中球磨机的给矿粒度 F_{80} 一般为7~10mm。同等条件下，单位处理能力的碎磨能耗较传统的常规碎磨流程低约7%。

（3）新的“多碎少磨”流程则是进入21世纪以后，在原来“多碎少磨”的基础上，细碎设备采用高压辊磨机替代圆锥破碎机，从而使磨机的给料粒度从 F_{80} 为7~10mm下降到 F_{80} <6.5mm。

6.2.2 半自磨（自磨）流程

半自磨（自磨）流程即原矿经粗碎后直接给入半自磨机（或自磨机）磨矿的流程，如图6-2所示。

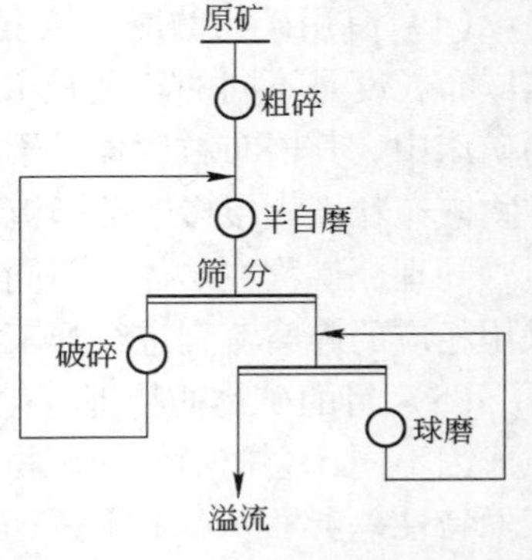

图6-2 典型的半自磨磨矿流程

半自磨（自磨）流程依据所处理矿石性质的不同，又有 AG 流程、SAG 流程、SABC 流程、ABC 流程等不同的流程结构和布置形式。

6.3 常规碎磨流程的应用及发展

6.3.1 传统的常规碎磨流程和“多碎少磨”流程

常规碎磨流程是20世纪80年代以前矿山广泛采用的碎磨流程，原矿的粗碎采用颚式破碎机或旋回破碎机破碎，中碎和细碎采用弹簧圆锥破碎机，筛分大多采用自定中心振动筛，破碎回路的最终产品 P_{80} 一般为 12 ~ 20mm。

20世纪70年代，当时世界上最大的选矿厂——布干维尔铜业有限公司（Bougainville Copper Limited）所属的布干维尔铜矿选矿厂原设计采用的碎磨流程为常规的碎磨流程。随着开采深度的下降，所处理的矿石逐渐变硬，导致处理能力下降，磨矿效率降低。为了解决这个问题，选矿厂开始在原有常规破碎流程的基础上，对中碎和细碎圆锥破碎机结构进行改造，以降低破碎回路的产品粒度，提高单台设备的破碎力，提高设备的运转率，达到提高产能的目的。他们把现有的正在运行的圆锥破碎机，首先采用加大破碎机功率的方式，从原来的每台225kW 的驱动功率，通过更换电机逐渐加大到 261kW、298kW、373kW。同时把圆锥破碎机的给矿方式由原来的给矿量控制改为功率控制，实行挤满给矿，极大地提高了破碎机的处理能力，降低了破碎产品的粒度。与此同时，由于改造只是增加了破碎机的驱动功率，增大了其破碎能力，没有对破碎机的结构强度进行提高和改进，使得原来破碎机的结构在超强度条件下运行，造成破碎机过早疲劳破坏，导致了破碎机断轴、机体开裂等现象的发生，如图 6－3 和图 6－4 所示。

图 6－3 布干维尔选矿厂圆锥破碎机断裂的主轴

图 6－4 布干维尔选矿厂圆锥破碎机开裂的机体

在此情况下，为了解决问题，适应和满足生产的需要，选矿厂先后做了以下改进：

（1）改进了圆锥破碎机的结构，型号由原来的 HD（heavy duty）型改为 XHD（extra heavy duty）型，后来又改为 SXHD（super extra heavy duty）型，从此出现了超重型破碎机的称谓；

（2）改进破碎机结构的同时，在预先筛分和中碎圆锥破碎机之间又增加了一个 3min 容量的缓冲矿仓以调整破碎机的给矿强度，改善电动机的负荷状况，由此出现了中、细碎圆锥破碎机采用挤满给矿和功率控制的控制策略；

（3）缩小检查筛分筛网的孔径，从原来的 14mm × 14mm，改为 11mm × 11mm、9mm × 9mm。

通过以上类似措施的不断改进之后，布干维尔选矿厂破碎回路最终产品的粒度 P_{80} 从原来的 9mm 降低到 6mm 左右，磨机台效提高了 7%，成为当时世界上采用“多碎少磨”成功的第一个实例。

在布干维尔选矿厂成功地把传统的常规碎磨流程改造成节能的“多碎少磨”流程之后，我国德兴铜矿的三期工程借鉴于其成功的经验，于 20 世纪 80 年代后期开始建设，90 年代初成功地投产了当时世界上第一个设计采用“多碎少磨”节能新工艺的大型选矿厂——德兴铜矿大山选矿厂。设计规模为 60000t/d，破碎回路最终产品粒度 P_{80} 为 7mm。

6.3.2 新的“多碎少磨”流程（高压辊磨机（HPGR）工艺）

进入 21 世纪以来，随着对能源需求的重视以及高压辊磨机应用技术的成熟和其独有的特点，高压辊磨机在金属矿山的采用越来越多。

在采用常规破碎流程的选矿厂中，采用高压辊磨机就是将原来常规破碎流程中的第三段圆锥破碎机由高压辊磨机替代，或将第三段破碎的产品（分级）给入高压辊磨机，作为第四段破碎。原来常规破碎流程的最终产品粒度 P_{80} 一般为 7 ~ 10mm，采用高压辊磨机后的 P_{80} 可达到 5 ~ 6mm，同时由于其产生的高压应力作用，还使矿石的磨矿功指数降低，降低了后续磨矿作业的能耗。新的“多碎少磨”流程如图 6－5 所示。目前正在运行的采用高压辊磨机破碎流程的部分矿山见表 6－1。

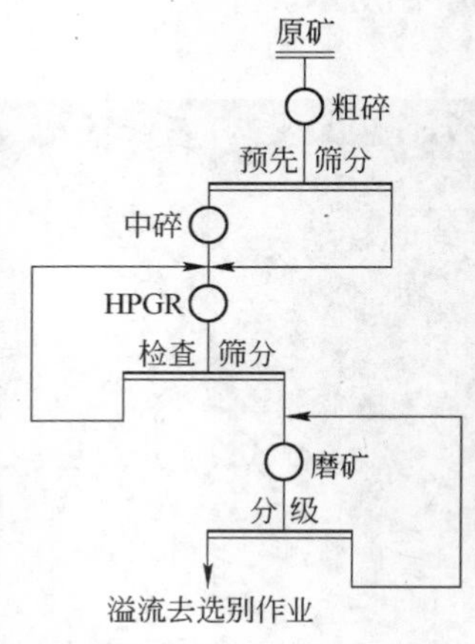

图 6－5 HPGR 碎磨流程

表 6－1 部分正在运行的 HPGR 工艺实例

矿 山	HPGR 型号	矿石	辊径 /mm	辊宽 /mm	球磨功指数 /kW·h·t^{-1}	给矿水分/%	给矿粒度/mm	产品粒度 /mm	处理能力 /t·h^{-1}	能耗 /kW·h·t^{-1}	比压力 /N·mm^{-2}	电机功率 /kW	运行时间	备注
Argyle（澳大利亚）[1]	RP10－170/140	金刚石	1700	1400	18～20	2～4	6～20	P_{40} =1.2	800	1.75	3.2	2×950	2002.2	
Los Colorados（智利）	RP16－170/180	铁矿	1700	1800	11～15	0～1	0～63	$P_{55\sim70}$ =6.3	2000	1.4	3.2	2×1850	1998.11	
Empire（美国）[2]	RP7－140/80	铁矿	1400	800	13～15	3～5	0～45	P_{50} =2.5	400	< 1.7	5.1	2×670	1997.8	顽石
Boddington（澳大利亚）[3]		金铜矿	2400	1650	15.6		0～89	P_{80} =17.9	3350	1.5		2×2800	2009.7	
Cerro Verde（秘鲁）[4]		铜矿	2400	1600	15.3				2500	1.7～2.0	3.5～4.0	2×2500	2006.12	
Kasachsmys（哈萨克斯坦）	RPS13－170/140	铜矿	1700	1400		3	0～38	3	945	2	5	2×1150		
SNIM（毛里塔尼亚）	RP16－170/180	铁矿	1700	1800	11～15	0～0.5	1.6～20	P_{65} =1.6	1800	1.0	2.7	2×900		
Suchoj Log（俄罗斯）	RP5－100/90	金矿	1000	900		6.5	25	P_{40} =1，P_{70} =5	320	1.8	5	2×400		
Mogalakwena（南非）[5]		铂矿	2200	1650	27							2×2800	2008	

6.3.3 "多碎少磨"的理论基础及分析

物料的破碎主要是靠设备的挤压及物料的冲击作用，而磨矿则主要是靠冲击、研磨和磨剥作用，而这两种不同阶段中物料粒度的减小，归根到底仍是靠能量的转换来完成的。粒度的减小，是能量转换的一种形式，因而粒度的减小与使该粒度减小所消耗的能量之间有一相应的关系，根据前面所述的破碎理论式（2－16）、式（2－27）、式（2－30），R. J. Charles 将其统一并归纳后得到下式[6]：

$$dE = -K\frac{dx}{x^n} \tag{6-1}$$

式中 x——物料粒度；

n——参数；

K——比例常数；

dE，dx——分别为微分能耗及微分粒度变化。

当 $n=1$，1.5，2.0 时，积分式（6－1），可分别得到式（2－16）、式（2－27）和式（2－30）。

1961 年，R. T. Hukki 在大量试验的基础上提出新的关系式，将式（6－1）中的 n 值用一与物料性质及作业条件有关的函数 $f(x)$ 表示：

$$dE = -K\frac{dx}{x^{f(x)}} \tag{6-2}$$

并且对 $f(x)=1$，1.5，2.0 时的能量与粒度减小的关系进行了比较，结果如图 6－6 所示[6]。

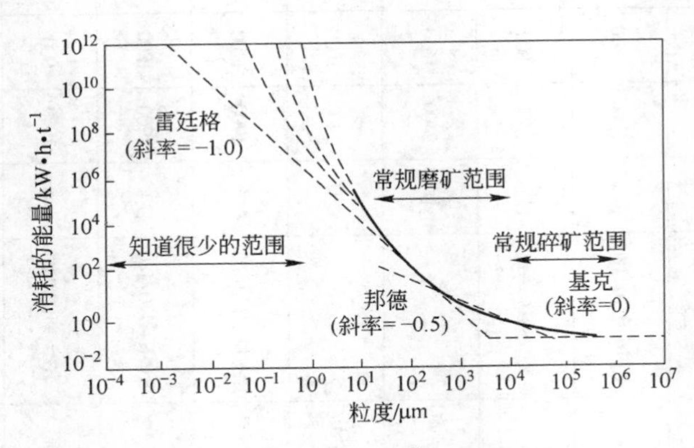

图 6－6 在粉碎作业中能量输入与颗粒粒度的关系

从图 6－6 中可以看出，在常规破碎范围内，能量随粒度减小的变化率是很小的；而在常规磨矿范围内，随着粒度减小，粉碎作业所需单位能耗急剧增加。因此，工业生产中将常规磨矿的给料粒度尽可能减小是非常经济的。另外，通过对玻璃球在钢挡圈和明胶两种环境中的粉碎比不同的研究，对两种破碎环境的粒子采用相同的能量，认为在球磨机中磨出同样破碎比的产品，所需能量为该破碎能量的4.75倍，这就清楚地表明，在破碎机中使用的粉碎能量比在磨矿机中更有效[7]。

表6－2所列为几个选矿厂实际生产能耗情况。

表6－2　国内外几个大型选矿厂能耗情况比较

作业	卡门铜矿能耗		拉卡里达铜矿能耗		德兴铜矿能耗	
	kW·h/t	%	kW·h/t	%	kW·h/t	%
碎矿	0.96	7.80	1.84	11.48	2.27	7.79
磨矿	8.18	66.50	9.29	58.20	12.83	44.00
浮选	1.73	14.07	1.36	8.52	6.67	22.90
供水	1.36	11.06	3.30	20.67	1.30	4.46
其他	0.07	0.57	0.18	1.13	6.08	20.85
总计	12.30	100.0	15.97	100.0	29.15	100.0
备注	1977～1978年一年生产数据		1984年4月生产数据		1983年全年生产数据	

注：所列选矿厂均采用常规碎磨流程。

由于磨矿能耗在选矿厂能耗中占有相当大的比例，国外从20世纪40年代末就开始对减小破碎产品粒度做了许多工作，图6－7所示为不同物料在同一圆锥

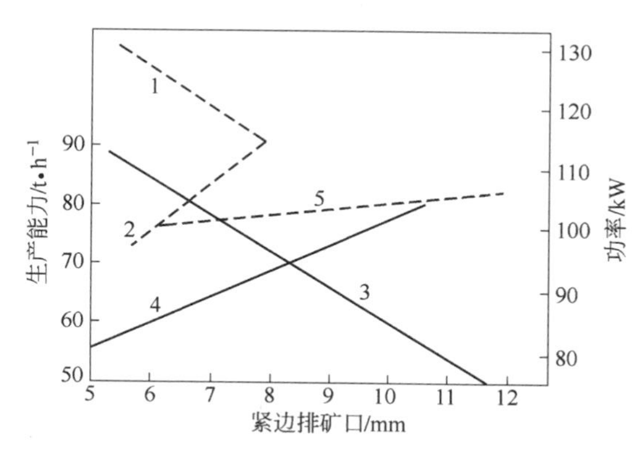

图6－7　排矿口与挤满给矿的生产能力和同样给矿粒度分布、不同功指数的物料时的传动功率关系

1—燧石功率；2—燧石生产能力；3—暗色岩石功率；4—暗色岩石生产能力；5—样本生产能力

破碎机中，且在相同给料粒度分布情况下进行试验的结果[7]。试验采用了暗色岩石和燧石两种样品，暗色岩石的功指数为燧石的两倍。在试验中，破碎机是挤满给矿的。从图中可以看出，暗色岩石所需的功率要比燧石少得多，很显然，在挤满给矿状态下，同样给矿粒度的硬物料，其传动功率比软物料要小。因此，为了达到较高的单位功率以使硬物料有同样的破碎比，就需要减小排矿口宽度，使破碎机在允许的循环负荷下得出更细的产品，并使破碎机单位输出功率最大。图 6-8 所示为第二段破碎机在给矿粒度不同情况下所得到的结果，较细粒给矿通过破碎机在几乎比粗粒给矿的产量多一倍的情况下，也只得出较粗的产品。

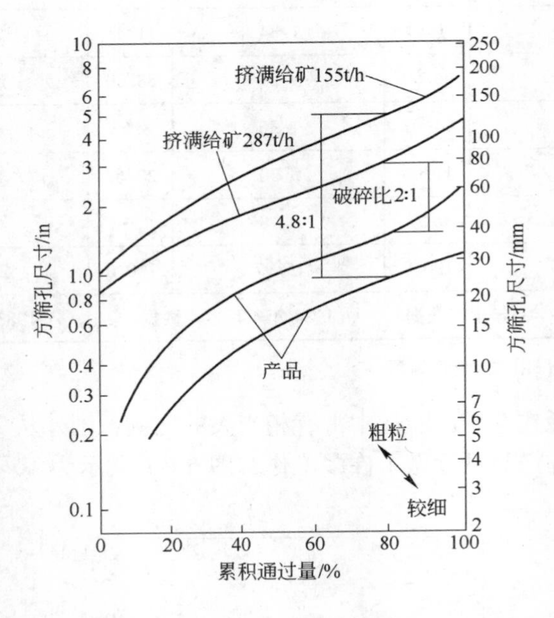

图 6-8 改变破碎比和产品粒度与较粗给矿得出较细的产品关系

从上面的结果可以看出，使破碎机在循环负荷允许情况下，其单位输出功率达到或接近最大的状态下工作，是降低磨矿给矿粒度的有效途径。

6.4 半自磨（自磨）流程的应用及发展

自 20 世纪 60 ~ 70 年代开始，与常规碎磨流程所不同的另一种碎磨流程是自磨磨矿流程。自磨磨矿流程短，环节少，配置方便，易于管理，且以所磨矿石自身作为介质，降低了钢材的消耗，但自磨磨矿流程的一个最大的影响因素是所磨矿石自身物理性质的变化。

在自磨机磨矿过程中，磨矿介质的性能完全取决于矿石自身的物理特性。对于单一均质的矿石，其硬度和可磨性能够在短时间内形成稳定的磨矿介质，并达到平衡，才能取得稳定的产品粒度，得到满意的磨矿结果。而对于有色金属硫化矿，由于矿石的物理性质变化范围很大，导致自磨机的给矿粒度和产品粒度波动很大，给生产操作带来不稳定性，控制难度大，如对于硬度大的矿石，会造成介质积累，使自磨机给矿量降低，产量下降，自磨机的产品粒度变细，单位磨矿能耗增高；对软的矿石，会导致介质的缺少，自磨机研磨作用降低，产品的细粒级部分减少，粒度变粗。

为了解决上述自磨流程生产过程中所暴露出来的问题，人们开始尝试在自磨机中添加部分介质（钢球或砾石）来解决矿石自身作为介质所产生的生产不稳定问题。由原设计为自磨机，而后添加钢球而形成的半自磨机，受原设计安装的驱动功率的限制，其钢球添加量受限，一般为3%～6%。相对于自磨机来说，半自磨机磨矿过程中的冲击和磨剥作用增强，研磨作用相对减弱，因而磨矿产品的粒度变粗，单位产品的磨矿能耗降低。

20世纪80年代以前，国外建成的采用自磨（半自磨）流程的有色金属选矿厂是以自磨流程为主，80年代以后建成的则基本上均为半自磨流程。目前国内外生产（或在建）的采用自磨（半自磨）工艺的矿山见表6-3。

表6-3　国内外部分采用自磨（半自磨）工艺运行的矿山

矿　山	国　家	金　属	规模/t·d^{-1}	运转率/%	磨矿工艺
Copperton	美国	Cu	112000	94.5	SAB
Ray	美国	Cu	30000	92	SABC
		Cu，Au	5880	95	SABC
Northparkes	澳大利亚		9600（10400）	95	SABC
Mount Isa	澳大利亚	Cu，Pb，Zn	24000（Cu）		SAB
Ernest Henry	澳大利亚	Au，Cu	32600		SAB
Cadia Hill	澳大利亚	Cu，Au	49560	94	SABC
Batu Hijau	印度尼西亚	Cu	120000～160000		SABC
冬瓜山铜矿		Cu	13000		SAB
Collahuasi	智利	Cu	73000		SAB
Kemess	加拿大	Cu，Au	56000		SAB
Miduk	伊朗	Cu	15000		SAB
Antamina	秘鲁	Cu，Zn	88000		SAB
El Teniente	智利	Cu	24000		SABC
Los Brances	智利	Cu	12000		SABC
Escondida	智利	Cu	35000	92	SAB

续表6-3

矿山	国家	金属	规模/t·d^{-1}	运转率/%	磨矿工艺
Mt Keith	澳大利亚	Ni	31400	95	SAB
Fimiston	澳大利亚	Au	30000	94.9	SABC
			6480	94.9	SAB
Glamis	墨西哥	Au	5856		SAB
Omai	圭亚那	Au	21000		SAB
David Bell		Au	1300		SAB
Century	澳大利亚	Pb，Zn，Ag	14500		SAB
大红山铁矿		Fe	14520		SAB
Freeport C3+C4	印度尼西亚	Cu	175000		SABC
Henderson	美国	Mo	30000	92	AG
Chino	美国	Cu	34000	90	SAB
Los Pelambres	智利	Cu，Mo	175000		SABC
Phu Kham	老挝	Cu，Au	42000	91.3	SAB
Yanacocha	秘鲁	Au	16000	92	SAG

根据所处理矿石的性质不同，半自磨（自磨）回路又有各种不同的布置方式，基本上可以分为八种不同的基本流程：单段自磨、自磨—球磨、自磨—砾磨、自磨—球磨—破碎机、单段半自磨、半自磨—球磨、半自磨—砾磨、半自磨—球磨—破碎机，不同流程的应用实例参见下篇。

参考文献

[1] MAXTON D，MEER F，GRUENDKEN A. KHD Humboldt Wedag – 150 Years of Innovation New Developments for the KHD Roller Press［C］// Department of Mining Engineering University of British Columbia. SAG 2006. Vancouver，2006：Ⅳ-206~221.

[2] DOWLING E C，KORPI P A，MCLVOR R E，et al. Application of high pressure grinding rolls in an autogenous-pebble milling circuit［C］//Department of Mining Engineering University of British Columbia. SAG 2001. Vancouver，2001：Ⅲ-194~201.

[3] SEIDEL J，LOGAN T C，LEVIER K M，et al. Case study——investigation of HPGR suitability for two gold/copper prospects［C］// Department of Mining Engineering University of British Columbia. SAG 2006. Vancouver，2006：Ⅳ-140~153.

[4] VANDERBEEK J L，LINDE T B，BRACK W S，et al. HPGR implementation at Cerro Verde［C］//Department of Mining Engineering University of British Columbia. SAG 2006. Vancouver，2006：Ⅳ-45~61.

[5] POWELL M S, BENZER H, MAINZA A N, et al. Transforming the effectiveness of the HPGR circuit at Anglo Platinum mogalakwena [C] //Department of Mining Engineering University of British Columbia. SAG 2011. Vancouver, 2011: 118.

[6] 林奇 A J. 破矿和磨矿回路模拟、最佳化、设计和控制 [M]. 北京：原子能出版社，1983: 22 ~25.

[7] 穆拉尔 A L，杰根森 G V. 碎磨回路的设计和装备 [M]. 北京：冶金工业出版社，1990: 219 ~261.

7 碎磨流程应用的主要设备

由图 6 –6 可知，破碎机中的能耗效率，在其能够达到的破碎比的情况下，比在球磨机中达到相同的粒度时更有效。对于所有类型的磨矿设备来说，其共同点是，实际作用到矿石颗粒上使其破碎的能量效率是很低的。但不同的设计理念之间也存在很大的差异，如有的设备结构使许多能量被设备本身的部件吸收了，而没有用于破碎。有人利用不同规格的几种类型的设备，采用完全相同的物料，进行了可磨性试验，得到了各自的功指数，这些功指数的值对应表明了这些设备的效率[1]。功指数最大的，即能耗最大的设备是颚式破碎机、旋回破碎机和滚筒式磨机；中等的是冲击式破碎机和振动磨机；最小的是辊式破碎机。能量消耗最低的是采用平稳、连续的压应力来使物料破碎的设备。

7.1 破碎设备

7.1.1 粗碎

目前所知，最早的破碎机专利是在 1830 年由美国批准的，该专利申请的装置是以简陋的方式，采用落锤原理进行破碎。这个专利在历史上与美国采矿业的黄金时代紧密地联系在一起。10 年后，另一个专利获得批准，该专利有一个木制箱子，里面有一个木制筒，筒上固定有许多铁块或锤子，当这个木制筒以约 350r/min 旋转时，给入箱子的岩石将被打碎。该专利就是今天的冲击式破碎机，可以认为是最早的锤碎机。但没有证据证明这些早期的发明者是否在实践中实现了他们的发明。

1858 年，Eli Whitney Blake 发明了第一台机械岩石破碎机——Blake 颚式破碎机，并取得专利。1861 年，颚式破碎机在工业上开始应用。Blake 采用了专业人士非常熟知的一个机械原理——强大的肘节链系。此后至今，颚式破碎机在各个领域被广泛应用。

自第一台颚式破碎机问世应用至今，随着工业技术的发展和科学技术的进步，工业技术领域发生了翻天覆地的变化，但在工业所需原材料生产链的前端——矿业领域，其所采用的设备形式依旧，不同的是设备的材质性能和设备的使用控制水平随着工业技术的发展发生了变化。

目前，冶金矿山粗碎（primary crushing）采用的主要设备仍然是颚式破碎机和旋回破碎机，其中小中型规模的选矿厂一般采用颚式破碎机，大型规模的选矿厂则采用旋回破碎机。在水泥行业，矿山采用的主要是冲击式破碎机。

7.1.1.1 颚式破碎机

颚式破碎机（jaw crusher）的主要特点是结构简单、维护方便、体积小、所需立体空间小、安装容易，至今仍被广泛应用于各种矿石、冶金原料、建筑骨料等的破碎和生产。颚式破碎机既可用于粗碎作业，也可用于中碎和细碎作业。

颚式破碎机的破碎腔是由两块颚板构成，其中一块是固定的（固定颚板），另一块是可动的（动颚板），动颚板通常悬挂在固定轴或可动轴上。在传动装置的带动下，动颚板时而靠近固定颚板，时而离开固定颚板。在向固定颚板靠近过程中，物料即被破碎；当动颚板离开固定颚板时，物料即排出。进入破碎腔的物料利用动颚板周期性地与固定颚板之间的往复啮合运动，从而使进入破碎腔的物料受到挤压、冲击作用而破碎。破碎后的物料在重力作用或动颚板运动时的推力作用下从排料口排出。

根据动颚板轴的悬挂位置不同，颚式破碎机分为上部悬挂式（下动型）和下部悬挂式（上动型）两种，但目前生产中采用的均为上部悬挂式（下动型）颚式破碎机，即 Eli Whitney Blake 所发明的颚式破碎机。至于下部悬挂式（上动型）颚式破碎机，由于其排矿口宽度不变，在工作过程中易发生堵塞，影响破碎作业的正常进行，故早已被淘汰。这两种类型的颚式破碎机构造简图如图 7－1所示[1]。其他类型的颚式破碎机，如综合摆动式颚式破碎机、冲击振动式颚式破碎机由于各种原因，也没有得到进一步的应用，这里不再赘述。

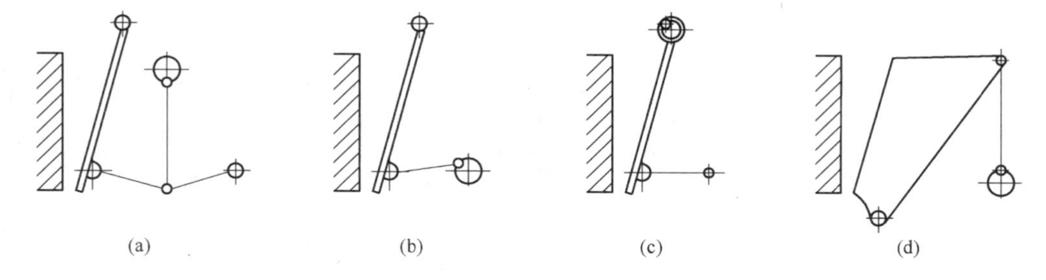

(a) (b) (c) (d)

图 7－1 不同类型的颚式破碎机构造简图

（a）采用垂直连杆传动的下动型颚式破碎机（double－toggle black crusher）；
（b）采用水平连杆传动的下动型颚式破碎机；（c）复杂摆动的下动型颚式破碎机（single－toggle black crusher）；（d）上动型颚式破碎机（dodge crusher）

颚式破碎机的规格用其给料口的尺寸（宽×长）表示。如 600×900 颚式破碎机即指给料口的宽度为 600mm，长度为 900mm。排料口宽度采用动颚衬板和定颚衬板的最小距离来表示。当破碎衬板采用波纹状或齿形衬板时，排料口宽度则为动颚衬板和定颚衬板的波峰和其对应的波谷之间的距离。

目前常用的上部悬挂式（下动型）颚式破碎机又分为简单摆动式或双肘板式（double - toggle）（见图 7 - 1（a））和复杂摆动式或单肘板式（single - toggle）（见图 7 - 1（c））两种结构类型。

A 简单摆动式颚式破碎机

简单摆动式颚式破碎机（double - toggle jaw crusher）的动颚板是悬挂在固定的轴承上，动颚板的运动是通过连杆机构在偏心传动轴的作用下进行工作，如图 7 - 2 所示。

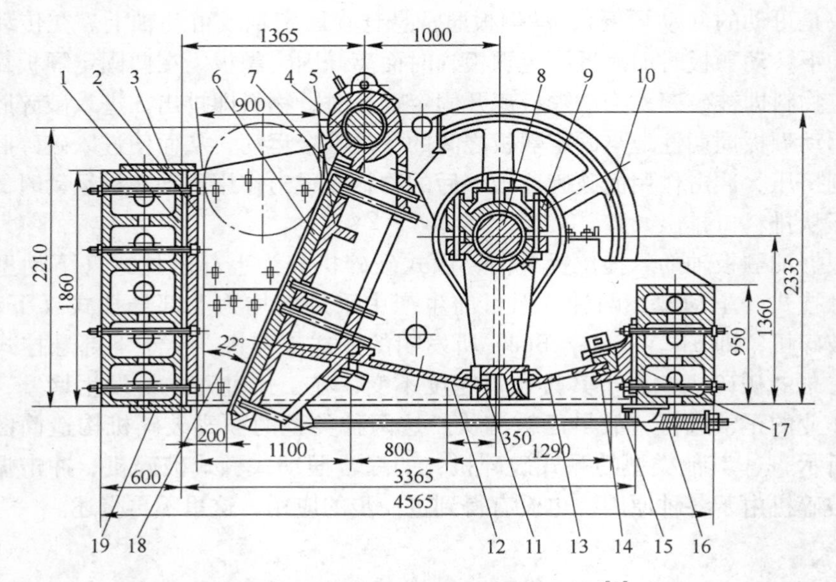

图 7 - 2 简单摆动式颚式破碎机示例[2]

1—固定颚板；2—固定颚板衬板；3—固定颚衬板压板；4—悬挂轴承；5—动颚板；6—动颚衬板；7—动颚板衬板楔形压铁；8—偏心传动轴；9—垂直连杆头；10—皮带轮；11—肘板头；12—前肘板；13—后肘板；14—后支承座；15—拉杆；16—弹簧；17—排料口调节衬垫；18—侧壁平衬板；19—固定颚衬板支座

图 7 - 2 中的简单摆动式颚式破碎机工作时，由于其传动轴是偏心传动轴 8，故偏心轴每转动一次，通过垂直连杆的作用，使动颚板向前和向后各摆动一次。动颚板向前摆动时，使破碎腔内的物料被破碎，此为破碎机的工作行程。动颚板向后摆动时，即为破碎机的空转行程，此时破碎腔内破碎的物料靠重力排出。由于颚式破碎机的破碎过程存在着工作和空转两个行程，工作行程的负荷很大，空转行程负荷很小，因此其电动机的负荷极不均衡。为了弥补这一缺点，在偏心轴的两端装有两个带偏心配重的皮带轮 10，其作用是在破碎机的空转行程中把能量储存起来，在工作行程中再把能量释放出来，从而使得颚式破碎机运行时的电

动机负荷能够处于均衡平稳状态。

颚式破碎机工作时的破碎力是通过肘板 12、13 传递到动颚板上，因此肘板末端和衬瓦的受力和磨损都很大，通常这些部位都是采用硬质合金做成。直接把破碎力传递到动颚板上的肘板，同时还有着保护颚式破碎机的保险作用。由于传递的力很大，肘板具有一定的强度，必须满足破碎力传递的要求。但当破碎腔内进入难以破碎的物料如钢钎头等，使破碎力达到一定的设计值时，肘板就必须折断，以保护破碎机不受损坏。肘板主体通常用生铁做成，并在其断面上开有小孔，以降低其强度，以便一旦需要时，便可从小孔处折断。

简单摆动式颚式破碎机由于采用了曲轴双连杆机构，即使在动颚板所受破碎力很大的情况下，其连杆和偏心轴所受的力仍较小。因此，简单摆动式颚式破碎机可以做成很大的规格，用于破碎硬矿石或物料。

B 复杂摆动式颚式破碎机

与简单摆动式颚式破碎机相比，复杂摆动式颚式破碎机（single - toggle jaw crusher）的动颚板直接悬挂在偏心传动轴上，动颚板的下端通过肘板和调节楔连接，如图 7 - 3 所示。

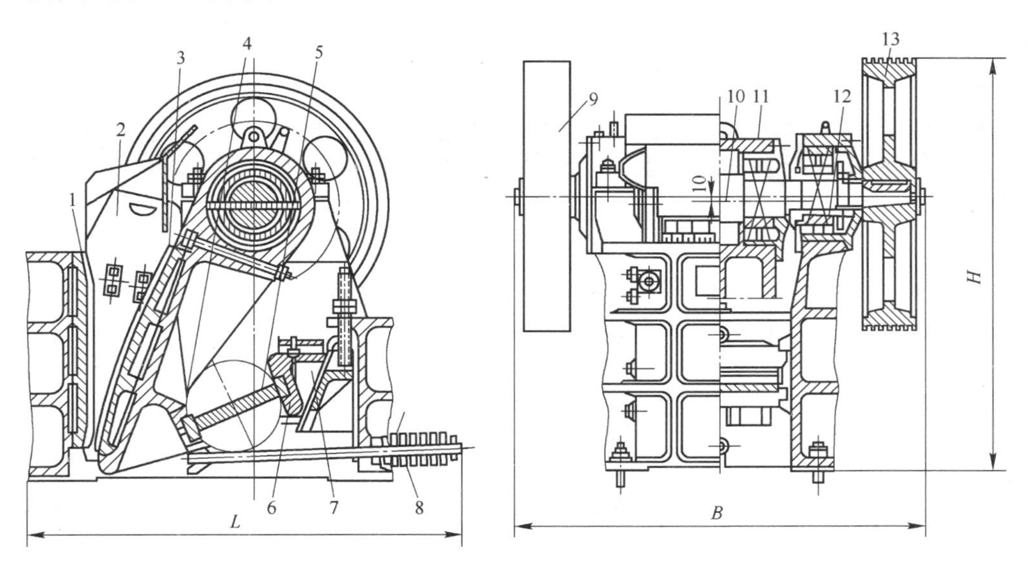

图 7 - 3 复杂摆动式颚式破碎机示例[2]

1—机架及固定颚板；2—侧板；3—动颚板；4—前肘板座；5—肘板；6—后肘板座；7—调节楔铁；8—弹簧；9—飞轮；10—偏心传动轴；11—动颚；12—轴承；13—皮带轮

由于复杂摆动式颚式破碎机的动颚板直接悬挂在偏心传动轴上，因此从构造上看，其结构和简单摆动式颚式破碎机相比要简单一些，机体质量也较轻。但正是由于其动颚板悬挂在偏心传动轴上，使得偏心传动轴在运行时，既要支撑动颚板在工作时所产生的巨大应力，又要保证破碎机的正常运行，因而其所受的负荷很大，往往容易损坏。因此，复杂摆动式颚式破碎机不适合于做成大规格的设备，适合于小规模生产能力下的小型设备。目前国内最大规格的复杂摆动式颚式破碎机是900mm×1200mm，规格大于此的均为简单摆动式。

复杂摆动式颚式破碎机的另一个特点是动颚板在工作行程中，不仅仅产生挤压力，还会产生向下的摩擦力，有利于破碎物料的自动排出。同时，其空转行程也较小，动力负荷相比于简单摆动式破碎机更均匀一些。

在同等规格情况下，复杂摆动式颚式破碎机的造价要比简单摆动式低约50%。

在欧洲的一些国家，特别是瑞典，采用复杂摆动式颚式破碎机来破碎坚硬的铁燧岩矿石，由于该型破碎机动颚板的运动方式易于自给矿，因而经常是挤满给矿。

颚式破碎机的衬板多采用波浪形表面，图7－4所示为美卓生产的C系列颚式破碎机依据所破碎物料性质不同所设计的相应的衬板表面形状。

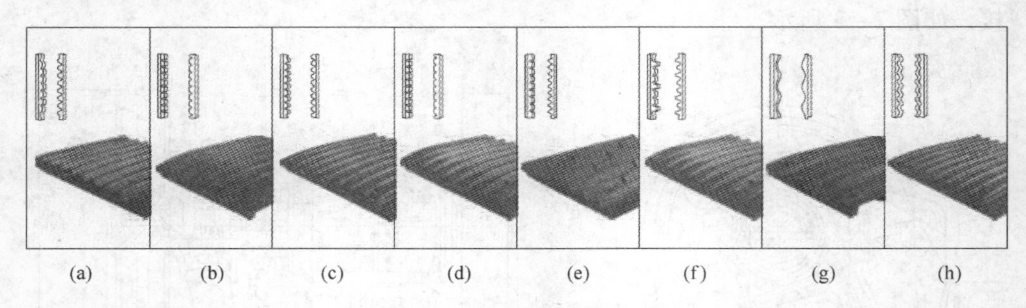

图7－4 美卓生产的C系列颚式破碎机衬板形状[3]
(a) 标准型；(b) 石料破碎；(c) 长齿型；(d)，(e) 专用石料；
(f) 抗压型；(g) 波浪型；(h) 波纹型

C 颚式破碎机的结构参数

a 啮角

动颚板和固定颚板之间的夹角称为啮角。在破碎机工作时，由于动颚的摆动，这个啮角是经常变化的（见图7－5），如当动颚板靠近固定颚板，处于图中OB位置时，所形成的啮角α_2要大于动颚板在原来位置OB_1时与固定颚板所形成的啮角α_1。通常把啮角定义为动颚板和固定颚板之间距离最近时的夹角。

因此，由定义可知，随着排矿口宽度的调整，啮角是变化的。排料口宽度减小，啮角增大；排料口宽度增大，啮角则减小。啮角增大，破碎机的破碎比也增大，但生产率则会相应减小。所以啮角大小的确定应当考虑破碎比和生产率两者的关系。

动颚板和固定颚板之间极限啮角，可以通过颚板上的受力分析，如图 7－6 所示。

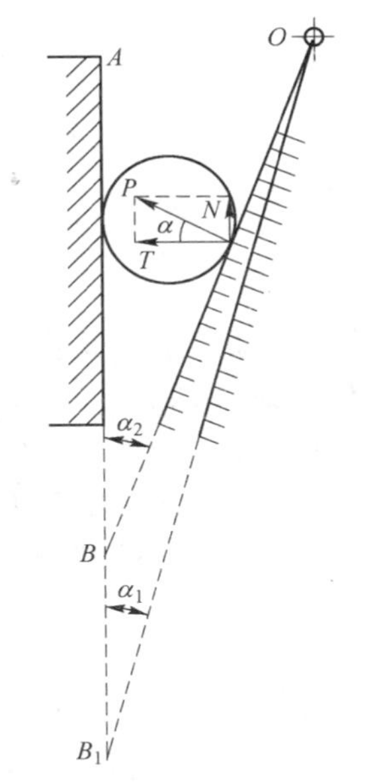

图 7－5 颚式破碎机的啮角

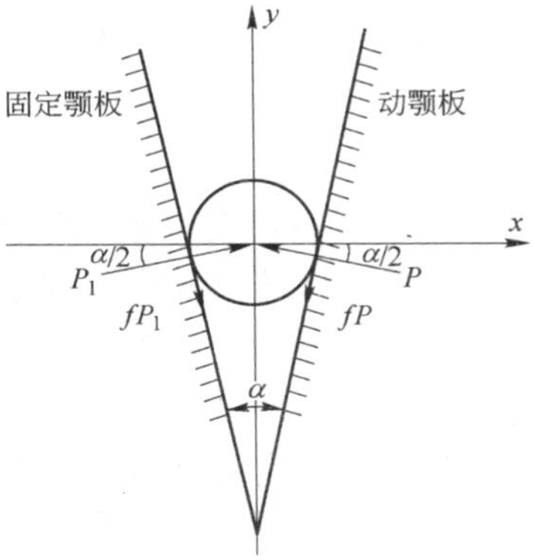

图 7－6 物料在两颚板间的受力分析

设动颚板作用于物料上的力为 P，固定颚板的反作用力为 P_1，物料与颚板之间的滑动摩擦系数为 f，物料的质量与其所受来自于两颚板的压力相比要小得多，故可以忽略不计。

来自于动颚板的压力 P 可以分解为两个分力：水平分力 T 和垂直分力 N（见图 7－5）。水平分力使物料破碎，垂直分力则使物料上移。由于物料要向上移动，则在两颚板间会产生方向向下的滑动摩擦力。要使破碎机维持正常工作，则上述两块颚板产生的滑动摩擦力一定要大于垂直分力 N。在极限情况下，垂直分力等于上述两个摩擦力之和，即 $N = fP + fP_1$，此时的两颚板之间夹角即为极限啮角。颚式破碎机工作时的啮角一定要小于极限啮角，否则破碎腔内的物料会发生堵塞或者向上跳动。

根据图 7－6 的受力分析，可以写出下列两个平衡方程式：

$$\sum x = -P\cos\frac{\alpha}{2} + P_1\cos\frac{\alpha}{2} - fP\sin\frac{\alpha}{2} + fP_1\sin\frac{\alpha}{2} = 0 \qquad (7-1)$$

$$\sum y = P_1\sin\frac{\alpha}{2} + P\sin\frac{\alpha}{2} - fP_1\cos\frac{\alpha}{2} - fP\cos\frac{\alpha}{2} = 0 \qquad (7-2)$$

简单运算后有：

$$f = \tan\frac{\alpha}{2} \qquad (7-3)$$

滑动摩擦系数 f 可以用摩擦角 φ 表示，即

$$f=\tan\varphi \tag{7-4}$$

把式（7-4）带入式（7-3）得到：

$$\tan\varphi=\tan\frac{\alpha}{2} \tag{7-5}$$

即

$$\varphi=\frac{\alpha}{2}$$

$$\alpha=2\varphi \tag{7-6}$$

由此得出，颚式破碎机工作时的极限啮角 α 等于摩擦角 φ 的 2 倍，即在正常工作时，颚式破碎机的啮角应当小于摩擦角的 2 倍，即 $\alpha<2\varphi$。

矿石在钢板上的滑动摩擦系数 f 为 0.2 ~ 0.3。按 $f=0.3$ 考虑，相应的摩擦角约为 16.7°，因此颚式破碎机理论上最大啮角可达 33°，但实际应用上，颚式破碎机的啮角没有大于 25°的。否则，易导致物料的滑动，影响处理能力和增加磨损。

b 动颚板在排矿口处的行程（摆动幅度）

颚式破碎机动颚板在排料口处的最大行程取决于所破碎物料的类型，一般通过改变偏心距来调节。根据设备的规格，一般行程范围为 1 ~ 7cm。对坚韧、塑性的物料取最大值，坚硬、脆性的矿石取最小值。行程越大，堵塞的危险越小，物料移动得越快。行程大也能产生更多的细粒，也会给予设备更高的工作应力。

c 偏心传动轴的转速

颚式破碎机偏心传动轴的转速与规格成反比，一般在 100 ~ 350r/min 之间。确定破碎机最佳转速的主要原则是，要有足够的时间使物料颗粒在破碎腔中被再次啮合住之前能够向下位移。

当偏心传动轴的转速太快时，动颚板前后摆动的频率太高，会影响物料的下降，因为此时破碎的物料还没有来得及从破碎腔中排出，动颚板再次向前推动从而迫使物料不能继续下降。因此，转速太快不利于提高破碎机的单位处理能力。同理，当偏心传动轴的转速太慢时，在空转行程内，破碎腔内的物料已排空，而动颚板还没开始它的工作行程，也不利于破碎机破碎能力的发挥。

理论上，偏心传动轴的转速可用下式计算：

$$n=30\sqrt{\frac{g\tan\alpha}{2e}} \tag{7-7}$$

式中 n——偏心轴的转速，r/min；

α——啮角；

e——动颚板在排矿口处的行程（摆动幅度），m；

g——重力加速度，m/s^2。

在实际破碎过程中，由于物料从破碎腔下落时肯定会遇到一些阻力，影响其下落速度，因而偏心传动轴的实际转速应比式（7-7）的计算值小，一般低5%~10%。实际应用的转速计算公式通常采用下式：

$$n = 27\sqrt{\frac{g\tan\alpha}{2e}} \tag{7-8}$$

颚式破碎机的已有的规格为 1680×2130，能够处理的最大给矿粒度为 1.22m，在排矿口为 203mm 的条件下，处理能力可以达到 725t/h。然而，研究认为，当破碎能力大于 545t/h 时，与旋回破碎机相比较，颚式破碎机的优点开始降低；当破碎能力大于 725t/h 时，颚式破碎机根本不能和旋回破碎机相比[4]。

颚式破碎机的破碎比为 3~5。

目前，世界上最大的颚式破碎机是美卓的 C200 型破碎机，处理能力在紧边排矿口为 175mm 的情况下为 630~890t/h。

7.1.1.2 旋回破碎机

世界上第一台旋回破碎机的专利是由美国人 Charles Brown 于 1878 年申请的。1881 年美国芝加哥盖茨铁工厂生产出第一台旋回破碎机[2]。

旋回破碎机属于圆锥破碎机的一种，适用于粗碎作业。旋回破碎机的破碎腔是由一个顶点在上的圆锥实体和一个顶点在下的逆向配置的锥形环体组合而成的。特点是处理能力大、对物料破碎强度大、破碎效率高。但其结构复杂，破碎腔深，空间体积大，占用空间大。由于旋回破碎机独特的结构形式和工作特性，目前仍是大中型选矿厂和大型采石场的粗碎作业必选设备。

旋回破碎机的剖面结构如图 7-7 所示。

旋回破碎机工作时，安装在竖轴上的动锥随着偏心套筒的运行，对应于定锥上的任一点，时而靠近，时而离开。动锥靠近定锥时，将物料破碎，动锥离开定锥时，破碎的物料排出。由于旋回破碎机的结构特点，在其运行过程中，不论动锥转到什么位置，总有一点是与定锥最靠近的，而与该点对称的另一点则与定锥是最远的。动锥与定锥最靠近的一边总是破碎物料，两锥相距最远的一边总是排出物料。可以把旋回破碎机看做是由无限个破碎腔长度为无限小的颚式破碎机组成的，这无限个颚式破碎机依次重复着物料破碎—排出的过程，就构成了旋回破碎机的工作行程。因此，旋回破碎机没有空转行程，是连续工作的，其动力负荷比较均匀，生产率也高。在矿山，一般当处理能力超过 900t/h 时，则选择旋回破碎机作为粗碎设备。

旋回破碎机的规格国内一般用给料口的尺寸表示，如 1200mm 的旋回破碎机，意指其给料口的宽度为 1200mm。国外则采用给料口+动锥底部直径来表示，如 1524mm×2870mm（60in×113in）旋回破碎机，是指其给料口宽度为 1524mm（60in），而动锥的底部直径为 2870mm（113in）。旋回破碎机的旋摆频

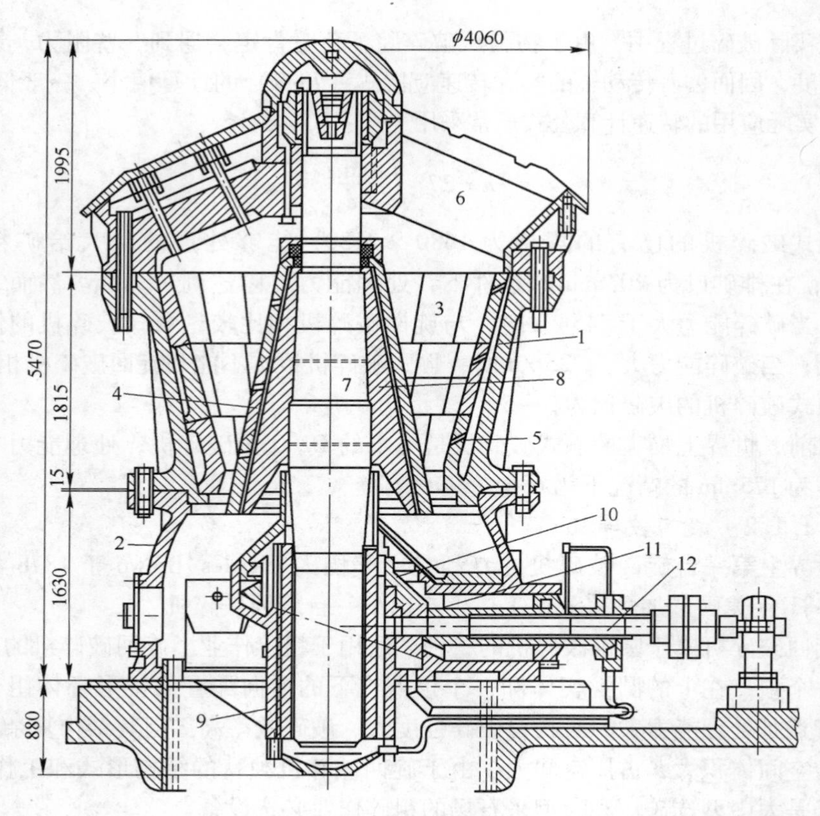

图 7－7　旋回破碎机[5]

1—固定锥上部；2—机座；3—固定锥衬板；4—动锥衬板；
5—固定锥下部；6—横梁；7—竖轴；8—动锥；9—偏心套筒；
10—偏心套筒伞齿轮；11—传动轴伞齿轮；12—传动轴

率一般为 85～150r/min。

旋回破碎机的破碎比为 3～6。

目前，旋回破碎机已有的最大规格为 1830mm，最大给矿粒度为 1370mm，用于处理加拿大 Quebec 省 Johns－Manville 石棉矿的矿石，在 200mm 排矿口的条件下，处理能力可达 5000t/h。已有的处理能力最大的旋回破碎机是在印度尼西亚 Freeport McMoRan Copper & Gold 的 Grasberg 露天矿用于采矿剥离的 1600mm×2896mm（63in×114in）型旋回破碎机，处理能力超过 10000t/h。某矿山生产运行中的旋回破碎机如图 7－8 所示。

作为主要的粗碎设备，颚式破碎机和旋回破碎机各有自己的特点。颚式破碎机结构简单，占用空间位置小，维护方便，但生产率较低，只适合于中小规模的生产使用。同颚式破碎机相比，旋回破碎机则结构复杂得多，机身高大，占用空

图 7－8　某矿山生产运行中的旋回破碎机

间位置大，且不宜安装于厂房内，但其生产率高，处理能力大，适合于大规模的生产使用。具体采用哪种形式的破碎机更合适则需要经过技术经济比较后确定。

7.1.2　中碎

中碎（secondary crushing）的给矿是来自于粗碎后、一般为小于 300mm 的产品，给料中的金属杂物已经通过相应的作业除去，大部分场合下合格的细粒级（小于 15mm 或小于 12mm）物料也已筛出，因而中碎的破碎强度和环境已经远优于粗碎。

适合于中碎的主要设备有颚式破碎机、标准型圆锥破碎机、中型圆锥破碎机，有些特殊的用途上也可采用对辊式破碎机和锤式破碎机。

一般情况下，对于颚式破碎机，同一种型号中，没有粗、中、细碎的说法，其结构是相同的，只是规格不同。相对于不同的破碎粒度，选用不同规格的颚式破碎机。对于圆锥破碎机，其工作原理相同，但对应于不同的破碎阶段，有不同型号的圆锥破碎机，有明确的粗碎、中碎、细碎的说法。

适合于中碎、细碎采用的圆锥破碎机最初由美国人 Symons 兄弟设计，即 Symons 圆锥破碎机，约于 20 世纪 20 年代初开始应用于选矿厂[2]。适合于中碎阶段使用的只有标准型圆锥破碎机和中型圆锥破碎机。中型圆锥破碎机是介于中碎用的标准型圆锥破碎机和细碎用的短头型圆锥破碎机之间的一种型号的破碎机，根据给矿和产品粒度的要求，既可用于中碎作业，也可用于细碎作业。同种规格的标准型圆锥破碎机和中型圆锥破碎机的结构，除了给矿口宽度和动锥与定锥之间的平行带长短不同外，其余完全相同。

与旋回破碎机（粗碎圆锥破碎机）相比，尽管工作原理相同，中碎圆锥破碎机在设备的结构配置上还是有很大的差异：

（1）中碎圆锥破碎机的破碎腔是由顶点在上的一个圆锥实体和一个同向配

置的锥形环体组合而成的，旋回破碎机的破碎腔是由一个顶点在上的圆锥实体和一个顶点在下的逆向配置的锥形环体组合而成的（见图7－9和图7－10）；

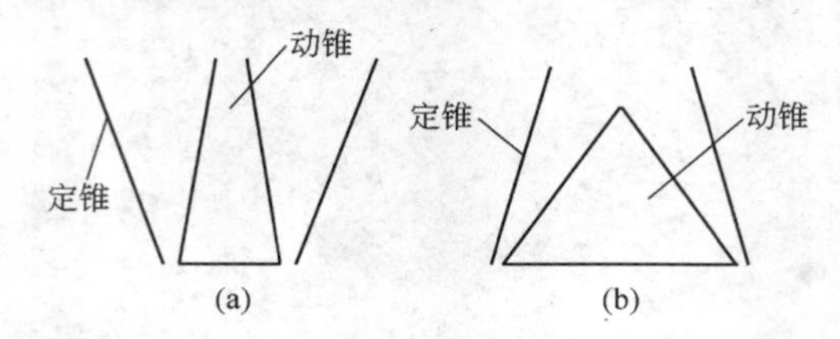

图7－9 旋回破碎机（a）和中碎圆锥破碎机（b）的破碎腔结构

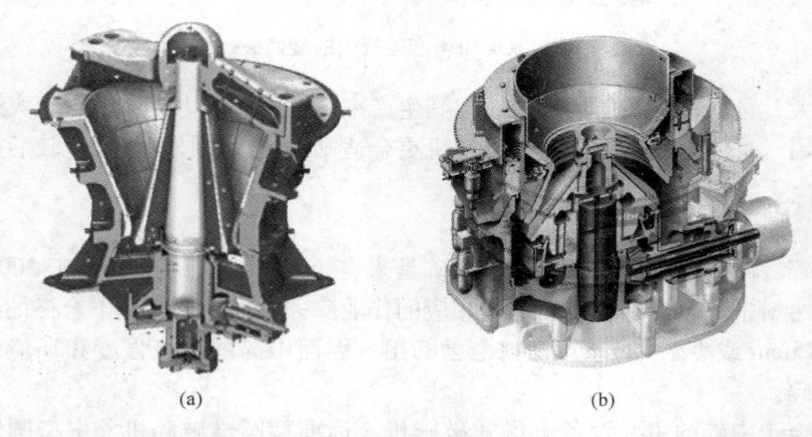

图7－10 旋回破碎机（a）[6]和中（细）碎破碎机（b）[7]的结构形式比较

（2）中碎圆锥破碎机的竖轴和动锥的重量全部由位于动锥体下面的曲面支撑轴承来支撑，旋回破碎机的竖轴和动锥的重量则是通过锥形支撑装置悬挂在旋回破碎机的横梁上。

中碎圆锥破碎机的偏心距可以达到旋回破碎机的5倍，旋摆频率是旋回破碎机的2.5倍以上。因此，相比于旋回破碎机，中碎圆锥破碎机能够承受更高的工作应力，在这种速度条件下，物料通过破碎腔所受到的是类似于一连串的锤击似的破碎，而不像在旋回破碎机中所受到的动锥慢速运动下的渐进式的挤压破碎。

标准型圆锥破碎机的基本结构如图7－11所示。

中碎圆锥破碎机的破碎比为3～6。

标准圆锥破碎机和中型圆锥破碎机的规格采用动锥衬板的直径（mm）表示，如ϕ2200圆锥破碎机，则表示该破碎机的动锥衬板直径是2200mm。目前，已有的适用于中碎的圆锥破碎机规格为559～3100mm，在排矿口为19mm的条件下，处理能力可达1100t/h。在南非的一个铁矿选矿厂安装了两台ϕ3100的Symons圆锥破碎机，每台的处理能力可达3000t/h[8]。

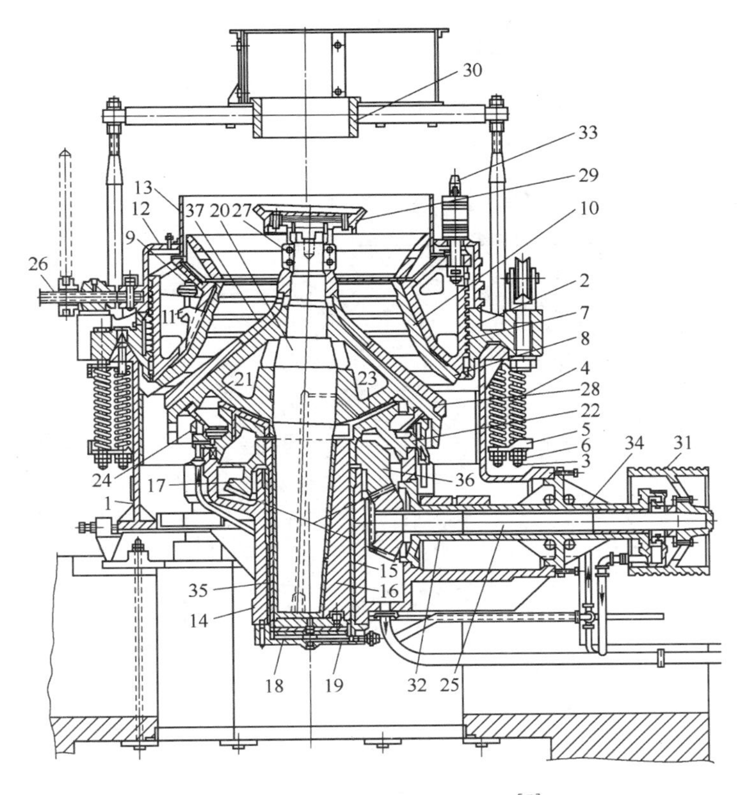

图 7-11 标准型圆锥破碎机[5]

1—机座；2—调整环；3—螺栓；4—弹簧；5—弹簧压片；6—螺母；7—定锥；8—定锥衬板；9—定锥衬板固定螺栓；10，28—填料；11—定锥衬板固定挂钩；12—防尘罩；13—受料斗；14—偏心套筒；15—衬套；16—偏心轴套；17—被动伞齿轮；18—止推轴承；19—机架下盘；20—主轴；21—动锥；22—环形槽；23—球面轴瓦；24—球形颈圈；25—传动轴；26—逆止器；27—锁紧环；29—分配盘；30—给料口；31—皮带轮；32—密封填料；33—锁紧缸；34—传动轴架体；35—锥形衬套；36—配重；37—动锥衬板

7.1.3 细碎

细碎（tertiary crushing）作业所处理的物料一般是经中碎及检查筛分后，粒度为 130～12mm 的筛上物料。适用于细碎作业的破碎设备有颚式破碎机、短头型圆锥破碎机、高压辊磨机，此外还有一种旋盘破碎机，一般用作第四段破碎作业。

颚式破碎机不再赘述，仅就其他三种破碎机作一介绍。

7.1.3.1 短头型圆锥破碎机

短头型圆锥破碎机（short - head cone crusher）的基本结构与原理同标准型

圆锥破碎机，其不同点是破碎腔形状和尺寸不同（见图7－11和图7－12）。

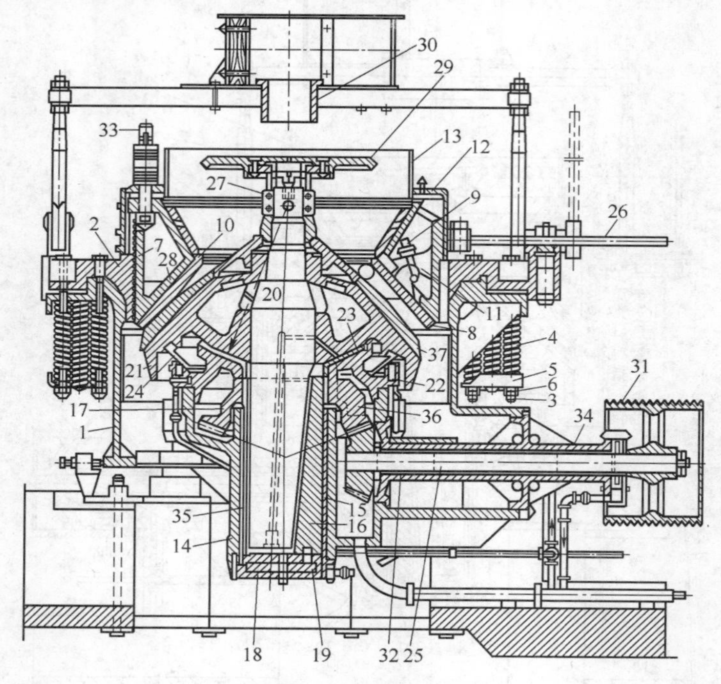

图7－12　短头型圆锥破碎机[5]

1—机座；2—调整环；3—螺栓；4—弹簧；5—弹簧压片；6—螺母；7—定锥；8—定锥衬板；9—定锥衬板固定螺栓；10，28—填料；11—定锥衬板固定挂钩；12—防尘罩；13—受料斗；14—偏心套筒；15—衬套；16—偏心轴套；17—被动伞齿轮；18—止推轴承；19—机架下盘；20—主轴；21—动锥；22—环形槽；23—球面轴瓦；24—球形颈圈；25—传动轴；26—逆止器；27—锁紧环；29—分配盘；30—给料口；31—皮带轮；32—密封填料；33—锁紧缸；34—传动轴架体；35—锥形衬套；36—配重；37—动锥衬板

标准型圆锥破碎机的破碎腔衬板呈阶梯形，因而其给料粒度可以更粗。短头型圆锥破碎机给矿口更窄，排矿口处的平行带更长。

7.1.3.2　高压辊磨机

高压辊磨机（high press grinding rolls，HPGR）是在辊式破碎机的基础上发展而来的。辊式破碎机依据破碎辊的数量有单辊、双辊、多辊之分。多辊破碎机在使用、维护上有诸多不便，所以在实践中没有得到进一步的应用。辊式破碎机依据破碎辊表面的性质，可分为光滑辊面和齿式辊面。光滑辊面破碎机主要用来破碎硬度较大的矿石，齿式辊面破碎机主要用来破碎硬度不大的物料，如煤、焦炭等。

由于受设备结构和当时的技术发展水平的限制，辊式破碎机在矿山上的应用受到限制，仅限于破碎磨蚀性极低的水泥工业的原料、脆性物料及其小型矿山的矿石，如石灰石、煤、钨矿石等。

1984 年，高压辊磨机技术出现，1985 年，世界上第一台高压辊磨机诞生并应用于水泥行业。高压辊磨机的结构如图 7 – 13 所示，工作原理如图 7 – 14 所示，破碎过程示意如图 7 – 15 所示。

图 7 – 13 高压辊磨机的结构[9]

1—机体；2—破碎辊；3—轴承系统；4—液压系统；5—给料装置；6—驱动装置

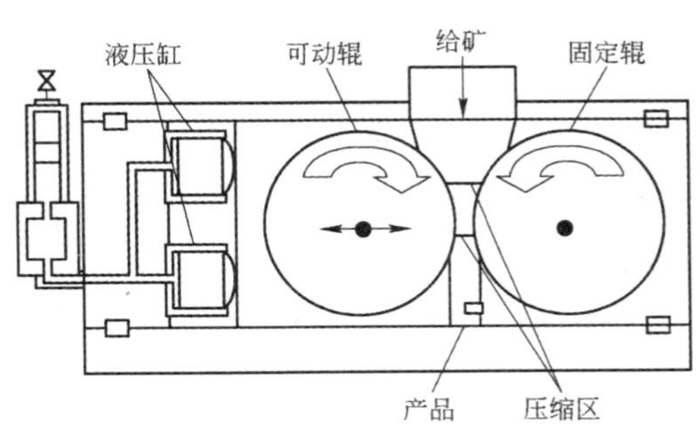

图 7 – 14 高压辊磨机工作原理图[10]

高压辊磨机与辊式破碎机的不同点在于：

（1）可以破碎极高硬度的矿石，这些矿石的磨蚀性是辊式破碎机所破碎的水泥工业原料的 20 ~ 50 倍；

（2）工作压力高达 80 ~ 300MPa，远高于辊式破碎机 10 ~ 30MPa 的工作压力；

（3）采用挤满给矿方式，而辊式破碎机则是饥饿给矿方式；

（4）破碎力是可控的，而辊式破碎机的破碎力是不可控的；

（5）矿物的破碎是靠矿物颗粒间的相互应力作用，而辊式破碎机中的矿物颗粒破碎是靠辊面和颗粒间的作用。

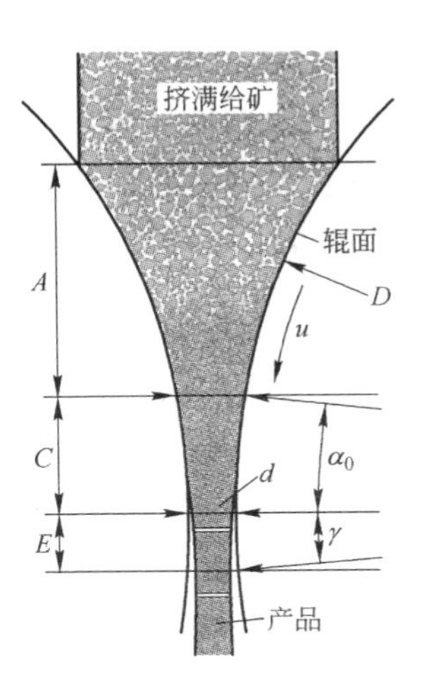

图 7 – 15 高压辊磨机的破碎过程示意图[9]

A—加速挤压区；C—压实区；E—膨胀区；D—辊直径；d—压实物料厚度；α_0—压缩区弧长；γ—膨胀区弧长；u—圆周速度

高压辊磨机破碎时的受力分析[11]如图7－16所示。

设图中破碎辊的半径为R，被破碎的矿物颗粒按圆形考虑，半径为r，破碎辊面间的距离为$2a$，辊面和颗粒间的摩擦系数为μ，θ为辊面与矿物颗粒形成的啮合角，F为破碎辊对矿物颗粒施加的力。当颗粒刚好被破碎辊啮合住时，则在垂直方向上有：

$$F\sin\frac{\theta}{2}=\mu F\cos\frac{\theta}{2} \tag{7-9}$$

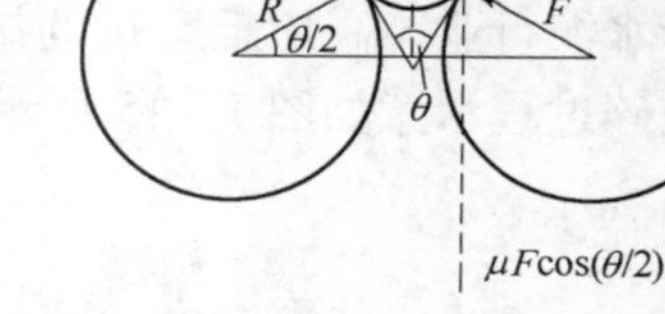

图7－16 高压辊磨机破碎受力分析

即
$$\mu=\tan\frac{\theta}{2} \tag{7-10}$$

即同式（7－3），但此时破碎辊面是相向转动的，而式（7－3）所表示的是动颚板简单摆动的。

在高压辊磨机工作过程中，矿石颗粒与破碎辊面之间的摩擦系数随破碎辊的转速而变化，破碎辊的转速取决于所破碎物料的类型和啮合角。啮合角越大，也就是给矿粒度越粗，所需的破碎辊的转速就应越慢，以使物料被更好的啮合；啮合角越小，粒度越细，辊速应当增加，可以增加处理能力。破碎辊的圆周速度变化范围，对于小的辊径，一般为1m/s，而对于直径1.8m的辊，则达到15m/s左右。

在矿物颗粒和破碎辊之间的摩擦系数可以从下式计算：

$$\mu_k=\frac{1+1.12v}{1+6v}\mu \tag{7-11}$$

式中 μ_k——动摩擦系数；

v——破碎辊的圆周速度，m/s。

从图7－16，有

$$\cos\frac{\theta}{2}=\frac{R+a}{R+r} \tag{7-12}$$

从式（7－12）中，可以根据破碎辊的直径和所需要的破碎比（r/a）的关系，确定能够啮合的物料颗粒的最大尺寸。表7－1所列为辊式破碎机在啮合角小于20°的情况下，不同直径的破碎辊所能够啮合的矿石的最大粒径[11]。

表7－1 破碎辊相对于辊径所能啮合矿石的最大颗粒粒径

辊径/mm	不同破碎比下能啮合的最大粒径/mm				
	2	3	4	5	6
200	6.2	4.6	4.1	3.8	3.7
400	12.4	9.2	8.2	7.6	7.3
600	18.6	13.8	12.2	11.5	11.0

续表 7-1

辊径/mm	不同破碎比下能啮合的最大粒径/mm				
	2	3	4	5	6
800	24.8	18.4	16.3	15.3	14.7
1000	30.9	23.0	20.4	19.1	18.3
1200	37.1	27.6	24.5	22.9	22.0
1400	43.3	32.2	28.6	26.8	25.7

从表 7-1 中可以看出，啮合角限制了辊式破碎机的破碎比，除非采用很大的辊径。在辊式破碎机中，矿物颗粒的破碎主要是靠辊面对颗粒的啮合，因此啮合角对给矿粒度和产品粒度的影响很大。在高压辊磨机中，给矿方式采用挤满给矿，矿石颗粒的破碎主要取决于高压下颗粒之间的压应力碎裂，和辊式破碎机相比，啮合角的作用则小得多。高压辊磨机的给料粒度上限可达 80mm。

高压辊磨机的辊面根据所处理物料的性质，有各种不同的形状，如图 7-17 所示，图 7-17（a）所示为 Köppern 生产的六边形衬辊面[12]；图 7-17（b）所示为 KHD 生产的辊钉衬表面[13]；图 7-17（c）所示为使用后的辊钉表面[13]；图 7-17（d）所示为表面硬化的辊面[14]；图 7-17（e）所示为光滑辊面[10]；图 7-17（f）所示为人字形凹槽辊面[10]。

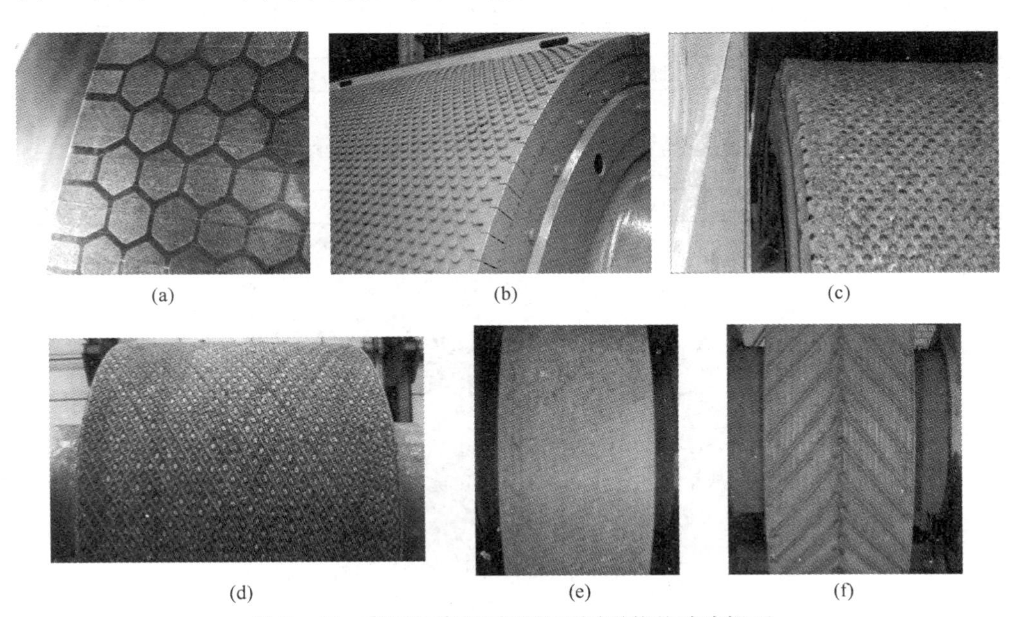

(a) (b) (c) (d) (e) (f)

图 7-17 高压辊磨机采用的不同形状的破碎辊面

实践表明，采用辊钉衬的表面，比光滑辊面的处理能力要高 50% ~100%，而凹槽辊面的处理能力则介入前两者之间[10]。

高压辊磨机的破碎能力采用下式计算[9]：

$$Q = 3.6sWv\rho \tag{7-13}$$

式中 Q——计算高压辊磨机破碎能力，t/h；

W——辊宽度，m；

v——辊圆周速度，m/s；

ρ——压实物料密度，t/m^3；

s——压实物料宽度，mm。

目前，已经在生产中使用的高压辊磨机的最大规格为 Polysius 生产的 24/16 型高压辊磨机，每台功率 2×2800kW，共有 4 台用于澳大利亚的 Boddington 铜矿。表 7－2 为 KHD 的高压辊磨机规格资料[9]。图 7－18 所示为在智利 Los Colorados 铁矿安装使用的高压辊磨机。

表 7－2 高压辊磨机的规格数据

规 格	辊子		安装尺寸			处理能力
	直径/cm	宽度/cm	长/m	宽①/m	高/m	/t·h^{-1}
试验设备	80	25	3.8	3.0	2.17	30～80
RP3.6	120	50～63	4.45	3.0	2.0	100～320
RP5.0	120	80～120	5.0	3.3	2.15	200～750
RPS7	140～170	80～110	9.95	5.7	3.55	300～900
RPS10	140～170	110～140	10.15	6.25	3.85	400～1100
RPS13	170	110～140	10.35	6.75	3.85	500～1500
RPS16	170～200	140～180	10.95	7.35	4.05	650～2100
RPS20	200～220	140～200	12.65	7.75	4.7	900～2900
RPS25	250	220～240	13.65	7.75	5.2	1800～4200

①不包括减速机、主电机，仅考虑辊子宽度的情况。

图 7－18 智利 Los Colorados 铁矿的高压辊磨机

7.2 筛分设备

工业上使用的筛分设备（screens）种类很多，按照其筛面的运动特点可分为以下类型：固定筛、滚轴筛、振动筛、旋转筛，但滚轴筛（roller screens）主要用于烧结作业和矿山黏性物料的给矿设备，故不在此赘述。

7.2.1 固定筛

固定筛（static screens）有固定格筛和固定细筛，均没有振动机械装置。固定格筛主要用来除去给矿中的过大矿块。筛面与水平呈一角度，筛分矿石时一般为40°~45°，筛分潮湿物料时倾角增大5°~10°，物料从筛子的上端给入。筛除粗粒物料时，格筛筛条之间的间隙通常不小于50mm，个别情况下可以为25~30mm。

固定细筛又有平面固定细筛和弧形固定细筛之分。平面固定细筛的筛面倾角一般为45°~50°，筛面为条缝筛板，缝宽根据物料性质一般为0.1~0.5mm。弧形固定细筛的筛面通常为圆弧形，其特点是利用物料沿曲线运动而产生的离心力来提高筛分效率，其分级效率高于平面固定细筛，通常用来对细物料进行湿式分级，如用于铁矿选矿厂的磁铁精矿筛分。

7.2.2 振动筛

振动筛（vibrating screens）有很多种类，也是选矿使用最多和最成功的筛分机械，振动筛的广泛使用已经使许多更早的筛分设备如摇动筛、往复式筛等退出了舞台。

大部分的振动筛可以制造成多层筛面。在多层的筛分设备中，物料均给到最上层筛面。根据用途的不同，振动筛有各种不同的类型。

7.2.2.1 倾斜振动筛

倾斜振动筛（inclined screens）（或圆振动筛）的筛面运动轨迹为圆形或椭圆形，是通过机械装置（激振器）作用在单轴驱动的筛体上而产生的筛面运动轨迹。当倾斜振动筛的驱动轴安装位置和筛体的重心重合时，筛体的运动轨迹是圆，如图7－19（a）所示。当倾斜振动筛驱动轴的安装位置和筛体的重心分离，位于其上方或下方时，有两种运动状态：驱动轴位于筛体重心的垂直中心线上时，筛体的运动轨迹是圆；驱动轴向前或向后，偏离筛体重心的

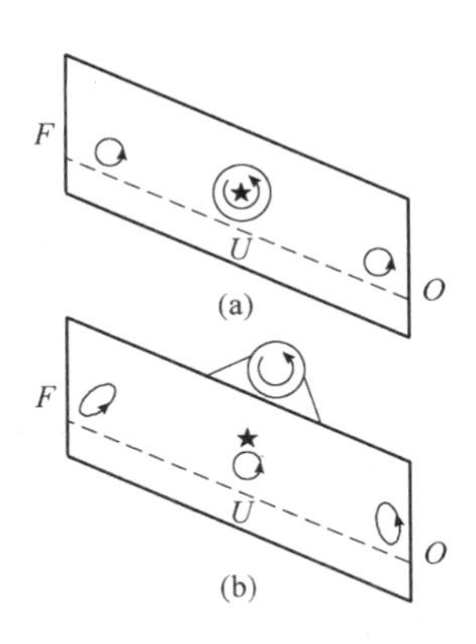

图7－19 倾斜振动筛振动运动轨迹[11]

（a）驱动轴安装位置与筛体重心重合；（b）驱动轴安装位置与筛体重心分离

垂直中心线安装时，筛体的运动轨迹是椭圆，如图7-19（b）所示。振动筛的振幅可以通过增加或减少激振器上的配重块来进行调节。轨迹的运动方向可以是顺着物料流的方向，也可以是逆着物料流的方向。顺着物料流的方向运动会增大筛分的通过能力，逆着物料流的方向会提高筛分效率。

单个驱动轴的振动筛必须是倾斜安装，通常安装角度为15°~28°。目前重型倾斜振动筛应用的最大规格为3.6m×7.3m。

倾斜振动筛是目前使用最广泛的一种筛分设备，主要用于矿山和建设用各种高磨蚀物料的预先筛分和检查筛分作业。

7.2.2.2 水平振动筛

水平振动筛（horizontal screens）（或线性振动筛）的安装筛面是水平的或近似于水平的，且其水平筛面的振动运动轨迹是由双轴或三轴激振器产生的直线或椭圆。水平振动筛按粒度分级的精确度优于倾斜振动筛，这是因为在水平振动筛上物料的输送没有重力的影响，同时正因为此，水平筛的处理能力低于倾斜振动筛。

当采用双轴激振器，且双轴相向旋转时，筛体的振动运动轨迹是直线，如图7-20（a）所示；当采用三轴激振器，且其中一轴与其余两轴旋转方向相向时，则水平筛的振动运动轨迹是椭圆，如图7-20（b）所示。

水平振动筛用途广泛，主要用作选矿厂的自磨（半自磨）机排矿筛、洗矿筛、最终产品的检查筛分、脱水筛、除屑筛等。目前应用的重型水平筛最大规格为4.2m×8.5m，用于秘鲁Toromocho选矿厂半自磨机的排矿筛。

7.2.2.3 香蕉筛

香蕉筛（banana screens）也称为多倾角筛，因其筛面像香蕉弯曲的形状而得名（见图7-21）。香蕉筛的处理能力大，筛分效率高，也是应用广泛的重型

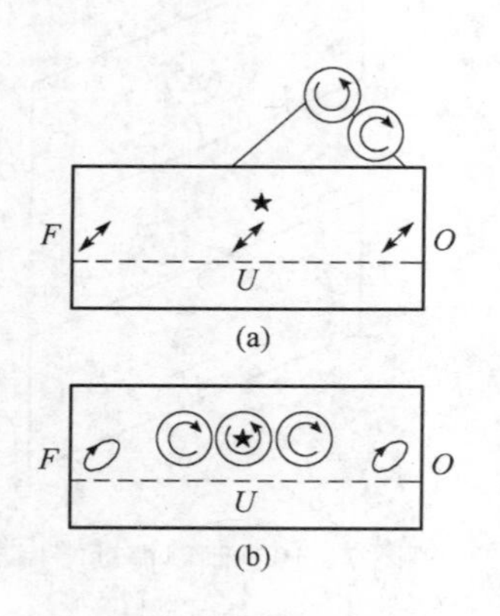

图7-20 水平振动筛振动运动轨迹[11]

（a）采用双轴激振器；（b）采用三轴激振器

图7-21 香蕉筛[11]

筛分设备。香蕉筛筛面的角度在筛分物料流的方向上发生变化，在筛分给料端的倾角为40°～30°，然后以3.5°～5°的增量幅度到筛子的排料端时降低到0°～15°[15]。在筛子给料端的大倾角有利于给料中的细粒物料尽可能快地分层并通过筛网，而后面的筛面倾角逐渐降低可以减缓剩余物料的流动速度，使其中小于接近于筛孔的颗粒有足够的时间透过筛孔。

香蕉筛的处理能力非常大，据报道可以达到常规振动筛的3～4倍。香蕉筛筛体的振动运动轨迹通常是直线（或椭圆）。目前世界上应用的最大香蕉筛规格是4.3m×9.2m。

7.2.2.4 摩根森筛

摩根森筛（Mogensen sizers）是一种振动筛，是瑞典人Mogensen首先研制的，其原理如图7－22所示。该筛子由一个序列的不同孔径、不同斜率的筛面组成，其原理是对于即使比筛孔小得多的颗粒，从统计学上来讲，仍需要一定的筛分面积来增大其透过筛孔的概率，才能保证其透过筛孔。因此，摩根森筛多达5～6层的筛面给筛分的物料颗粒充分的筛分空间，以保证其小于筛孔的物料能够透过筛孔。摩根森筛又称概率筛，其最小的筛孔尺寸是物料分离粒度的两倍，这就使得细粒物料可以快速透过筛孔，而较大的颗粒被其中一个筛面隔出。

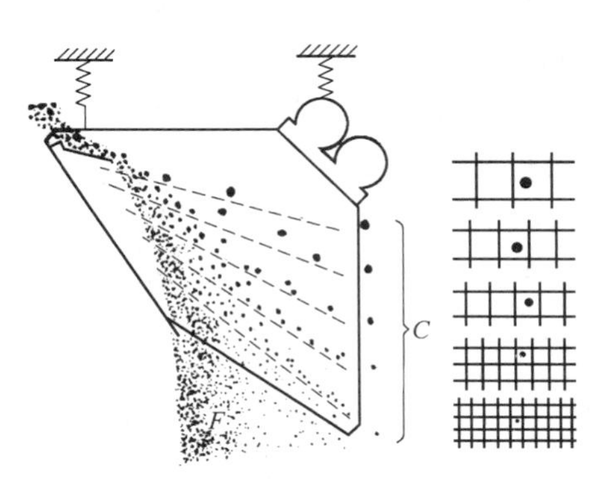

图7－22 摩根森筛原理示意图[11]

由于多层筛面，每一个筛面上的料层厚度相对薄，使得摩根森筛的处理能力很高。在同等规模条件下，与常规筛分机械相比，摩根森筛的特点是处理能力大，占地面积小，筛孔堵塞概率小，筛网磨损低，运转率高。

目前，摩根森筛的最大筛面宽度为3m，可以有5层筛面，最高振动频率可以为2900r/min。

7.2.2.5 高频筛

高频筛的振动是采用小振幅、高频率，主要用于细粒的筛分。和粗粒物料筛分振动筛大约700～1200r/min的频率相比，高频筛的振动频率在分离100μm的物料时可以高达3600r/min[11]。筛面的高频振动是通过电动机或电磁线圈产生。

高频筛湿筛作业时，一旦有外来水进入筛面，会严重影响筛分效率。故筛子本身可根据需求配备喷水系统，以保证正常的筛分作业。

目前广泛采用的高频筛有美国的德瑞克（Derrick）筛（见图7－23）、唐山的陆凯筛等。

7.2.3 旋转筛

旋转筛（rotary screens）有沿水平中心线旋转的圆筒筛（trommels）和沿垂直中心线旋转的旋振筛（circular screens）。旋振筛主要由于化工、制药等，在此不再赘述。

圆筒筛是一种很早就使用的筛分装置，形状为筒形，其旋转中心线呈水平布置，转速率一般为35%～45%，通常安装时与水平面有一小的角度，或内置有螺旋推板以利于物料的向前输送。几个筛分细度不同的圆筒筛可以从细到粗做成一体，一次就可得到不同粒度的筛分产品。圆筒筛的筛分粒度范围可以从55mm到6mm，在湿筛条件下的适宜筛分粒度可以达到4mm。

图7－23 德瑞克重叠筛（stack sizer）[16]

圆筒筛价格便宜、没有振动、结构坚固，但与振动筛相比，其表面利用系数低，处理能力低，且筛孔易于堵塞。

圆筒筛目前在矿业上仍在广泛应用，如自磨机、半自磨机和球磨机的排矿筛分、铝土矿的擦洗等。

7.3 磨矿设备

工业上应用的磨机（mills）以圆筒形磨矿机为主，种类很多，分类方法也不相同，目前选矿采用更多的是按照磨矿介质分类，如自磨机、半自磨机、球磨机、砾磨机、棒磨机等。此外，用于细磨的（粗精矿再磨）还有立式磨矿机、艾萨（Isa）磨矿机等。

圆筒形磨矿机的规格用筒体内径和筒体有效长度表示，如$\phi 5.5m \times 8.5m$球磨机即表明该球磨机的筒体内径为5.5m，筒体有效长度为8.5m。立式磨矿机的规格则以驱动功率（马力）来表示，如VTM－1250－WB型立式磨矿机，表明该立式磨矿机的驱动功率为1250hp（933kW）。艾萨磨矿机则以磨矿机的有效容积（L）来表示，如M10000型艾萨磨机，则表明该磨矿机的有效磨矿容积为10000L（$10m^3$）。

7.3.1 自磨机

世界上第一台自磨机（autogenous mill，AG mills）于1932年制成[17]，此后经过不断的试验、改进，于20世纪50年代末，开始应用于矿山生产。20世纪

60 年代后，加拿大、美国、前苏联、澳大利亚、挪威及我国的许多冶金矿山的碎磨流程中都采用了自磨机。

在自磨机中，以所磨矿石自身作为介质进行磨矿，由于矿石的密度远低于钢球的密度，在磨机中冲击、磨剥能量不变的情况下，需要将矿石提升至更高的高度，使其在抛落过程中达到一定的速度以产生破碎矿石所需的能量。因此，自磨机的直径通常比球磨机更大，且长径比小于等于 1，大部分为 0.4~0.6。在北欧和南非的部分矿山的自磨机长径比则大于 1，类似于球磨机的长径比。

近年来，随着自动控制技术的发展及其在矿山生产中的应用，使得自磨机的优点得到了更进一步的发挥：碎磨流程简化，特别适合于处理含泥量大的矿石和对矿浆的电化学性质敏感的硫化矿石，占地面积小且几乎不产生粉尘，从而使得不少的矿山根据其自身的矿石性质而选择了自磨机，如瑞典的 Aitik 铜矿、中信泰富的澳大利亚铁矿等都在其选矿厂采用了自磨流程。其中 Aitik 铜矿的改扩建工程采用了 2 台 ϕ11.58m × 13.72m 的自磨机，每台装机功率为 22500kW，于 2010 年 8 月投产，是当时世界上运行的最大规格的自磨机，也是目前世界上运行的容积最大的磨矿设备。

目前，世界上装机功率最大的自磨机规格为 ϕ12.19m × 10.97m（ϕ40ft × 36ft），用于中信泰富的澳大利亚铁矿，共有 6 台，每台自磨机的装机功率为 28000kW，采用包绕式电机驱动。

7.3.2 半自磨机

半自磨机（semi - autogenous mill，SAG mills）是由自磨机衍生而来。在 20 世纪 60 年代后自磨机的应用过程中，对于原矿性质（特别是硬度）变化比较大的矿石，在自磨机运行过程中，明显地影响了自磨机的磨矿效率，给矿性质的波动导致了磨矿介质的不稳定，进而导致了自磨机工作状态的不稳定，鉴于当时控制技术的发展水平，自磨机的稳定磨矿状态有一定的局限性。为此，部分矿山特别是有色矿山采用自磨机后，由于矿石性质（主要是硬度）变化比较大，自磨机的磨矿效率很低。为了减少原矿性质的变化导致自磨机的处理能力波动的影响，则在自磨机中添加部分钢球以提高自磨机的磨矿效率，从而极大地减轻了全靠矿石自身产生磨矿介质而导致的自磨机生产不稳定的状况。由此，也就有了半自磨机的概念。

半自磨机是在自磨机的基础上，添加适量的钢球（一般为 6% ~12%）而来的，但其设备设计却和自磨机差别很大。自磨机仅是根据所磨矿石的性质（硬度、密度、最大给料粒度等）来进行设备的机械结构设计、强度计算、功率配置等，半自磨机则是要在考虑矿石性质的同时，还要考虑所添加钢球的最大直径、最大钢球充填率（一般要考虑 20% 或更高），并在此基础上进行功率计算和配置。因此，同种规格下，半自磨机的机械强度和驱动功率要比自磨机大得多。

由于半自磨机能够使选矿厂碎磨流程简化，减少占地面积，减少粉尘的产生，易于实现自动控制，自20世纪80年代以后，国外新建或扩建的有色矿山选矿厂，几乎大都采用了半自磨+球磨流程。2004年，我国第一个半自磨+球磨生产工艺（由中国恩菲工程技术有限公司设计）在冬瓜山铜矿（见图7-24）建成投产，此后，大红山铁矿、乌奴格图山铜矿、德兴铜矿等一些冶金矿山选矿厂在其扩建或新建工程中相继采用了半自磨+球磨工艺。

图7-24 冬瓜山选矿厂的半自磨机

随着矿业经济的发展，矿山的规模越来越大，磨机的规格也越来越大，1998年，当时世界上最大的半自磨机在澳大利亚Cadia Hill铜金矿投入运行（见图7-25），该回路为半自磨—球磨—破碎（SABC）流程，由一台ϕ12.2m×6.71m、装机容量为20000kW的半自磨机，两台ϕ6.71m×11.1m、装机容量为8600kW/台的球磨机及两台MP1000破碎机构成，系统处理能力为17Mt/a。2005年一季度，世界上第一台ϕ12.2m×7.31m、装机容量为21000kW的半自磨机在智利的Collauhuasi铜矿投入运行（见图7-26），与之配套的为两台ϕ7.92m×11.6m、装机容量为15500kW/台的球磨机，系统处理能力达到65000t/d，投产后系统能力达到73000t/d。

图7-25 Cadia Hill选矿厂的ϕ12.2m×6.71m半自磨机[18]

图 7 - 26 Collauhuasi 铜矿的 φ12.2m × 7.31m 半自磨机

目前，世界上半自磨机的最大规格为 φ12.19m × 7.92m（φ40ft × 26ft），用于中铝秘鲁矿业公司的 Toromocho 铜矿，装机功率为 28000kW，计划于 2013 年底投产。此外，Newmont 在秘鲁的 Conga 项目于 2010 年订购了世界上第一台 φ12.8m（φ42ft）半自磨机，其装机功率为 28000kW，计划于 2014 年底或 2015 年初投入运行[19]。

7.3.3 球磨机

球磨机（ball mills）是工业上应用最多和最广泛的磨矿设备，主要以钢球作为磨矿介质。球磨机的工作特点是低转速、大荷重，且有较大的冲击载荷，用于选矿准备作业的最后阶段。正常情况下，所磨产品无特殊要求时均采用球磨机。球磨机定义为长径比一般为 1.5 ~ 1 或更小的以球作为磨矿介质的磨机，对于长径比为 3 ~ 5 的球磨机则称为管磨机（tube mills）[11]。

球磨机根据排矿方式的不同分为两种：溢流型球磨机和格子型球磨机。格子型球磨机与溢流型球磨机的不同之处是在溢流型球磨机的基础上，在排矿端的磨机筒体和排矿耳轴之间增设了一个排矿格子板（见图 7 - 27），该排矿格子板上面的孔可以使矿浆通过，并提升后排出。与溢流型球磨机相比，采用格子型球磨机减少了矿物颗粒在磨机内的停留时间，减少了矿物的过磨。但格子型球磨机排矿中含有大量的粗颗粒，需分级后返回球磨机，因而其循环负荷也高，对矿浆扬送设备的磨损也严重得多。因此，除非矿石性质要求，避免过磨对矿物回收造成影响，一般情况下均采用溢流型球磨机，特别是对嵌布粒度细的矿物和再磨作业。

球磨机中的磨矿特点是以冲击和研磨、磨剥（磨蚀）为主，因此，磨矿的效率取决于磨矿介质的表面积。从理论上讲，在不影响对磨机中大颗粒物料冲击破碎作用的前提下，磨矿介质的比表面积越大越好，也即相同质量下，磨矿介质

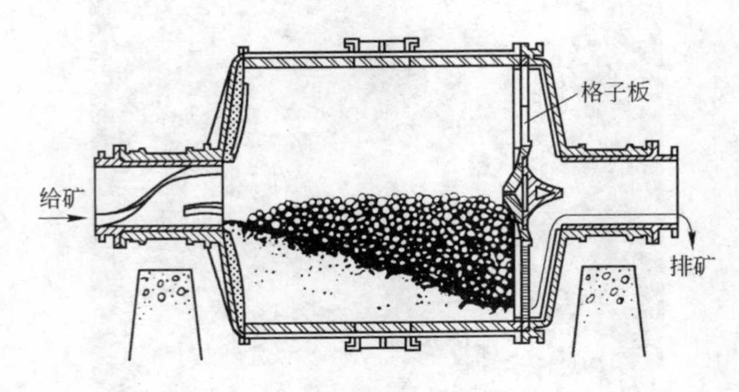

图 7－27 格子型球磨机[11]

的表面积越大越好。因此，球磨机的磨矿介质，除钢球之外，还有柱段和圆台段（见图 7－28）等，原因是这些形状的磨矿介质和钢球相比，相同质量下，其表面积更大，如直径和高度相同的钢段和同质量的钢球比，其表面积要大 14.5%，因此理论上这些柱段应比钢球的磨矿效率要高，效果要好。但在经过试验室的试验比较后，发现在相同比能耗的情况下，柱段产生的粗粒级部分比钢球产生的更粗[20]，其原因可能是由于柱段与矿石颗粒之间的线接触和面接触的破碎机理不同所致。

图 7－28 某选矿厂使用的柱段和圆台段

球磨机中的钢球通常采用高碳钢或合金的锻球、轧制球或者铸球，其每吨原矿的消耗量一般为 0.1～1.5kg，也有的矿山达到 3kg，取决于矿石的硬度、磨矿的细度和钢球的质量。钢球的消耗是选矿厂成本的重要组成部分，需特别予以重视。质量好的钢球可能会价格高，但消耗低，可能会更经济。但非常硬的介质，表面光滑易滑动，会导致磨矿效率的降低，应特别予以注意。

球磨机顾名思义是以球来作为介质进行磨矿的，因而在所有的磨机中介质充填强度（单位容积的充填介质质量）的设计是最大的，一般为磨机有效容积的 40%～50%，溢流型球磨机低一些，为 40%～45%，格子型球磨机可高一些，最大不能超过 50%。

现在世界上已经运行的球磨机的最大规格为 ϕ8.0m×11.7m，安装于南非 Anglo Platinum 公司的 Mogalakwena 铂矿，共两台，每台的装机功率为 17500kW，如图 7－29 所示。

图 7－29　运行于 Mogalakwena 铂矿的球磨机

目前世界上正在安装的球磨机的最大规格为 ϕ8.53m × 13.41m（ϕ 28ft × 44ft），用于中铝秘鲁矿业公司的 Toromocho 铜矿，共两台，装机功率为 22000kW/台，计划于 2013 年底投产。

7.3.4　棒磨机

棒磨机（rod mills）与球磨机在外形和主要结构上没有原则上的区别，只是筒体内所装的介质不同，棒磨机中所装介质为长度与筒体相近而略短的钢棒。

棒磨机中的磨矿特点是以棒下落时的“线接触”所造成的压碎和磨剥作用代替了球下落时的“点接触”所造成的冲击、研磨和磨剥作用。正是由于棒磨机“线接触”的特点，产生了以下作用和结果：

（1）产品粒度均匀。棒磨机磨矿过程中是棒的全长起磨碎作用，棒在下落过程中首先接触大块颗粒，只有夹在棒间的起支撑作用的大块被磨碎后，棒才会接触到小块颗粒，然后进一步磨碎。因此，棒的磨碎作用是一种选择性的磨碎，即总是大的颗粒先磨碎，从而形成了粒度相对均匀的窄粒级产品。

（2）筛分作用。钢棒运转过程中，棒与棒之间由于矿物颗粒的存在形成缝隙。由于有支撑作用的大颗粒的存在，细的颗粒能够很容易地通过这些缝隙运动，同时，在棒磨机的给矿端，多为颗粒粗大的物料，随着磨矿作用的进行，沿着棒磨机轴向自给矿端到排矿端的方向上，物料的粒度随着距给矿端距离的加大而变细，而钢棒的作用如同筛孔变化的棒条筛，粗粒的物料颗粒不断地被筛出磨碎，而合格的粒级则通过缝隙快速通过，很容易地到达排矿端排出，从而避免了矿物颗粒的过磨。因而，棒磨机总是开路磨矿。

由于棒磨机不同于球磨机的磨碎机理，其适合于粗磨那些较脆易于过粉碎的矿石，或者作为细碎作业来处理含黏土或潮湿的矿石。

棒磨机依据排矿的位置不同，又有中间周边排矿型棒磨机、端部周边排矿型棒磨机和溢流型棒磨机之分[11]。

中间周边排矿型棒磨机（见图7－30）采用两端给矿，产品则通过筒体中间周边的排料孔排出。由于停留时间短，物料流动坡度大，因而磨矿粒度粗，磨碎比小，特别适用于有专用要求的砂石，处理能力大，产品粒度比较粗。此种棒磨机既可用于干磨，也可用于湿磨。

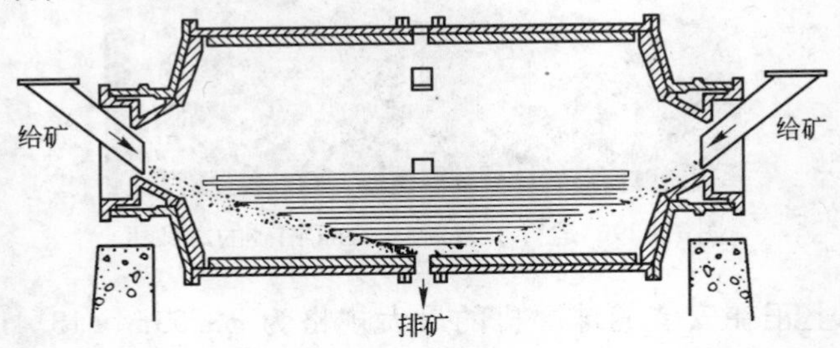

图7－30 中间周边排矿型棒磨机

端部周边排矿型棒磨机（见图7－31）是一端给矿，产品从筒体另一端的周边排料孔排出。此种棒磨机主要用于干磨或潮湿的物料（如铁矿石烧结厂含水分的焦炭粉）磨矿，所需的产品粒度适中。

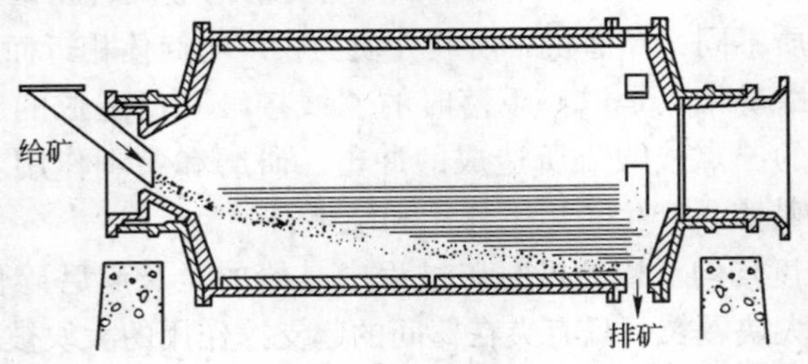

图7－31 端部周边排矿型棒磨机

溢流型棒磨机则类似于溢流型球磨机（见图7－32），只适用于湿式磨矿。溢流型棒磨机的水力坡度一般是溢流端的耳轴直径比给矿端的耳轴直径大100～200mm。

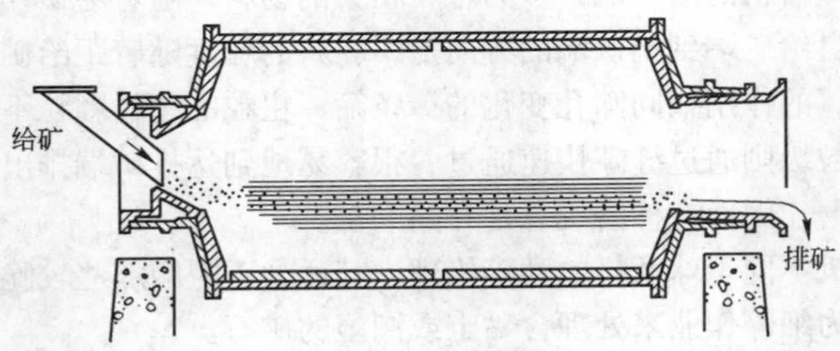

图7－32 溢流型棒磨机

棒磨机的给矿粒度可以大到50mm，其产品可以磨到300μm，破碎比一般为（15～20）：1。

棒磨机的一个独有的特征是其长径比为1.5～2.5，这个比例对于棒磨机来说是非常重要的。在棒磨机中，棒的长度只比筒体的有效长度短150mm（约6in），太短则易造成运行过程中棒的搅缠[11]。为避免棒磨机运行过程中的搅棒现象，一般建议采用的棒长度与磨机衬板内侧直径之比为1.4～1.6。当其比率小于1.25时，搅棒的情况会迅速增加[21]。由于钢棒的长度超过6m会发生弯曲，因此，目前的钢棒长度上限约为6m，由此也就决定了棒磨机的直径上限。

同球磨机一样，棒磨机的介质也有配比的选择，要计算出每种规格的钢棒的比例，使其能具有最大的磨矿表面积，并保持在一个近似于平衡的合适的充填率状态。在此状态下，所包含的钢棒为从新添加的到已经磨损但仍能正常取出的各种直径的棒。实际中应用的钢棒直径范围为25～150mm。钢棒直径越小，总的表面积越大，磨矿效率越高。较粗的给矿通常采用较大直径的钢棒。在正常情况下，当新钢棒的直径磨损到25mm或更小时，就需要将其取出，否则会弯曲或断裂。磨损的细钢棒取出后，另外添加同样质量的新棒。通常钢棒采用高碳钢，由于高碳钢很硬，当其磨损后会断裂，而不是扭曲变形，不会导致与其他钢棒搅缠。采用新棒时，最佳磨矿效果时钢棒的充填率为35%。当棒磨损后，效果会降低。正常情况下，棒的充填率约45%，太高会导致磨矿效率低，增加衬板和棒的消耗。

棒磨机的转速通常为临界转速的50%～65%，棒提升后近似滑落而非抛落。也有许多选矿厂把临界转速提高到接近80%，但没有见到过高磨损的报道[22]。磨矿浓度一般为65%～85%，给矿粒度小则需要较低的矿浆浓度。

目前世界上运行的棒磨机的最大规格为ϕ4.572m×6.706m（有效长度为6.4m），安装于澳大利亚的Gove氧化铝厂，装机功率为1640kW（见图7－33）。

图7－33 澳大利亚的Gove氧化铝厂的棒磨机[23]

7.3.5 砾磨机

砾磨机（pebble mills）从结构形式上与球磨机没有区别，两者可以通用，但作为砾磨机使用时，由于所用的介质密度比钢球小得多，因而其单位容积的产量比球磨机低。砾磨机的长径比一般为1.3～1.5。为了避免砾石的排出，砾磨机均采用格子型而不用溢流型。

砾磨机的生产率可以采用与同规格球磨机的生产率对比计算，通常情况下，磨机的生产率与磨机有用功率的消耗成正比。当其他条件不变时，磨机的生产能力与介质密度、磨机长度和筒体直径的2.5次方成正比[1]。设有一台砾磨机和一台球磨机，它们的其他工作参数接近或相同，则其生产率可用下式表示：

$$Q = k\delta LD^{2.5} \tag{7-14}$$

式中 Q——磨机生产率；

k——系数；

δ——介质的密度；

L——磨机长度；

D——磨机直径。

由于砾石的密度小于钢球的密度（取钢球的密度为7.8g/cm^3），故和球磨机相比，砾磨机的生产率仅为球磨机的$\delta_{砾}/7.8$倍。同理，砾磨机的生产率要达到和球磨机相同，则其容积应为球磨机的$7.8/\delta_{砾}$倍。

砾磨机的介质充填率与球磨机相当，稍微偏高。介质的消耗量约为砾磨机处理能力的2%～8%。大多数情况下，砾磨机作为二次磨矿使用，即给矿为棒磨或自磨的产品，这些产品的粒度一般为3～0.2mm，故砾磨机介质一般为40～80mm。砾石的来源可以是天然砾石，也可以是人工砾石，或是炉渣，或者取自回路自磨机排出的顽石。

由于砾磨机的砾石消耗量很高，要保证砾磨机的磨矿效率，就必须使介质的充填率保持在一适宜的范围内，因此，砾磨机的磨矿状态必须采用自动控制，以根据砾磨机中介质充填率的变化情况，及时调整补加介质。

为了保证砾磨机的磨矿效率，砾磨机的转速通常比球磨机偏高，转速率为80%～90%。由于砾石的密度低，砾磨机中的磨矿浓度通常比球磨机低5%～10%。磨矿浓度高时，会严重影响砾石的磨矿效果。

目前，世界上运行的最大的砾磨机规格为ϕ9.14m×11.58m，装机功率为2×5000kW/台，共有2台用于Boliden公司的Aitik铜矿，其给矿为来自于2台ϕ11.58m×13.72m的自磨机，而自磨机排出的顽石（25～70mm）则作为砾磨机的磨矿介质，其设计处理能力为36Mt/a原矿（见图7－34）。

图 7－34 Aitik 铜矿新安装的自磨和砾磨系统[24]

7.3.6 立式磨矿机

工业上矿物加工的细磨主要采用球磨机来完成，但是自 20 世纪 80 年代以后，随着矿物资源的变化及加工成本的上升，人们开始在细粒嵌布共生矿物的解理粒度和粒级范围上及其细磨方式和功耗上下工夫，几乎是同时代研发出了两种完全不同风格的新型再磨机：立式磨机（vertimills）（简称立磨机，也称塔磨机）和艾萨磨机（见第 7.3.7 节）。

立磨机（见图 7－35 和图 7－36）的磨矿过程也是用钢球作为磨矿介质，但其与前述磨机磨矿过程的最大不同点是立磨磨矿是搅拌磨矿，矿石粒度降低的过

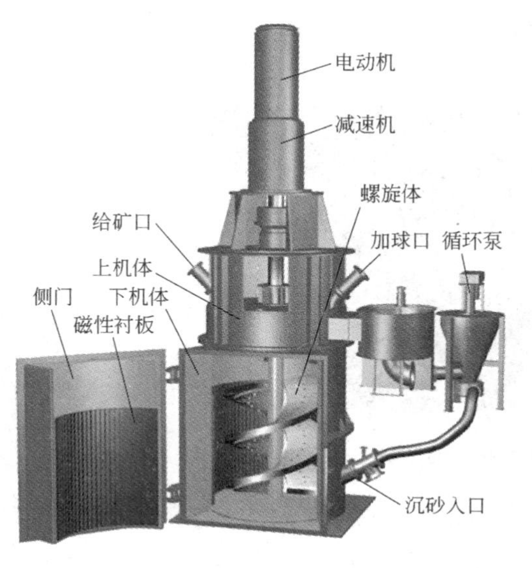

图 7－35 立磨机结构图[7]

图 7－36 应用中的立磨机[7]

程是通过唯一的研磨方式完成的。立磨适宜于细粒磨矿，同时由于利用了重力场的作用，节省能耗。

立磨机的给矿口、加球口、溢流口均位于磨机体的上方，沉砂则从磨机体的下部给入。

立磨机工作过程中，在螺旋体的搅拌作用下，立磨机中的磨矿介质和被磨物料进行研磨。研磨后的细粒物料由于重力场和流动力场的原因而上升，从上部溢流口流出，粗粒物料则位于立磨机的底部继续进行研磨。

立磨机的给矿粒度最大为6mm，产品粒度可以达到小于25μm或更细。和球磨机相比，在同样的磨矿细度下，立磨机有其特点：节省能耗，过磨少，占地面积小、基础简单、安装费用低，运动部件小、噪声小，运行安全。但其缺点是由于机械结构上的原因，规格受到限制。立磨机的主要任务在于有色矿山（铜、钼、金等）的粗精矿再磨及其石灰消化等。

目前生产中采用的最大规格立磨机为 VTM - 1500 - WB 型，装机功率为 1500hp（1120kW），磨机容积（新衬板）为$62m^3$。

7.3.7 艾萨磨机

艾萨磨机（Isa mills）（见图7-37）的磨矿方式是水平高速搅拌磨矿，主要是以冶金炉渣、自磨排出的碎粒、陶瓷球或砾砂作为磨矿介质，是目前世界上在工业上可以使矿石粒度解理到 P_{80} 在 10μm 以下的唯一设备类型，其磨矿产生的粒级范围窄，特别适宜于微细粒嵌布共生的有用矿物分离。其另一个特点是磨矿的功率强度非常高，是一般磨机的10倍以上，其单位装机功率可达 $300kW/m^3$。

图7-37 使用及维修中的艾萨磨机

艾萨磨机的出现是源于澳大利亚的 Mount Isa 矿在开发其 McArthur River 铅锌矿床时遇到了难题：该矿床中80%的方铅矿嵌布粒度小于3μm并且与闪锌矿、黄铁矿和二氧化硅密切共生，即使得到一个铅锌混合精矿也必须磨到 $P_{80}=7μm$。

该矿床位于澳大利亚 Northern Territory，1955 年发现，尽管做了很多的研究，也没有找到一种经济的方法能够得到分离或者混合的精矿用于常规的冶炼。半工业试验表明，使用塔磨机，采用 6mm 的钢球，能够达到这个细度，但不经济，原因是：

（1）所需的功耗（kW · h/t）高；

（2）投资不允许，因为塔磨机功率强度低，需要大规模的安装，并有起重机，存在钢球的运送问题等；

（3）钢球的高消耗和高成本。

由于大量的钢球消耗进入矿浆，并且塔磨机产品的粒度分布很差，影响了浮选的选择性。

为了解决 McArthur River 铅锌矿的解离问题，Mount Isa 矿和 Netzsch - Feinmahltechnik GmbH 决定联合开发一种设备来完成这个任务。Netzsch 从 1950 年就开始制造高强度搅动式细粒磨矿机，和 Mount Isa 矿合作研发的想法是，用于选矿，要坚固和实用——大规格且使用低成本的介质。开发的结果是艾萨磨机的诞生。

艾萨磨机是一种高强度搅拌磨机，开始就是研发用于细磨。在使用半自磨机排矿中筛出的矿石碎屑作为介质时，全自磨的粒度达到 P_{80} = 7μm。

艾萨磨机磨矿原理如图 7 - 38 所示，水平的磨矿腔中含有安装在轴上的旋转盘，这些盘外沿的线速度是 20 ~ 23m/s，搅动着介质高速研磨，取得专利的产品分离器把介质挡住，而细粒产品则离开磨机。任何进入产品分离器的粗粒的介质或矿石颗粒都被离心到筒体，转子像一个离心泵一样作用，把液体送回到磨机的

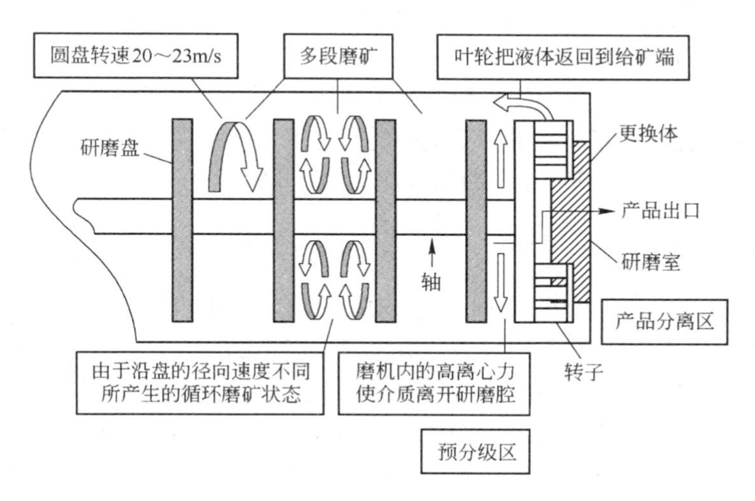

图 7 - 38 艾萨磨机磨矿机理和介质控制系统[25]

给矿端。这就压缩盘与盘之间的介质，形成了多个连续的磨矿区，使短路减到最小。此外，非常高的功率强度意味着研磨快，停留时间短，平均约 90s，这就降低了细粒的过磨。最低限度的短路和最低限度的过磨导致了高效的磨矿和很窄的粒度分布，如图 7－39 所示。

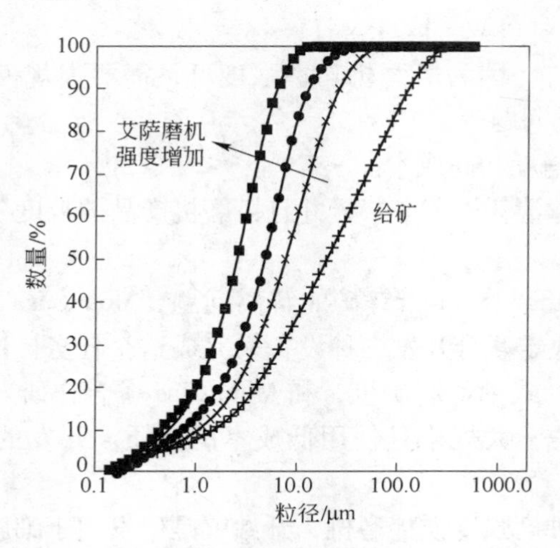

图 7－39　艾萨磨机开路磨矿粒度分布[25]

艾萨磨机独特的优点是：

（1）磨矿粒度细，产品粒级窄；

（2）磨矿介质成本低，具有利用低成本的细粒（如 1mm）磨矿介质进行磨矿的能力；

（3）由于其可以采用砂粒、自磨机排矿的碎粒作为磨矿介质，因而减少了铁离子对浮选和浸出环境的影响。

目前，艾萨磨机主要应用于铅锌矿粗精矿再磨，铂矿尾矿再处理的磨矿，金矿、铜矿的细磨等，艾萨磨机用于粗磨的研究工作正在进行当中。艾萨磨机正在运行的最大规格为 M10000 型，装机功率为 3000kW。

7.4　分级设备

目前，磨矿回路的分级设备广泛采用的是螺旋分级机和水力旋流器，个别的矿山由于历史的原因仍有采用风力分级机[26]或耙式分级机的，在此不再赘述。

在 20 世纪 80 年代以前，我国的冶金矿山选矿厂一段闭路磨矿回路中均采用螺旋分级机分级，当时国内最大的螺旋分级机规格为直径 3m 的双螺旋分级机，每台的处理能力为 1400～1700t/d。尽管螺旋分级机构造简单，易于维护和管理，运营成本低，但其占地面积大，分级效率低，运转率低，由于机械结构的原因，规格受限、能力受限等也是其突出的缺点。限于当时国内矿山的磨矿设备规格小，最大单个磨矿系列的处理能力不大于1700t/d，螺旋分级机是选矿厂唯一的粗磨分级设备。水力旋流器只是用于第二段磨矿和再磨作业的分级、有色金属矿选矿的脱泥作业或磨矿回路的控制分级作业。

从20世纪80年代初开始，随着当时从国外引进的先进装备和技术，国内开始试验在第一段磨矿回路采用水力旋流器来代替螺旋分级机（见图7－40）。20世纪80年代初，当时由北京有色冶金设计研究总院设计的德兴铜矿二期扩建工程（20000t/d）首次在国内粗磨回路中采用了水力旋流器分级，该工程于1987年试车投入运行。此后，在国内大中型选矿厂的设计中，水力旋流器逐步取代螺旋分级机成为一段闭路磨矿的分级设备，图7－35所示为采用旋流器分级的磨矿回路。但水力旋流器的分级原理决定了水力旋流器的规格取决于所处理物料的性质，规格越大，分离粒度越粗。故目前矿山上采用的大型旋流器规格多为ϕ660mm、ϕ760mm，也有个别的采用ϕ840mm。

图7－40　山达克选矿厂与球磨机构成闭路的旋流器组

在国内外的生产实践中，磨矿回路的主要分级设备仍是水力旋流器和螺旋分级机，何种更合适则需通过技术经济比较确定。

参 考 文 献

[1] LOWRISON G C. Crushing and Grinding [M]. Cleveland: CRC Press, 1974.

[2]《选矿手册》编辑委员会. 选矿手册（第二卷第一分册）[M]. 北京：冶金工业出版社，1993：293～401.

[3] Metso Minerals. Nordberg C Series Jaw Crushers [J]. Brochure No. 1005－02－06－CSR/Tampere－English ©, 2006.

[4] LEWIS F M, COBURN J L, BHAPPU R B. Comminution: A guide to size－reduction system de-

sign [J]. Min. Engng., 1976, 28 (9): 29.

[5] 东北工学院选矿教研室. 选矿学 [M]. 沈阳: 东北工学院选矿教研室 (内部教材), 1981: 28 ~ 38.

[6] FLSMIDTH. [EB/OL]. [2012 - 06 - 16]. http://www.flsmidth.com/en - US/Products/Product + Index/All + Products/Crushing/GyratoryCrushers/GyratoryCrushers.

[7] METSO. [EB/OL]. [2012 - 06 - 16]. http://www.metso.com/miningandconstruction/mm _ crush.nsf/WebWID/WTB - 041102 - 2256F - 2DE19? OpenDocument&mid = 3A8BC9DD412770EAC22575BA003A2A44.

[8] WHITE L. Processing responding to new demands [J]. Engng. Min., 1976 (6): 219.

[9] WEIRMINERALS. [EB/OL]. [2012 - 06 - 16]. http://www.weirminerals.com/products_services/comminution_ solutions/high_ pressure_ grinding_ rolls/khd_ hpgr. aspx.

[10] NTSELE C, SAUERMANN G. The HPGR technology——the heart and future of the diamond liberation process [C] // The South African Institute of Mining and Metallurgy. Diamonds - Source to Use 2007 [s. l.], 2007.

[11] WILLS B A, NAPIER - MUNN T. Mineral Processing Technology [M]. 长沙: 中南大学出版社, 2008: 132 ~ 136.

[12] PYKE P, JOHANSEN G, ENGLISH D, et al. Application of HPGR technology in processing gold ore in Australia [C] // Department of Mining Engineering University of British Columbia. SAG 2006. Vancouver, 2006: Ⅳ80 ~ 93.

[13] MAXTON D, VAN DER MEER F, GRUENDKEN A. KHD Humboldt Wedag - 150 years of innovation new developments for the KHD Roller Press [C] // Department of Mining Engineering University of British Columbia. SAG 2006. Vancouver, 2006: Ⅳ206 ~ 221.

[14] BROECKMANN C, GARDULA A. Developments in high - pressure grinding technology for base and precious metal minerals processing [C] //Proceedings of the 37th Annual Meeting of the Canadian Mineral Processors. Ottawa: [s. n.], 2005: 285 ~ 299.

[15] BEERKIRCHER G. Banana screen technology [C] //KAWATRA S K, Comminution Practice, SME, 1997: 37 ~ 40.

[16] DERRICK. [EB/OL]. [2012 - 06 - 26]. http://www.derrickcorp.com/webmodules/catCatalog/dtl_ Product. aspx? ID = 33.

[17] 雅申 B N, 波尔特尼科夫 A B. 自磨理论和实践 [M]. 北京: 中国建筑工业出版社, 1982.

[18] CALLOW M I, MOON A G. Types and characteristics of grinding equipment and circuit flowsheets [C]. // MULAR A L, HALBE D N, BARRATT D J. Mineral Processing Plant Design, Practice, and Control Proceedings. Vancouver: SME, 2002: 698 ~ 709.

[19] ORSER T, SVALBONAS V, VAN DE VIJFEIJKEN M. Conga: the world's first 42 foot diameter 28 MW gearless SAG mill [C] //Department of Mining Engineering University of British Columbia. SAG 2011. Vancouver, 2011: 131.

[20] SHI F. A comparison of grinding media: cylpebs versus balls [J]. Minerals Engineering, 2004

(17): 1259 ~ 1268.

[21] 穆拉尔 A L, 杰根森 G V. 碎磨回路的设计和装备 [M]. 北京: 冶金工业出版社, 1990: 326 ~ 342.

[22] MCIVOR R E, FINCH J A. The effects of design and operating variables on rod mill performance [J]. CIM Bull, 1986, 79 (11): 39.

[23] FLSMIDTH. [EB/OL]. [2012 - 06 - 16]. http: //www. flsmidth. com/en - US/Products/Light + Metals/Alumina + and + Bauxite/Grinding/RodMills/RodMills.

[24] SFMAB Mining. [EB/OL]. [2012 - 06 - 12]. http: //www. sfm - ab. se/.

[25] PEASE J, ANDERSON G, CURRY D, et al. Autogenous and inert milling using the Isamill [C] //Department of Mining Engineering University of British Columbia. SAG 2006. Vancouver, 2006: Ⅱ230 ~ 245.

[26] MALEKI - MOGHADDAM M, YAHYAEI M, BANISI S. Converting AG to SAG mills: the Gol - E - Gohar Iron Ore Company case [C] // Department of Mining Engineering University of British Columbia. SAG 2011. Vancouver, 2011: 3.

8　碎磨流程运转率的影响因素

碎磨流程的有效运转率是选矿厂的关键综合指标，它的高和低直接影响着选矿厂的处理能力和经济效益。而碎磨流程的运转率，又与流程中各个环节的装备水平、控制水平、管理水平密不可分。由于常规碎磨流程运转率的影响因素已被熟知，本章仅从采用半自磨（自磨）工艺和高压辊磨工艺的主流程的设备上对影响碎磨流程运转率的因素进行论述。

8.1　自磨机/半自磨机运行的影响因素

在自磨机或半自磨机中，衬板的形状和质量、磨矿介质的规格和充填率、磨机的转速率、提升棒的形状及布置形式、排矿格子开孔的形状及开孔面积、矿浆提升器的形状等都直接影响到自磨机或半自磨机的运转率。

8.1.1　衬板和提升棒

衬板和提升棒（liner and lifter bar），是自磨机和半自磨机正常运行的关键部件，两者是紧密相关的两个部件，可以是单独的，也可以是一体的。常见的衬板和提升棒如图 8－1 所示。

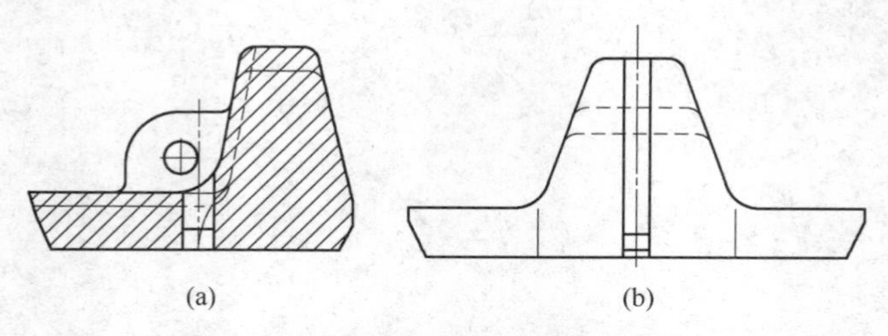

图 8－1　常见的衬板及提升棒形状
（a）L形；（b）帽形

衬板的形状、材质、强度、厚度、规格大小及提升棒的形状、面角、布置方式等决定着衬板和提升棒的使用寿命及更换时的停车时间，直接与磨机的运转率和经济效益相关，是保证选矿厂运转率的关键因素之一。当衬板磨损到一定的程度或由于各种原因发生断裂时，则必须更换这些磨损或断裂的衬板，因为磨损或断裂后衬板形状的变化使得磨机中物料的运动状态发生变化，直接影响了磨矿效率。如美国的 Asarco 南选厂曾对 1996 ~ 2000 年共 5 年内影响半自磨机停车时间的因素进行过详细的统计分析，结果如图 8 - 2 所示。

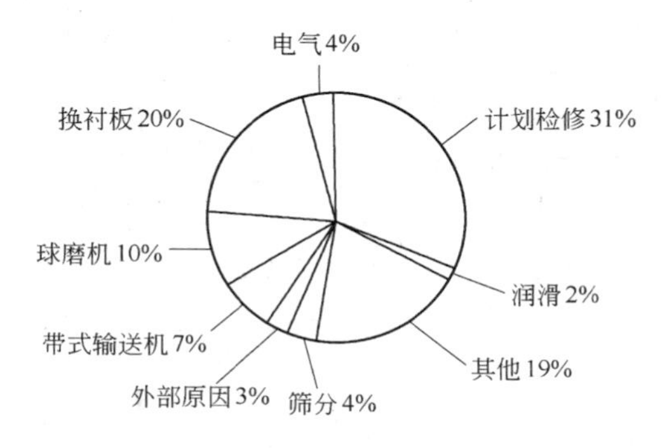

图 8 - 2 半自磨机停车影响因素[1]

从图中可以看出，半自磨机停车影响的最大因素是选矿厂的计划检修；其次则是半自磨机衬板的更换；而第三项“其他”19% 的数据并非正常值，仅 1999 年半自磨机排矿端耳轴的更换几乎占了该项 5 年总的停车时间的一半；另外还有给矿溜槽的堵塞、筛下物料泵的故障、半自磨机衬板螺栓漏浆、减速机故障、联轴节故障、电气控制系统故障等。因而，从上面的数据可以看出，对于半自磨机来说，衬板的更换是影响半自磨机运转率的最关键因素。使衬板的寿命最大化成为保证自磨机或半自磨机的停车时间最小化的关键目标。

为了提高衬板的使用寿命，许多人从不同的角度提出了各种不同的方法，如增加衬板高度、改变提升棒的形状和面角、减少衬板的数量等。在一些特殊的场合对破裂的衬板进行焊接也能延长衬板的寿命。一些矿山也根据各自的生产实际对半自磨机的衬板进行了优化和改进。

如伊朗的 Sarcheshmen 新选厂 2005 年投入运行，采用半自磨 + 球磨流程，一台 ϕ9.75m × 4.88m 的定速（10.5r/min）半自磨机，采用两台 5500hp（4105kW）的电动机驱动，电动机可以双方向转动；一台 ϕ6.7m × 9.9m 的球磨机，采用两台 5500hp（4105kW）的电动机驱动，与 ϕ660mm 旋流器闭路。半自磨机的给矿粒度为小于 175mm，是旋回破碎机的产品。半自磨机的排矿给到一台振动筛，筛孔为 5mm。筛上物料返回半自磨机，筛下产品与球磨机排矿一起送到旋流器。旋流器底流给到球磨机，溢流细度为 P_{80} = 90μm，直接去浮选，如图 8 - 3 所示。

其半自磨机筒体内衬设计为两列，每列 60 块轨形的衬板。衬板是铬钼钢铸件，硬度为 BH325 ~ 375，提升棒高度为 152mm，根据制造商的建议，当提升棒的高度磨掉 2/3 时就要更换。半自磨机衬板的主要特征及数量见表 8 - 1。半自磨机设计的工作参数见表 8 - 2。

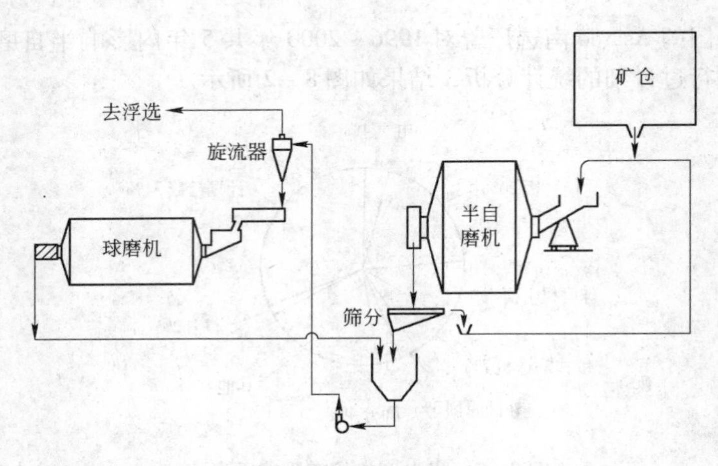

图 8-3 Sarcheshmen 新选厂磨矿流程[2]

表 8-1 半自磨机衬板特点及数量

项目	体积/m^3	质量/kg	长度/mm	断面积/cm^2	每列数量	轴向提升棒数量
数据	0.1407	1130	2084	672	60	2

表 8-2 半自磨机设计参数

项目	充填率/%	补加球规格/mm	充球率/%	产品粒度/mm	运转率/%
数据	35	125	15	<5	85

在运行的前 7 个月中，半自磨机的运转率为 47%，远低于设计的 85%。其中更换衬板对停车的影响是 13%，而设计是小于 2%。同期内，不同的时间间隔更换了 70 块破碎的衬板。主要原因是由于操作条件不当（磨机无矿运行、矿石类型变化大），磨机频繁开停（平均 23h 停 1 次）和缺少操作经验。在萨尔切什曼，平均一块衬板的更换时间至少为 1.5～2h，和在正常条件下平均 15～20min 更换 1 块[3] 相比是相当高的。为此，他们开始着手调查衬板的情况，目的是增加衬板的平均寿命。

一般的情况下，摸清楚衬板的磨损情况是对衬板假定一个一致的磨损轮廓，然后测量衬板的断面，某些情况下测量几个断面的平均值。在放置了测量装置（该测量装置通常由放置在衬板上的针组成）之后，这些针的长度被标记在纸上。通过把纸上的标记转化成表示每个针的长度的数值，就得到衬板的断面。然后，通过在确定的时间间隔内把不同时间的轮廓与原始轮廓比较，磨损速率就可以计算出来。而这次，他们提出了一个新的方法。

在这个新的方法中，要采用一个装置来准确地测量断面，并且需要一个 3D 模型软件。在设计这个装置中，要考虑精确、质量轻、易使用和单人可操作性。

由于磨机计划停车的时间非常短，因此要使测量能够尽可能快地完成。他们设计的测量装置采用铝材制成，规格为 30mm × 50mm × 580 mm，重为4kg，装置的主要部分有特定间隔的孔，如图 8 – 4 所示。

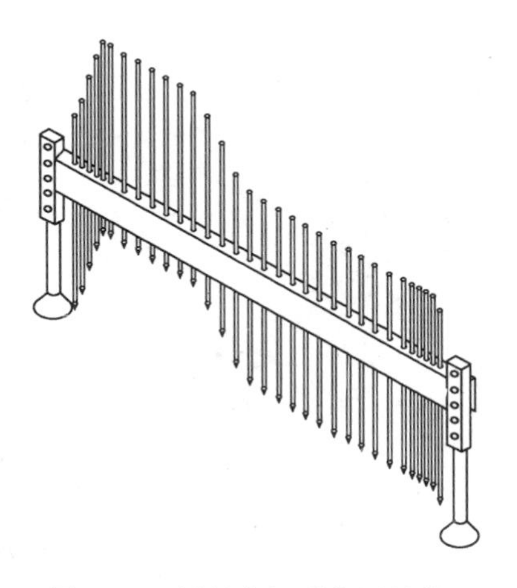

图 8 – 4 衬板磨损形状测量装置

该装置上孔与孔之间的距离是不同的，是依据于半自磨机衬板磨损形状的初步研究确定的，衬板的某些部位坡度变化大，则孔距小以增加记录形状的精确度；而在坡度变化小的部位，孔距则大。该装置的主体内部插入一块带孔的橡胶，橡胶上的孔和主体上的孔是一致的。每一个孔内插有一个 290mm 的不锈钢针，该特点是易于不锈钢针的上下移动，橡胶的弹性使钢针在测量时保持其位置，因而，不需要使用螺丝来固定钢针。在装置的两端，安装了两个最大高度 310mm 的可调支撑，根据磨损的程度可以缩短或伸长。在支撑的底部位置插入了两块小的磁铁，当在筒体内工作时，可以使装置吸附到筒体上。在磨机内使用该装置时非常容易，当装置放在沿衬板的特定位置，钢针根据衬板的形状成形，然后将装置从衬板上移出，放置靠在刻有读数的薄板上可以准确地读出针的高度。根据磨损形状确定沿衬板测量的断面数量，均匀形状的断面数量比非均匀形状的断面数量少。总之，断面数量越多，在每个测量断面之间的距离越短，测量的磨损形状就越准确。他们在测量中，对每一块衬板沿长度方向测 6 个点，形状的测量如图 8 – 5 所示。

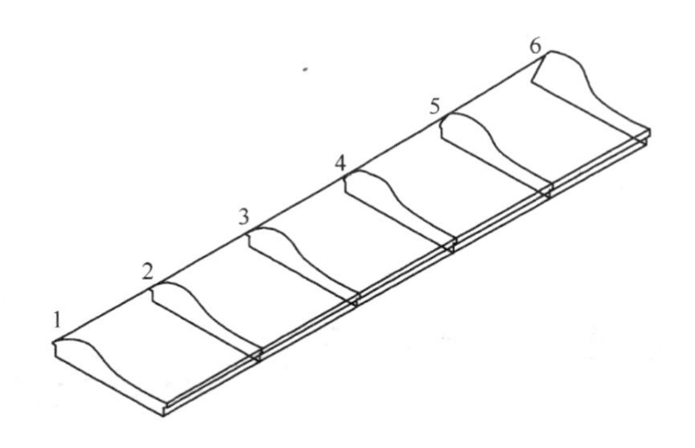

图 8 – 5 在每块衬板上测量剖面的位置

（剖面 1 到剖面 6 中，剖面 1 是靠磨机给矿端最近的剖面）

在测量过程中，他们采用 Solidsworks 软件建立了 3D 衬板模型，输入的数据是每个断面的钢针高度及其相应的位置，与每个测量断面之间的距离相一致，它

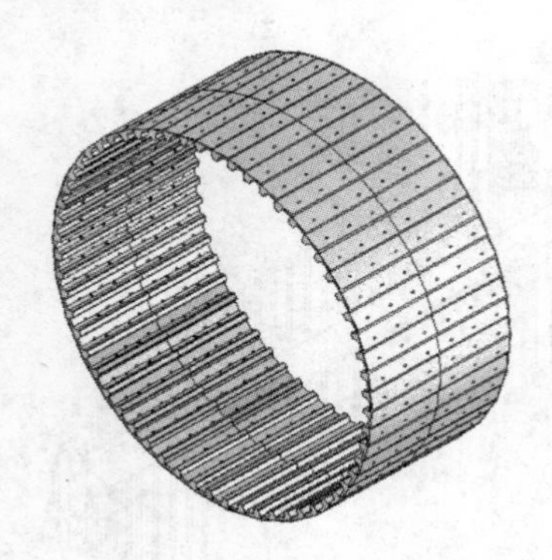

图 8 – 6　半自磨机衬板的 3D 模型

们被沿着一条线放置，表示实际的衬板长度（见图 8 – 4），然后，把断面连接形成衬板的外部形状，衬板的表面积可以准确地计算。把低的断面加到这些剖面中，得到闭合的曲线，把这些曲线连接起来，就得到了 3D 形状的衬板，此时，衬板的质量和体积很容易确定。由 120 块衬板组成的完整的磨机衬板模型如图 8 – 6 所示。

随着衬板的外表面模型的建立，由于磨损而造成的表面变化能够计算出来，磨损的轮廓也能够得到。随着时间的迁移，衬板的 3D 模型能够提供每一阶段的质量和体积，因而可以确定磨损的速率，该阶段衬板寿命的估计和衬板的更换时间也可以得到。通过标记模型中衬板的裂缝和破碎的情况，可以得到衬板裂纹开始或破裂的趋向。由于磨机的质量因磨损而降低，这个模型可以用来解释轴承压力的变化——也是磨机操作中的控制参数，利用这个参数的目的是保持磨机中充填料位的恒定。

测量装置的支腿所放置的基准面是很重要的，因为在整个测量过程中都要保持恒定，也就是说，要有一个固定的基准面高度。在测量时，测量装置的支腿放在邻近衬板的板面上，由于长时间的磨损，板的高度降低，所以测量值需要适当地调整。该装置可以用来测量完全磨损的衬板沿衬板长度上 6 个点的提升棒的高度，根据运行的时间和测量的断面所在的位置，把一个基准值加到所测的提升棒高度上。

图 8 – 7 所示为对一块衬板在运行 4475h 后，沿衬板长度方向测量 6 个点后得到的磨损形状。断面 1 是从给矿段起的第一个断面，断面 6 是衬板长度段的最

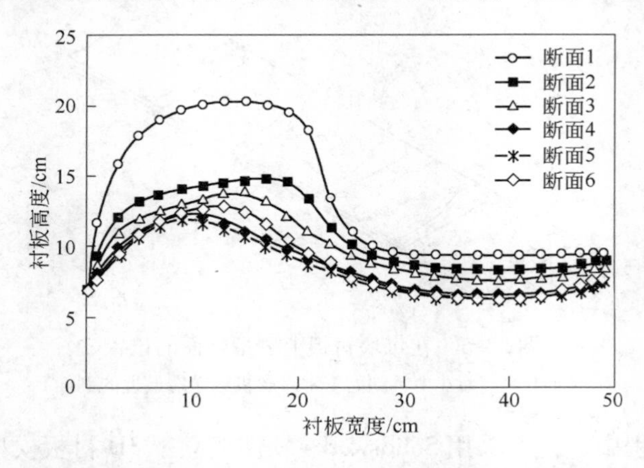

图 8 – 7　衬板运行 4475h 后沿衬板长度方向 6 个点的磨损形状

后一个断面。前3个断面的磨损速率，特别是第一个，与后面的3个有很大的不同。沿衬板宽度10cm的位置，前3个断面在提升棒高度上的平均磨损在运行4475h后是63%，而后3个断面是85%。从断面1到断面6的方向，提升棒从平顶变化成斜坡，这表明磨损速率增加。另一个变化是从断面1到断面6，在衬板宽度后25cm，从平直变成曲线，这个表明在衬板宽度方向上后半段的提升作用与前半段相比更多。在衬板的寿命期内磨损情况的变化如图8－8所示。在6个断面中，选择断面3来表示寿命周期内的轮廓变化。

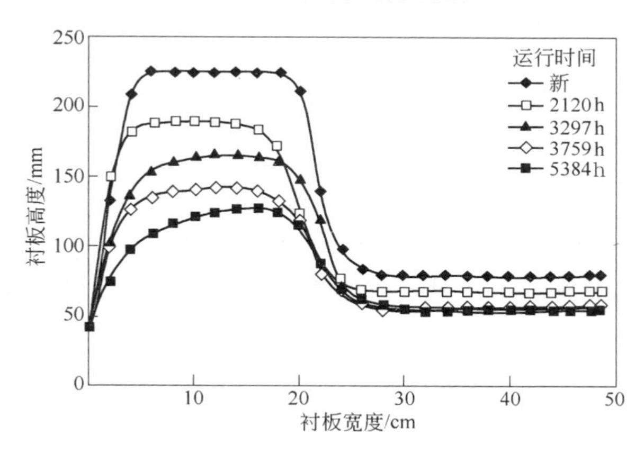

图8－8 衬板宽度方向中部断面（即断面3）寿命周期内提升棒轮廓的变化

根据对衬板磨损研究的结果，Sarcheshmen新选厂得到以下结论：

（1）采用新的测量装置和软件提出了一个新的建立衬板的3D模型的方法；

（2）该方法能够在任何给定的运行时间内提供衬板的磨损断面和衬板重量，精确度为±5%；

（3）新选矿厂半自磨机的磨损断面在衬板长度方向上是不一致的，沿衬板宽度方向特定位置的磨损差别为42%；

（4）由于非均匀磨损断面，根据提升棒高度计算的衬板使用时间的差异是非常大的，可达1.6倍，而根据磨机的中间部分能够提供更实际的衬板寿命时间；

（5）半自磨机前半部分衬板的磨损速率高于后半部分，前后两部分的磨损速率分别是19.1g/t和17.1g/t；

（6）磨损最快的区域位于磨机长度方向的1.25m和2.5m之间，这就促使提出了对该部分使用单独的衬板的想法，可以在其他衬板不需要更换的情况下进行更换；

（7）根据在运行过程中得到的经验，采取了措施，使半自磨机的有效运转率从原来的47%增加到75%，破损衬板的数量从第一套的70块降低到第二套的

2 块。

美国的 Kennecott Utah Copper Copperton Corporation（KUCC）选矿厂有 4 台半自磨机，其中 1 ~ 3 号是 ϕ10.36m 半自磨机，由 2 × 4500kW 电机驱动。4 号是 ϕ10.97m 半自磨机，由 13000kW 包绕式电机驱动[4]。自 20 世纪 80 年代中期投产以来，已经设计使用了多种不同的衬板，然后，由于控制策略和矿石性质的变化，很难确定每种衬板的实际效果。为此，在 2002 年后期采用了一个专家控制系统来对这些新的衬板设计进行评估。

最初磨机的筒体衬板设计的面角是 9°，66 排，轨形配置。然而随着时间的流逝，磨机的高转速使得大量的衬板损坏，后来对衬板进行了多次改进设计。已经安装过的衬板型号如下：9°面角/ 66 排；22°面角/66 排；30°面角/66 排；22°面角/44 排。

最初的性能表明 22°面角/66 排布置的衬板（见图 8 – 9）是最经济的。然而，进一步的试验表明，22°面角/44 排配置的衬板比 22°面角/66 排配置的衬板在处理能力上更好，但衬板寿命上有所降低。在做所有的这些试验时，Copperton 所有的磨机转速率都在 80% 以上。

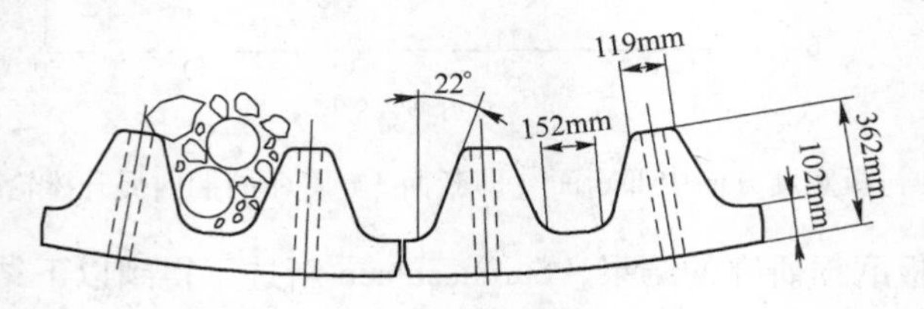

图 8 – 9　22°面角/66 排双波衬板

半自磨机筒体衬板的破损经常是由于衬板提升起的钢球对另一端衬板的高冲击所致，从衬板上大量的球冲击痕迹和金属变形看是很明显的。这个情况往往通过降低衬板的硬度和增加厚度以应对冲击来进行补救，但是，这也会导致衬板虽更耐破损却也会引起更多的金属变形，这种金属变形将使铸件在接合处的压力增大，最终导致即使不断裂也会破损。在试验期间，采用了高转速使钢球直接冲击衬板以放大这种效应。

在 2003 年 3 月，进行的试验则是使钢球在运行过程中直接抛落到球荷的趾部，以减少球荷对衬板的冲击。试验表明提升棒的间隔越宽，球的轨迹越无法控制。试验时磨机的声音可以清楚地表明，从提升棒减少的磨机中有比提升棒配置更密的磨机中更强的破坏性声音。

此外，衬板的破损也与衬板更换的策略有关，经常是外面的给矿衬板或格子板更换了，但筒体衬板没有更换。这会使介质更多的提升到磨机的端部而冲击筒体衬板。所观察到的衬板破损直接与衬板更换的不一致有关。

试验表明，提升棒间隔越宽，冲击衬板的球会越多，这是由于更多的球会从衬板上的抛出点抛出。安装的磨机声音控制装置减少了诸如给矿机无矿、磨机无负荷、超速等会导致破损现象的数量。由于过去的衬板研发考虑的因素很多，导致形状复杂，使衬板的铸造工艺变得复杂，因而，将这些衬板进行整理以减少这些复杂的设计给铸造带来的困难。如：

（1）取消螺栓孔周围的“凸台”（dog boning）；

（2）减小吊耳的根台；

（3）去除了衬板和充填吊环端的锯齿；

（4）保证螺栓孔和座圈的匹配，对螺栓要保证适度钳位；

（5）在筒体中部的双锯齿波也取消了，改为单齿波，这对生产不重要，但对换衬板很重要，而且呈一定角度，这样使给矿端筒体的衬板能够在敲击时先落下来。

改进后的衬板基本结构如下：

（1）板厚从3in（76mm）改为4in（102mm），使得使用周期更长；

（2）提升棒高仍为10in（254mm），22°的面角，对于34ft（10.36m）和36ft（10.97m）的磨机衬板配置分别为66排和72排；

（3）衬板铸成双波形。

同时，他们改变了过去更换磨机部件的习惯。多年来，在Copperton更换高度磨损的半自磨机的部件是一个多阶段的过程，筒体、格子板和给矿板在不同的时间更换。这种方式对于小的半自磨机可能很好，但对于更大的磨机就有疑问了，更换衬板作业的准备、完成和清理需要相当多的时间。他们成功地设计和实施了一个在单次停车期间有效更换所有高磨损件的方法，当然也是由于增加了铸件的规格、减少了部件的数量以及从RME购买了一台10000lb（4536kg）的衬板机械手，增大了部件的提升能力。从而大大地减少了更换磨机衬板所需的时间。从2004年9月至今，没有发生过由于衬板破损而导致的非正常停车，如图8－10所示。这使得半自磨机的运转率从最佳化项目开始时的92.5%，增加到2005年度的95.8%，如图8－11所示。所有高磨损部分的衬板（筒体、外部给矿、格子板）寿命已经达到30周以上，更换时间由于使用更大的衬板和更换效率的提高已经从72h减少到52h。

KUCC根据从衬板使用过程中得到的经验，已经形成了必须严格遵循的衬板管理守则，如：

（1）在磨机排矿端，决不能跨间隔放置衬板，也就是说，不能采用双格子板给入单矿浆提升器；

（2）更换所有的高磨损部件，也就是说，筒体、格子板和外给矿的衬板不管条件如何，同时更换；

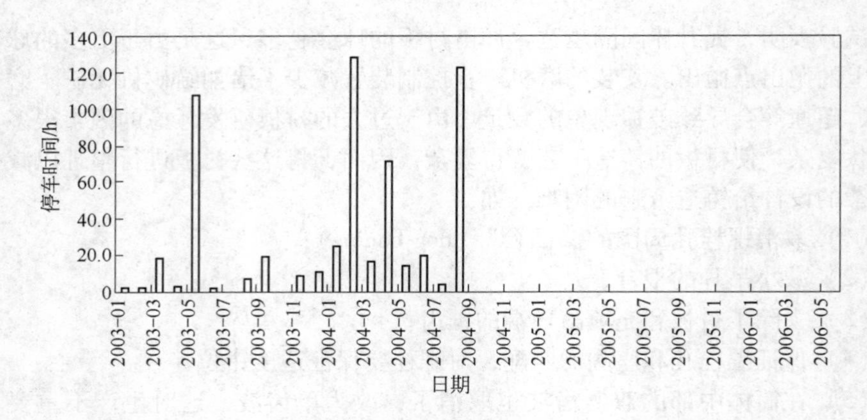

图 8－10 由于衬板破损造成的停车时间（2003～2006 年）

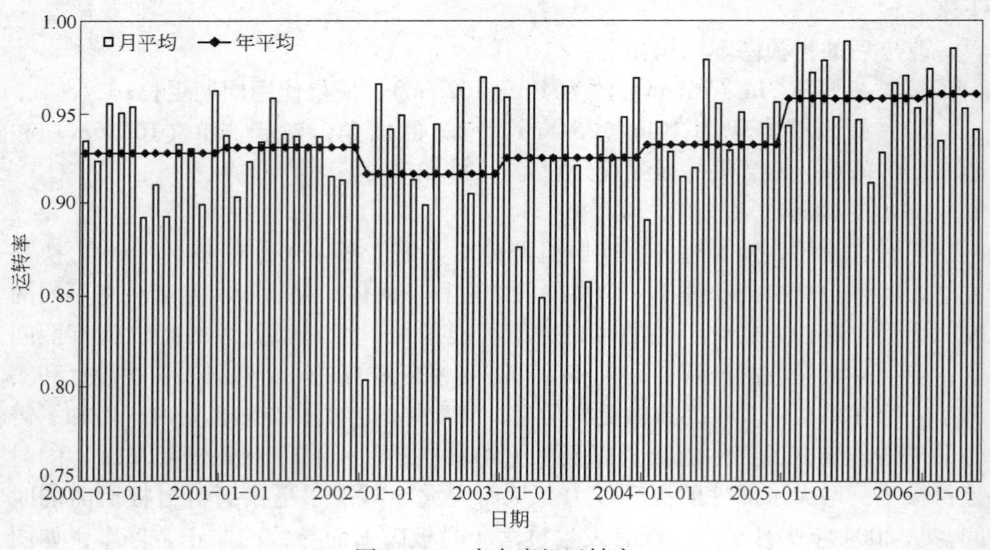

图 8－11 半自磨机运转率

（3）保证排矿格子板的条形孔延伸到充填物料以上；

（4）保证提升器的入口间隙小于两个钢球的直径。

再如 Freeport 印尼公司两个新选厂均采用半自磨机，第三选矿厂是一台 ϕ10.4m 的半自磨机、装机功率为 13000kW 和两台 ϕ6.1m、装机功率为 6500kW 的球磨机；第四选矿厂为一台 ϕ11.6m 的半自磨机、装机功率为 20000kW 和 4 台 ϕ7.3m、装机功率为 10000kW 的球磨机。

半自磨机的衬板优化首先考虑的是第四选矿厂 ϕ11.6m 半自磨机，因为该磨机处理能力大，待其改进后又应用到 ϕ10.4m 半自磨机上。第四选矿厂的半自磨机最初装有 69 排面角为 12°帽式设计的衬板，这种设计增加了衬板损坏的风险，由于球的轨迹在正常运转速度下必然冲击填充料趾部边沿上部的筒体。半自磨机现在采用25°的提升棒，降低了钢球对筒体的冲击，改善了衬板的阻力，使运行更稳定。

2006年，半自磨机的格子板根据实际情况，重新设计成不同的厚度，以满足至少7个月的寿命，之前的格子板5个月后就需要更换。第四选矿厂半自磨机的给矿端衬板已经重新调整，从23块减少到16块。2007年，该矿在两台半自磨机上均安装了双波筒体衬板，以减少提升器衬板的数量，第一台半自磨机从60排减到30排，第二台半自磨机从69排减到34排加一个单波排。由于一些衬板质量超过了5400kg，因此又新购了一个16000型衬板机械手。一般磨机所有的衬板更换可以在3天内完成。2009年，第四选矿厂的有效运转率为95.7%，创造了纪录；而第三选矿厂为96.4%，仅次于2008年。用过的衬板通过翻砂铸造循环利用，同时也降低了运营成本和对存放场地的需求。

一些矿山使用的半自磨机衬板型号规格见表8－3。其中部分矿山在磨机筒体提升棒改造前与改造后半自磨机处理能力的变化见表8－4。

表8－3 一些矿山使用的半自磨机衬板型号规格

矿 山	半自磨机 $(\phi \times L)$/m×m	原规格		改造后		
		排数	角度/(°)	排数	角度/(°)	提升棒高度/mm
Los Pelambres[5]	10.97×5.2	72	8	36	30	216
Alumbrera[6]	10.97×4.57	72	7	36	30	
Freeport[7]	11.6×5.8	69	12	34	25	
Codelco[8]	9.75×4.57				30/35	
KUCC	10.36×5.2	66	9	66	22	254
Candelaria[9]	10.97×4.57	72	8/10.4/20	36	35	356
Cadia[6,10]	12.2×6.1	78	12	52	30	422/300
Prominent Hill[11]	10.36×5.18		71		65	
Cortez Mine[12,13]	7.92×3.96	52	17	26	28	229
Gol－E－Gohar[14]	9 × 2.05	36	7		30	225
Collahuasi[6,15]	9.75×4.57	64	6/17	32	30	
BHP－OK Tedi[6]	9.75×4.88	64	10	64	15	
Escondida[6]	10.97×5.79	72	8.5	36	20	
Kemess Mine[6]	10.36×4.7	64	7	32	20	
Mount Isa[16]	9.75×4.88	60		40	20	
Highland Valley[17]	9.75×4.72		>70		70	
Ernest Henry[18]	10.4×5.1		9		21	225

续表 8-3

矿山	半自磨机 $(\phi \times L)$/m×m	原规格		改造后		
		排数	角度/(°)	排数	角度/(°)	提升棒高度/mm
Fimiston[19]	10.97×4.88	72	7	42	30	
Inmet Troilus[20]	9.14×3.96	60	15	40	30	229
Batu Hijau[21]	10.97×5.79	72	12	48	22	
Northparkes[22]	7.32×3.6		18			190
Northparkes	8.5×4.3		9		25	230
Yanacocha[23]	9.75×9.75	54	20	36	30	230

表 8-4 部分矿山半自磨机提升棒面角变化对磨机处理能力的影响[24]

矿山	半自磨机 $(\phi \times L)$/m×m	原设计 /(°)	第一次 改变后/(°)	采用 Millsoft 改进后/(°)	处理能力
Collahuasi	9.75×4.57	6	11	30	增加 11%
Alumbrera	10.97×4.57	10	25	30	50000t/d 到 96000t/d
Candelaria	10.97×4.57	10	20	35	增加 15%
Los Pelambres	10.97×5.2	8	—	30	增加 10000t/d

8.1.2 格子板

自磨机或半自磨机的排矿格子板（discharge grate）开孔形状及开孔面积是决定磨机处理能力的关键因素。磨机的处理能力与格子板开孔面积成正比，开孔面积越大，处理能力越大。格子板的开孔形状、位置及孔的大小与所处理矿石的性质和碎磨回路的性质有关，如果排出的砾石不能通过循环在磨机中积累，则处理此类矿石，磨机的格子板开孔宜大，循环负荷也大，磨机的处理能力也大；如果矿石硬度大，排出的砾石会通过循环在磨机中积累，则此类矿石需在回路中采用破碎机来处理排出的砾石（顽石），而格子板的开孔大小则取决于顽石破碎机的给矿粒度上限，要综合考虑整个磨矿回路（SABC 或 ABC）的处理能力。同时，上述情况也都要考虑通过格子板排出的物料中磨损后的钢球的粒度。排矿端的结构布置示意如图 8-12 所示。

格子板的开孔形状一般有圆形孔、方孔和条形孔，由于格子板的开孔面积直接与磨机的处理能力有关，在生产过程中，新装上的格子板往往会由于钢球的冲击造成开孔变形，导致开孔面积变小，而后经过不断的磨损，孔径又逐渐变大，使开孔面积逐渐变大，从而导致磨机的处理能力出现一个“正常—减小—正常”的现象。表 8-5 是一个矿山对其半自磨机的格子板孔径变化的现象进行的跟踪检测结果。

图 8-12 自磨机（半自磨机）的排矿端盖配置结构示意图[25]

表 8-5 格子板开孔尺寸随使用时间变化的检测结果[9]

运行时间/h	开孔尺寸/mm	运行时间/h	开孔尺寸/mm
0	63.5	3523	72.9
205	60.5	3806	70.1
646	57.9	4105	73.7
1311	59.9	4704	74.9
1594	59.9	5157	77.5
1733	61.0	5809	80.0
2848	70.1		

要解决上述格子板开孔面积的变化，就要考虑避免由于钢球冲击而造成的孔径的变化。为了解决上述问题，有人考虑在格子板的开孔之间增加了一个凸台（图 8-13），由于凸台的存在，使得钢球冲击格子板时，首先和凸台发生接触，从而避免了钢球对孔的边缘的冲击，避免了孔径因冲击引起的变化。

图 8-13 在格子板开孔之间增加凸台的格子板[31]

格子板的形状、规格、开孔的形状和位置、开孔面积等与矿石的性质（如硬度）、磨机的运行参数（转速率、充填率、充球率、磨矿浓度等）及其处理能力等密切相关，不同的矿山不尽相同。

格子板均安装于紧靠磨机筒体的一排，其开孔面积的大小和规格取决于顽石量和矿浆流量，根据 Dominion 工程公司的经验数据（曲线形矿浆提升器）[26]，不管是大径长比还是小径长比的磨机，其开孔面积为：按顽石计算：0.17742$m^2/(t\cdot h)$；按矿浆流量计算：366.12$m^3/(h\cdot m^2)$。

根据上述数据，对于给定的磨机直径，如果计算所需的开孔面积超过了其有效的开孔面积，则需要考虑调整增大磨机的直径，以满足所需的开孔面积。

表8-6为一些矿山使用的半自磨机排矿格子板规格。

表8-6　一些矿山使用的半自磨机排矿格子板规格

矿　山	半自磨机 ($\phi\times L$) /m×m	原规格			改造后			转速	
		开孔面积	孔的规格 /mm	钢球直径 /mm	开孔面积	孔的规格 /mm	钢球直径 /mm	改造前	改造后
Los Pelambres[5,27]	10.97×5.2	4.03m^2	25	100	7.53m^2	73	140	9.5r/min	74%~78%
Freeport[7]	11.6×5.8	11%	38	105		50/60		8r/min	9.5r/min
Codelco[8]	9.75×4.57		63.5/19			76/63.5			
Candelaria[9]	10.97×4.57		63.5	127		76.2	140		
Cortez Mine[13]	7.92×3.96	7%	70×70				127		
Collahuasi[15]	9.75×4.57		ϕ25			ϕ50			
Ernest Henry[18]	10.4×5.1			90			105	80%~95%	
Ft. Knox[28]	10.36×4.65							81%	77%
Lefroy[29]	10.72×5.48	9.8%	70	125	5.7%				63.9%
Inmet Troilus[20]	9.14×3.96			127			133	78%	74%
Batu Hijau[21]	10.97×5.79		25/60			80/60	133		
Laguna Seca[30]			38			65	127		
Northparkes	7.32×3.6	13%~14% (4.56m^2)	65×50		10%~11%			76.6%	76.6%
Northparkes	8.5×4.3		200×35						78%
Yanacocha[23]	9.75×9.75	0.238m^2 (14.34%)	25×50		0.20m^2 (12.05%)	25×50/80×50			

8.1.3 矿浆提升器

在自磨机和半自磨机中，影响磨矿效率和磨机处理能力的因素很多，从图8-14中看出，除了排矿格子板之外，矿浆提升器（pulp lifter）在其中起着极其重要的作用。

在磨矿过程中，矿浆提升器及格子板的性能决定着磨机的通过能力。磨矿后，矿浆透过格子板，透过的矿浆通过矿浆提升器将其提升至中空轴排出。矿浆

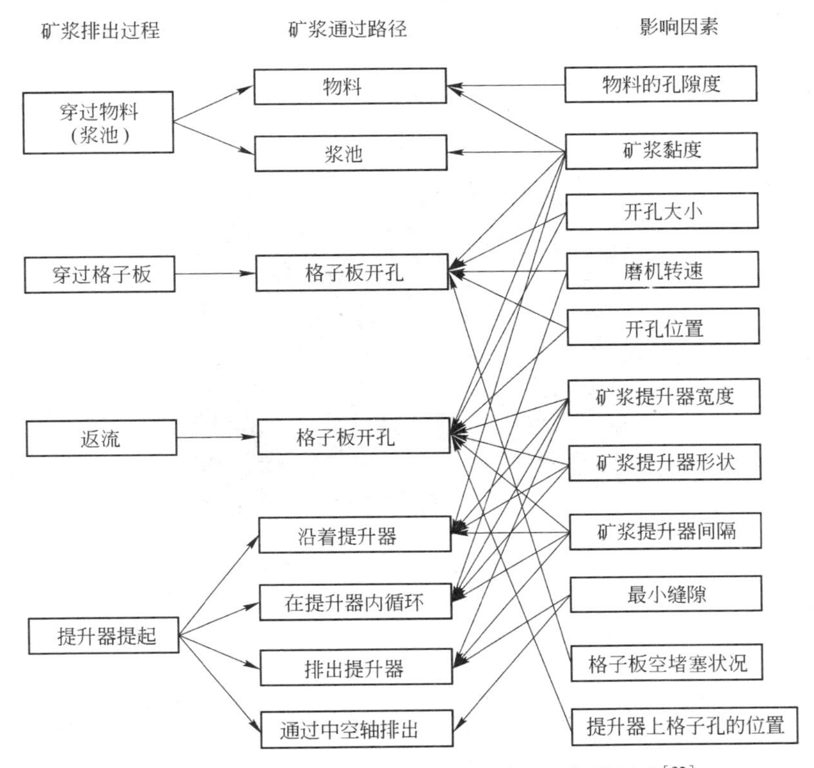

图 8－14　影响自磨机和半自磨机排矿的各种因素[32]

提升器排出矿浆速度的快慢，直接影响着自磨机或半自磨机的处理能力和磨矿效率。

常用的矿浆提升器为放射状矿浆提升器（见图 8－15），使用中发现，放射状矿浆提升器在矿浆提升的过程中存在返流和滞留现象，且其量的多少与格子板的开孔面积、磨机的充填率也密切相关，同时也与磨机的转速率有关。当转速过高时，会有部分矿浆由于离心力的作用而滞留在矿浆提升器上，并进入下一个循

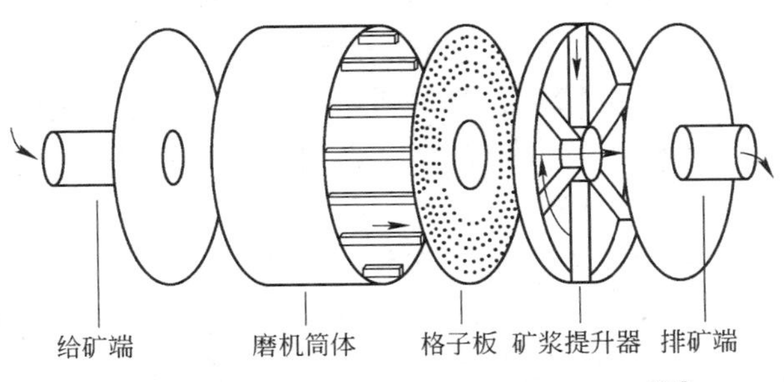

图 8－15　自磨机和半自磨机的结构示意[33]

环。转速率不高时，部分矿浆会由于散逸作用而回流（见图 8－16 和图 8－17），并通过格子板返回到磨机内，使得在磨机筒体内易形成“浆池”，影响磨机的处理能力和磨矿效率，同时也影响磨机的功率输出。

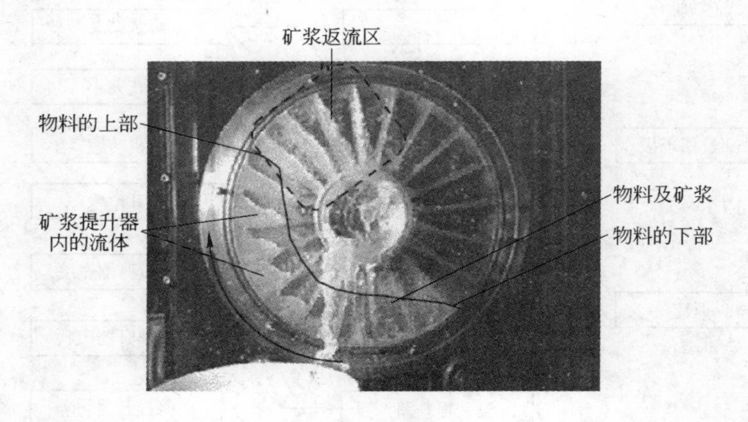

图 8－16 自磨机和半自磨机中的返流现象[33]

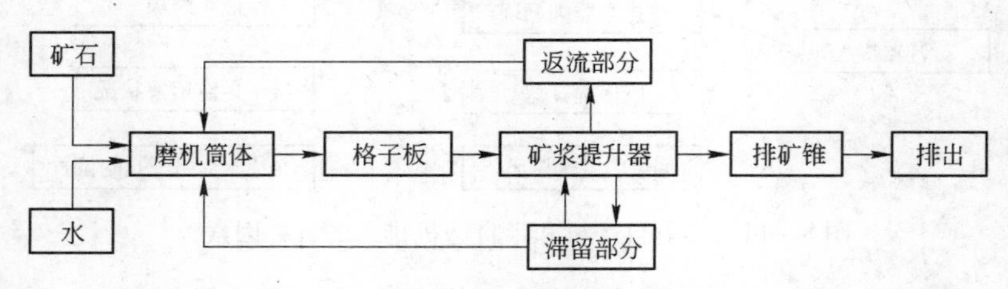

图 8－17 自磨机或半自磨机中矿浆输送过程

John A. Herbst 等人[34]通过研究发现，放射状矿浆提升器把矿浆提起后排入中心端的排矿锥，在磨机高速运行状态下，只有 30% 的矿浆排入排矿锥，70% 的矿浆返回了磨机；在磨机低速运行的状态下，有 50% 的矿浆排入了排矿锥，50% 的矿浆返回了磨机。当改变矿浆提升器和格子板的结构及配置后，在磨机高速运行状态下，有 85% 的矿浆排入排矿锥，15% 的矿浆返回了磨机；在磨机低速运行的状态下，有 89% 的矿浆排入了排矿锥，只有 11% 的矿浆返回了磨机。在生产实践中，也有另一种情况，澳大利亚 St. Ives 黄金公司的 Lefroy 选矿厂采用了单段半自磨机＋顽石破碎流程[29]，考虑半自磨机将来要求双向转动的情况，从放射状矿浆提升器和螺旋状矿浆提升器中选择了放射状矿浆提升器，在投产后的运行过程中，一直没有出现“浆池”现象。经过检查发现，实际情况是半自磨机一直在接近于形成“浆池”的临界状态或低于该状态下运行，但始终没有形成“浆池”，分析其主要原因是磨矿回路的循环负荷较低，一直小于 250%。

由于矿浆提升器的形状、宽度（沿磨机中心线方向）及结构布置均与其性能有着密切的关系，长期以来，放射状矿浆提升器所存在的矿浆返流和滞留问题一直是自磨机和半自磨机生产过程中关注的重点。如智利 Collahuasi 铜矿的半自磨机的矿浆提升器原采用铸造形式，由于铸造结构的原因，在提升器中间设计有支撑，但生产中该支撑的存在易造成卡球而影响矿浆的流通，后来改用钢板制作，外衬自然橡胶，取消了原来的支撑，既解决了矿浆的阻塞问题，又提高了矿浆提升器的使用寿命，如图 8－18 所示。也有一些矿山在半自磨机中采用了螺旋状矿浆提升器，螺旋状矿浆提升器与放射状矿浆提升器相比，减少了矿浆返流，使粗颗粒更早排出，降低了提升器的磨损。但由于螺旋状矿浆提升器只能使磨机单方向运行，故使用上受到限制。

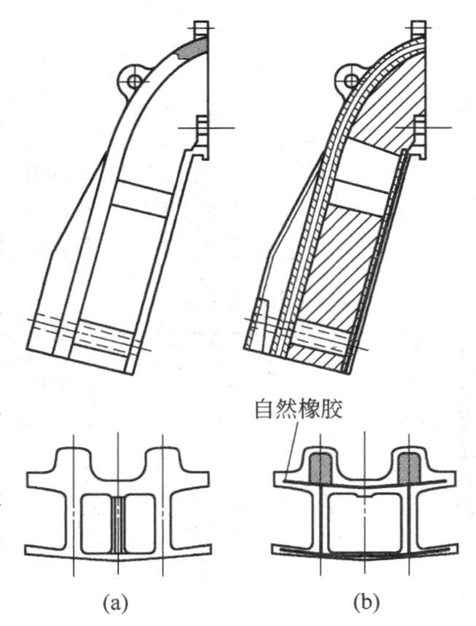

图 8－18　Collahuasi 铜矿的半自磨机的矿浆提升器[15]
（a）改进前；（b）改进后

为了解决放射状矿浆提升器的矿浆滞留和返流问题，人们提出了双腔式矿浆提升器（twin chamber pulp lifter，TCPL）的概念（见图 8－19），并且经过工业试验的验证，成功地解决了矿浆的滞流和返流问题[24,35]。采用双腔式矿浆提升器后，彻底消除了自磨机和半自磨机中矿浆通过格子板后仍然存在的返流和滞留的问题，不需要因此再在格子板开孔面积和磨机的充填体积之间考虑三者之间的平衡问题，可以只根据磨机所需的循环负荷来确定格子板的开孔孔径和开孔面积，也可以只根据磨机的处理能力来确定充填率的大小。试验的结果是工业半自磨机的能力提高了 15% 以上，且产品粒度由于磨矿环境的改善而变细[33]，同时，磨机转速的变化也不再直接影响矿浆的返流和滞留。

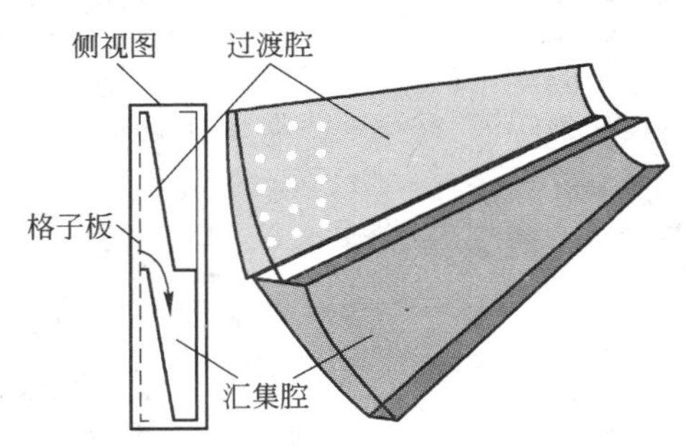

图 8－19　双腔式矿浆提升器[33]

两种形式的矿浆提升器试验的结果如图 8－20 所示。

图 8－20 中的理想状态是假定磨机排矿端没有端盖，只有格子板的排矿状态。从图中可以看出，放射状矿浆提升器的提升效率与理想状态差别很大，且排出量越大，偏差越大；而双腔式矿浆提升器的提升效率，即使在排出量很大的情

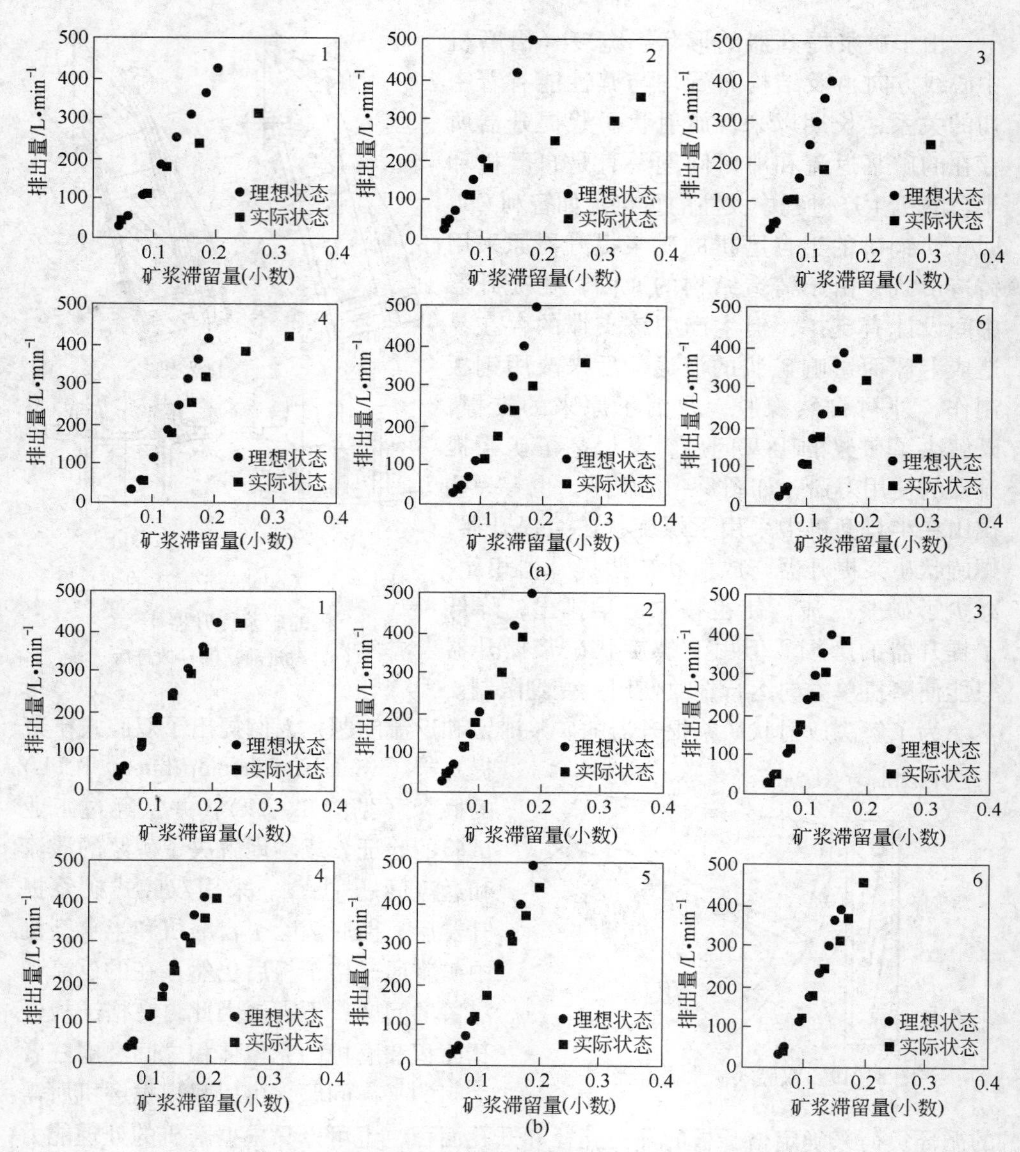

图 8－20 两种形式的矿浆提升器提升效率比较[24]

（a）放射状矿浆提升器（RPL）；（b）双腔式矿浆提升器（TCPL）

1—充填率 15%，开孔面积 3.6%；2—充填率 15%，开孔面积 7%；3—充填率 15%，开孔面积 10%；4—充填率 30%，开孔面积 3.6%；5—充填率 30%，开孔面积 7%；6—充填率 30%，开孔面积 10%

况下，也与理想状态基本吻合。

后来又在第一代矿浆提升器（TCPL）的基础上，发明了第二代矿浆提升器（TPL^{TM}）[36]，如图 8－21 所示。Outokumpu 公司基于类似的原理，发明了矿浆提升器 TPM 100™[37]，如图 8－22 所示。

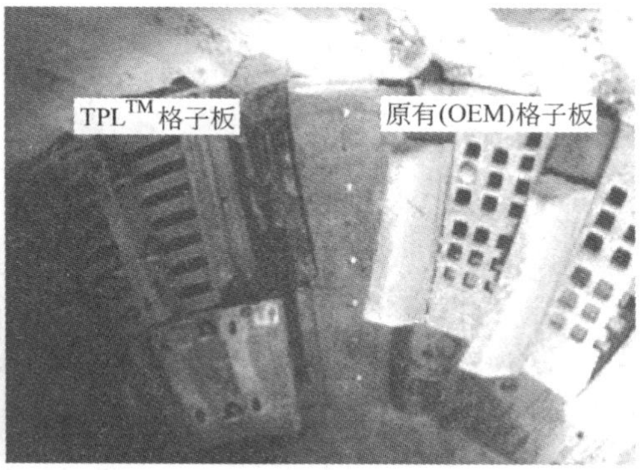

图 8－21 第二代矿浆提升器（TPL™）及格子板轴向视图

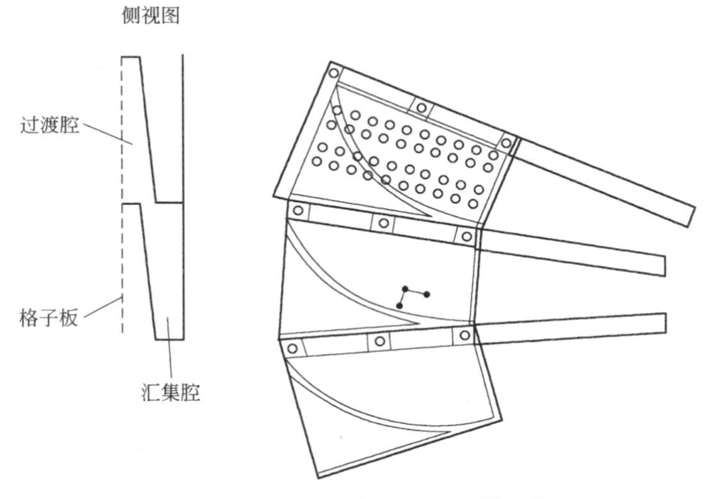

图 8－22 Outokumpu 公司的 TPM 100™矿浆提升器

8.1.4 排矿锥

排矿锥（discharge cone）是自磨机或半自磨机内的物料排出的最后通道，通过格子板的矿浆及物料由矿浆提升器提升后自流给入排矿锥，在排矿锥的作用下经磨机的排矿端中空轴排出。因而，排矿锥是半自磨机或自磨机中磨损最强烈、最集中的区域。在大型自磨机或半自磨机（如 ϕ9.75m 及以上）的结构上，排矿锥已经是常规配置。

排矿锥由于结构上、质量上、安装过程等多方面的原因，通常分成多瓣，安装好后即为一个锥形，如图 8－23 所示。

随着自磨机或半自磨机的规格越来越大，排矿锥的形式及分瓣的数量要考

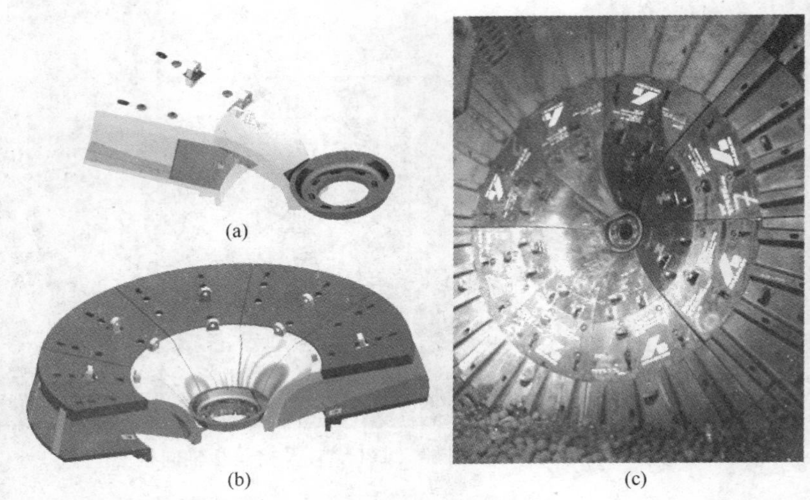

图 8-23 自磨机和半自磨机的排矿锥[38]
（a）排矿锥部件；（b）组装的排矿锥；（c）安装后的排矿锥

虑的关键因素有磨机排矿端端盖的钻孔形式，以便于安装固定；衬板机械手的提升能力及安全负荷，以利于安全地安装；给矿端耳轴孔径大小，以便于其输送到磨机体内。此外即是耐磨材料，要考虑其耐磨性能、整套质量和整体使用寿命等。

排矿锥的材料通常采用铬钼钢或钢骨架外包橡胶，径向上根据磨机的规格大小适当地做成一体或分为两段。

8.1.5 磨矿介质

自磨机或半自磨机的磨矿介质（grinding media）均以矿石自身为主，在半自磨机中则辅之以部分钢球。通常自磨机或半自磨机的给矿为粗碎后的产品，粒度 F_{100} 为 300（或 350）~0mm，而产品粒度则为 $T_{80}=150\mu m$（单段磨矿）及 $T_{80}=4000\mu m$ 等。磨机添加的磨矿介质—钢球的充填率一般为 8%~12%，但当给矿中充当介质的大块不足时，则球的充填率需增大，如 Freeport 的 No. 4 选矿厂的半自磨机的钢球充填率为 20%[39]。

表 8-7 为部分矿山的半自磨机的钢球充填率和所加钢球的规格情况。

表 8-7 部分矿山半自磨机的介质使用情况

矿 山	磨机规格 $(\phi\times L)$/m×m	给矿粒度/mm	产品粒度 T_{80}/mm	充球率 /%	添加钢球规格/mm	转速率/%
Highland Valley	9.75×4.72	$F_{100}=200$		12	127	
Lefroy	10.72×5.48	$F_{80}=110$	0.125	8.5	125	63.9

续表 8－7

矿　山	磨机规格 $(\phi \times L)$/m×m	给矿粒度/mm	产品粒度 T_{80}/mm	充球率 /%	添加钢球规格/mm	转速率/%
Batu Hijau[40]	10.72×5.79	$F_{80}=63$		16～18	133	74～80
Sossego[41]	11.58×7.0	$F_{80}=125\sim150$	2.5	15	133 和 140	80
Phoenix	10.72×5.48	$F_{80}=145$		13.5	140	75
Fimiston	10.72×4.88	$F_{100}=150$	$P_{100}=10$	12～14	140	80
Ahafo	10.36×5.48	$F_{80}=108$			127	
Candelaria	10.97×4.57			12	127	73
Kennecott	10.36×5.18			12	120	75
Northparks	8.5×4.3	$F_{80}=150$		10	125	78
Sarcheshmeh[2]	9.75×4.88	$F_{100}=175$	$P_{100}<5$	12	125	80
Cadia Hill[42]	12.2×6.1	$F_{80}=120$	1.34	12	125	74～81
Los Blances	10.36×4.72		2.715	14	125	74
Kinross[43,44]	11.58×7.56	$F_{80}=200$	1.2	12～13	127	75
Toromocho	12.19×7.92	$F_{80}=180$	5.739	12	127	76
Mount Isa（铜）	9.75×4.62	$F_{80}=200$	2	4～10		78
Los Pelambres[27]	10.97×5.18	$F_{80}=80\sim115$		<19.5	140	74～77
Phu Kham[45]	10.36×6.1	$F_{80}=125$	2	10～18		
Yanacocha[23]	9.75×9.75	$F_{80}=180$	0.075	18～20	105	74～76

8.1.6　转速率

一般说来，所有的自磨机和半自磨机应该是变速驱动，变速范围为临界转速的 60%～80%，通常运行的转速率（percentage of critical speed）为 74%～80%，当矿石性质变化或提升棒磨损后则根据具体情况改变磨机的转速率以保证磨机处理能力的稳定。

变速的另一个关键的原因则是根据磨机内物料的运行状态来调整磨机的转速，改变磨机内物料（钢球）的抛落轨迹，使其保持在物料的下边缘之内，以避免对衬板和提升棒造成破坏。鉴于这个原因，一些早期或是由于给矿性质均匀，或是由于投资节省原因安装的定速的自磨机或半自磨机，已经在实践中通过过高的衬板破损和缺少操作上的灵活性，而意识到必须改变为变速驱动。如 Escondida 在其三期工程中采用的定速驱动半自磨机，在随后的生产中，由于上述原因又改造为变速驱动[39]。

部分矿山的半自磨机转速率见表 8－7。

8.2 高压辊磨机运行的影响因素

8.2.1 破碎辊及辊胎

高压辊磨机的主要磨损部件是破碎辊，破碎辊的设计目前主要有三种形式：实辊、实辊外包整体辊胎、实辊外包拼装辊胎。

实辊通常采用复合材料铸造或锻造，铸造的不再需要辊面防护，但可以是光滑的辊面，或有凹槽的辊面，也可安装辊钉；锻造的实辊辊面则需要有硬表面保护，或熔焊，或包硬合金瓦，或安装辊钉[46]。采用实辊的高压辊磨机主要用于水泥工业破碎煅烧后的石灰石等原料，由于水泥工业的原料易碎易磨，因而辊的使用寿命长。在金属矿山由于矿石磨蚀性高，基本上不采用实辊。

整体辊胎是采用复合材料、贝氏体、硬镍整体铸造或锻造而成，由于其耐磨性能高，主要应用冶金矿山行业处理高磨蚀性的矿石及物料。目前应用中的最大整体辊胎直径是2.8m，最大的整体辊胎宽度是1.8m（两者不是同一台设备的规格）。

拼装的辊胎是采用钢或硬镍铸造，近年来也应用很多，但实践表明，多块拼装的辊胎仅限于挤压压力低的领域应用，如在水泥工业则不适用。不过仍有一些用于铁精矿的研磨和金刚石矿石的破碎。目前，拼装辊胎最大的规格是ϕ2.25m×1.4m。

外包辊胎的两种形式在特点上各有长短（见表8-8）：拼装辊胎更换时间短（1~2天），辊胎运送容易；整体辊胎维护量少，使用寿命长，更换麻烦，一般是将破碎辊整体拆下，随即换上备用辊，然后将换下的磨损的破碎辊整体运送到具备拆装整胎的车间或维护点进行拆装。

表8-8 整体辊胎和拼装辊胎的特点比较[46]

整体辊胎	拼装辊胎
投资费用低	投资费用高
没有接缝	拼装有接缝，易于破损，维护费用高
整体规整，易于制造	形状不统一，制造繁琐
使用寿命长	使用寿命短
易于翻新	翻新困难
损耗低	损耗高
适用范围广	仅适用于低压碎磨

目前，水泥工业所用的高压辊磨机的硬面破碎辊的使用寿命一般在一年以上，但用于破碎金伯利岩矿石，则只能使用6~12个星期。拼装的硬镍辊面，用于破碎钾镁煌斑岩，也只能使用8~16个星期。采用复合材料的整体辊胎用于破

碎石灰石，其使用寿命已经超过了40000h。

在高磨蚀性的金属矿业采用的高压辊磨机，其辊面主要是装有辊钉的辊面。辊钉采用碳化钨材料制成，辊钉之间的辊面也采用与辊钉同样的材料形成保护层，以保证其有同样的磨损速率。辊钉的性质取决于其化学成分、晶粒粒径、硬度、刚度等，辊钉的质量则需要在断裂最小的情况下，满足耐磨的要求。一般说来，耐磨性是硬度的函数，但是，增大硬度会增加辊钉断裂的可能性。

采用辊钉的辊面的使用寿命与处理的矿石性质有关，在金刚石矿石的破碎上，辊胎的使用寿命已经超过了6000h，预计可以超过10000h；在铁矿石破碎上，已经超过了10000h；在铁精矿增加比表面积的细磨上，已经超过了20000h；在高磨蚀性的铜矿石破碎上，其使用寿命为4000~5000h。

部分金属矿山运行的高压辊磨机的参数及指标见表8-9。

表8-9 部分金属矿山运行的高压辊磨机的参数及指标

矿 山	矿石性质	球磨功指数 /kW·h·t⁻¹	规格（直径×宽）/m×m	作业	数量/台	规模/t·h⁻¹	给矿粒度/mm	产品粒度/mm	辊胎寿命/h	运转率/%	投产时间
Cerro Verde[47]	铜矿	13~14.7	2.4 × 1.6	细碎	4	5000	$F_{80}=35$	$P_{80}=3$	6700	97	2006年
Boddington[48]	金矿	14.4~18.1	2.4 × 1.65	细碎	4	4375	$F_{80}=35.4$	$P_{80}=17.9$	5000	88	2009年
Los Colorados[49]	铁矿	11~15	1.7×1.8	细碎	1	2000	0~63	$P_{55\sim70}=6.3$	14600		1998年
Empire[49]	铁矿	13~15	1.4×0.8	顽石	1	400	0~45	$P_{50}=2.5$	17000	95	1997年
Argyle[49]	金刚石矿	18~20	1.7×1.4	细碎	1	800	6~20	$P_{40}=1.2$	7000		2002年
PT Freeport[50]	铜矿石	12.9	2.0×1.5	细碎	2	1191	$F_{80}=7.9$	$P_{80}=4.9$	18535		2007年5月
Cadia Hill[51]	铜金矿	21.5	2.4×1.7	细碎	1	1767	$F_{80}=80$		预计8000	93	待定

8.2.2 给料方式

高压辊磨机的运动方式与圆锥破碎机的旋转运动方式不同，是两个平行的辊子相向旋转对物料进行高能挤压。因此，在工作过程中，高压辊磨机的压缩带上物料对破碎辊的反作用力沿宽度方向应是相等的，否则易造成可移动辊的轴线水平倾斜（见图8-24），从而导致辊面的不均衡磨损和辊钉的非正常断裂。而造成图8-24中非正常工作状态的主要原因是高压辊磨机的给料方式。根据Boddington金矿投产后18个月的生产实践，高压辊磨机的给料偏析或开始启动运行时给料量不足，是造成辊钉的断裂和辊面的非正常磨损的最主要因素。因此，高压辊磨机的给料方式必须保持挤满给矿，避免物料的偏析和辊面受力不均匀，同时在高压辊磨机的给料漏斗内需设置料位监测系统和报警系统，以防止堵塞。高压辊磨机给料的缓冲矿仓应有足够的有效容积，以减少物料的偏析，并设置高、低料位检测，与高压辊磨机的控制回路一起参与工艺系统的连锁控制。

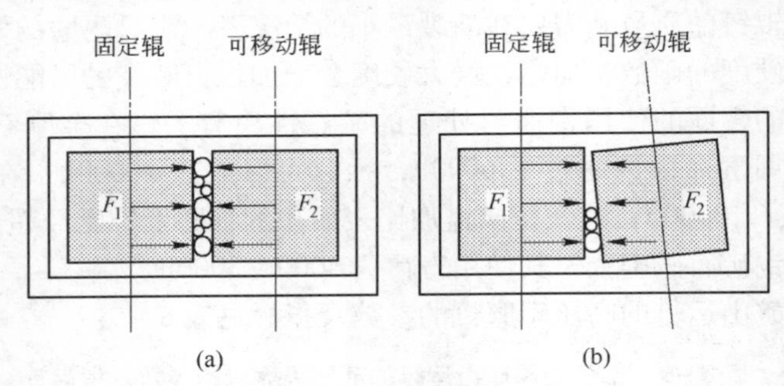

图 8－24 高压辊磨机的两种工作状态

（a）正常工作状态；（b）非正常工作状态

8.2.3 颊板及边缘效应的影响

颊板的作用是阻止矿石从侧面短路，以充分发挥高压辊磨机挤满给矿的高效破碎作用，由于颊板的位置决定了在破碎过程中颊板要承受很高的挤压力和摩擦力。因此，在高压辊磨机使用的早期，颊板的磨损和更换是影响高压辊磨机运转率的重要原因之一。在20世纪90年代，用于高磨蚀性的矿石，高压辊磨机颊板的使用寿命有时甚至只有一天。为此，颊板的耐磨性能成为保障高压辊磨机运转率的一个重要因素，对其耐磨材料和颊板的形状、结构都在不断地改进。图8－25所示为不同颊板的结构形式。

(a)

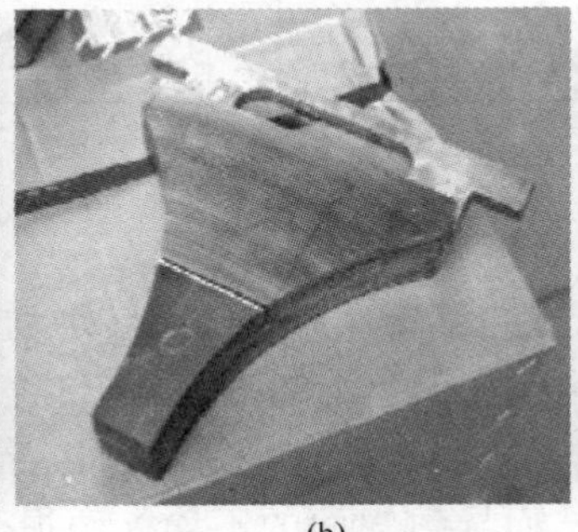

(b)

(c)

图 8－25 不同结构形式的颊板[52]

（a）KHD；（b）Koeppern；（c）Polysius

从图中可以看出，Koeppern 把其颊板分为上下两部分，上部分压力低的区域采用硬面材料堆焊，下部分压力高的区域采用碳化钨合金板，颊板采用装有弹簧的夹紧螺栓，以便于调节，可以使其补偿啮合区物料的压力变化。Polysius 则把其颊板采用更硬的硬面合金瓦片，其使用寿命可以达到其辊胎使用寿命的一半，其最终的目标是使颊板的使用寿命和辊胎一致。Polysius 没有采用弹簧夹紧调节方式，其颊板与辊沿之间的间隙由于给料粒度离析的因素考虑设定在 4 ~ 5mm 或更大一些，颊板的拆卸和更换需要约 1 个班的时间。KHD 的颊板也是由两部分组成，上部的侧壁衬板是耐磨材料，下部是专用品级的碳化钨合金。

当破碎极硬的物料时，颊板的过度磨损使高压辊磨机的运转率受到影响，为此，会采用一种旁通方式，在破碎辊的两端外沿安装一个箱式溜槽代替颊板，使边缘区的矿石旁通后再返回破碎。箱式溜槽的位置示意如图 8 - 26 所示。

采用箱式溜槽代替颊板后，破碎极硬的矿石时，边缘区的矿石由于压应力很低，难以被破碎，会在破碎产生的应力场作用下，沿破碎辊轴向向边沿移动进入箱式溜槽，循环返回破碎回路。根据澳大利亚的 Argyle 金刚石矿的经验，这部分旁通的没有破碎的矿石量约在20% ~30%之间。采用旁通的方式固然可行，但会不可避免地造成部分粗粒物料进入产品当中。图 8 - 27 所示为 GoldFields 加纳公司 Tarkwa 金矿的高压辊磨机采用的合格产品与粗粒物料的分离装置。

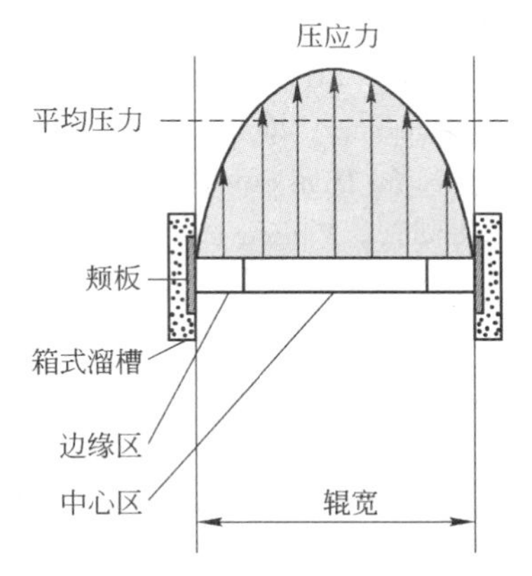

图 8 - 26 高压辊磨机沿辊宽度上压应力分布示意图[47]

图 8 - 27 Tarkwa 金矿高压辊磨机排料分离装置[53]

从图 8 - 26 看出，破碎辊在辊宽的中心压应力最大，随着向两边距离的延长，压应力急剧变小，在边沿变为零，表明在边缘区域的破碎效果远不如中心区域。由于边缘区域压应力小，在破碎时中心区域压应力场产生的向外推力造成物料向外横向移动，导致外沿高度剪切磨损，如图 8 - 28（a）所示。为此，制造商对边缘的结构做了改进，如图 8 - 28（b）、（c）所示，使得辊胎的边缘区域

（或边缘区域的辊钉）耐磨寿命大为改善。

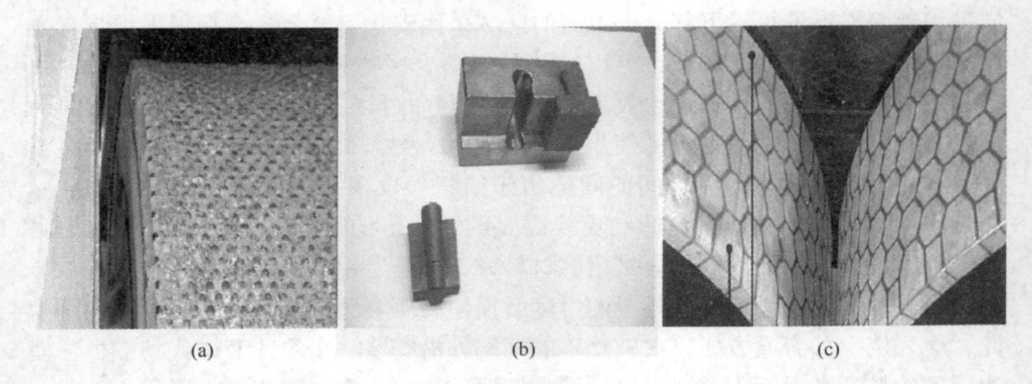

(a) (b) (c)

图 8-28 破碎辊边缘磨损及防护措施

（a）破碎辊磨损的边沿；（b）KHD 的侧边辊钉；（c）Koeppern 的辊面瓦

参考文献

[1] FISBECK D E. Grinding circuit operating practices at Asarco Mission Complex South Mill [C] // Department of Mining Engineering University of British Columbia. SAG 2001. Vancouver, 2001: Ⅰ-138~148.

[2] BANISI S, HADIZADEH M, MAHMOODABADI H, et al. Sag mill liner wear and breakage at the new concentration plant of the Sarcheshmen Copper Complex [C] // Department of Mining Engineering University of British Columbia. SAG 2006. Vancouver, 2006: Ⅲ-88~103.

[3] PARKS J L. Liner design, materials and operating practices for large primary mills [C] //International Autogenous and Semiautogenous Grinding Technology. Vancouver: [s. n.]. 1989: 565~580.

[4] VELOO C, DELCARLO B, BRACKEN S, et al. Optimization of the liner design at Kennecott Utah Copper's Copperton Concentrator [C] // Department of Mining Engineering University of British Columbia. SAG 2006. Vancouver, 2006: Ⅲ-167~178 .

[5] VILLANUEVA F, IBÁÑEZ L, BARRATT D. Los Pelambres concentrator operative experience [C] //Department of Mining Engineering University of British Columbia. SAG 2001. Vancouver, 2001: Ⅳ-380~398.

[6] SVALBONAS V. The design of grinding mills [C] // Mular A L, Halbe D N, Barratt D J. Mineral Processing Plant Design, Practice, and Control Proceedings. Vancouver: SME, 2002: 840~864.

[7] CHADWICK J. Great mines: Grasberg concentrator [J]. International Mining, 2010 (5): 8~20.

[8] ROLANDO MORALES M, JORGE MONTERO T, PATRICIO VIVEROS L. SAG grinding integral optimization project at Codelco Norte [C] //Department of Mining Engineering University

of British Columbia. SAG 2006. Vancouver, 2006: Ⅰ -206 ~216.
[9] KENDRICK M J, MARSDEN J O. Candelaria post expansion evolution of SAG mill liner design and milling performance, 1998 to 2001 [C] //Department of Mining Engineering University of British Columbia. SAG 2001. Vancouver, 2001: Ⅲ -270 ~287.
[10] HART S, NORDELL L, FAULKNER C. Development of a SAG mill shell liner design at Cadia using dem modelling [C] //Department of Mining Engineering University of British Columbia. SAG 2006. Vancouver, 2006: Ⅱ -389 ~406.
[11] WEIDENBACH M, TRIFFETT B, TRELOAR C. Optimisation of the Prominent Hill SAG mill [C] //Department of Mining Engineering University of British Columbia. SAG 2011. Vancouver, 2011: 33.
[12] BUCKINGHAM L, DUPONT J F, STIEGER J, et al. Improving energy efficiency in Barrick grinding circuits [C] //Department of Mining Engineering University of British Columbia. SAG 2011. Vancouver, 2011: 150.
[13] STIEGER J, PLUMMER D, LATCHIREDDI S, et al. SAG mill operation at Cortez: evolution of liner design from current to future operation [C] //Proceedings of the 39th Annual Canadian Mineral Processors Conference. [s. l.]. [s. n.]. 2007: 123 ~151.
[14] MALEKI - MOGHADDAM M, YAHYAEI M, BANISI S. Converting AG to SAG mills: the Gol - E - Gohar Iron Ore Company case [C] //Department of Mining Engineering University of British Columbia. SAG 2011. Vancouver, 2011: 3.
[15] VILLOUTA R M. Collahuasi: After two years of operation [C] //Department of Mining Engineering University of British Columbia. SAG 2001. Vancouver, 2001: Ⅰ -31 ~42.
[16] LAWSON V, CARR D, VALERY W Jr, et al. Evolution and optimisation of the copper concentrator autogenous grinding practices at Mount Isa Mines Limited [C] //Department of Mining Engineering University of British Columbia. SAG 2001. Vancouver, 2001: Ⅰ -301 ~313.
[17] MEEKEL W, ADAMS A, HANNA K. Mill liner development at Highland Valley copper [C] //Department of Mining Engineering University of British Columbia. SAG 2001. Vancouver, 2001: Ⅲ -224 ~239.
[18] STROHMAYR S, VALERY Jr W. SAG mill circuit optimisation at Ernest Henry Mining [C] //Department of Mining Engineering University of British Columbia. SAG 2001. Vancouver, 2001: Ⅲ -11 ~42.
[19] KARAGEORGOS J, SKRYPNIUK J, VALERY W, et al. SAG milling at the Fimiston Plant (KCGM +) [C] //Department of Mining Engineering University of British Columbia. SAG 2001. Vancouver, 2001: Ⅰ -109 ~124.
[20] SYLVESTRE Y, ABOLS J, BARRATT D. The benefits of pre - crushing at the Inmet Troilus Mine [C] //Department of Mining Engineering University of British Columbia. SAG 2001. Vancouver, 2001: Ⅲ -43 ~62.
[21] MCLAREN D, MITCHELL J, SEIDEL J, et al. The design, startup and operation of the Batu Hijau Concentrator [C] //Department of Mining Engineering University of British Columbia.

SAG 2001. Vancouver, 2001: Ⅳ -316 ~ 335.

[22] DUNN R, FENWICK K, ROYSTON D. Northparkes Mines SAG mill operations [C] //Department of Mining Engineering University of British Columbia. SAG 2006. Vancouver, 2006: Ⅰ -104 ~ 119.

[23] BURGER B, VARGAS L, AREVALO H, et al. Yanacocha gold single stage SAG mill design, operation, and optimization [C] //Department of Mining Engineering University of British Columbia. SAG 2011. Vancouver, 2011: 127.

[24] LATCHIREDDI S, RAJAMANI R K. The influence of Shell, Grate and Pulp Lifters on SAG Mill Performance [D]. Salt Lake City: Department of Metallurgical Engineering, The University of Utah, 2007.

[25] OUTOTEC. [EB/OL]. [2008 -06 -31]. www. outotec. com.

[26] BARRATT D, SHERMAN M. Selection and sizing of autogenous and semi - autogenous mills [C] //MULAR A L, HALBE D N, BARRATT D J. Mineral Processing Plant Design, Practice, and Control Proceedings. Vancouver: SME. 2002: 755 ~ 782.

[27] MEADOWS D G, NARANJO G, BERNSTEIN G, et al. A review and update of the grinding circuit performance at the Los Pelambres Concentrator, Chile [C] //Department of Mining Engineering University of British Columbia. SAG 2011. Vancouver, 2011: 145.

[28] HOLLOW J, HERBST J. Attempting to quantify improvements in SAG liner performance in a constantly changing ore environment [C] //Department of Mining Engineering University of British Columbia. SAG 2006. Vancouver, 2006: Ⅰ -359 ~ 372.

[29] ATASOY Y, PRICE J. Commissioning and optimisation of a single stage SAG mill grinding circuit at Lefroy Gold Plant - ST. Ives Gold Mine - Kambalda/Australia [C] //Department of Mining Engineering University of British Columbia. SAG 2006. Vancouver, 2006: Ⅰ - 51 ~ 68.

[30] DÍAZ P, JIMÉNEZ M. Laguna seca, throughput increase since start - up [C] //Department of Mining Engineering University of British Columbia. SAG 2011. Vancouver, 2001: Ⅰ -27 ~ 38.

[31] RUSSELL J. Advanced grinding mill relining for process metallurgists and management [C] // Department of Mining Engineering University of British Columbia. SAG 2006. Vancouver, 2006: Ⅲ -11 ~ 22.

[32] CONDORI P, POWELL M S. A Proposed mechanistic slurry discharge model for AG/SAG mills [C] //Department of Mining Engineering University of British Columbia. SAG 2006. Vancouver, 2006: Ⅲ -421 ~ 435.

[33] LATCHIREDDI S R, MORRELL S. Influence of discharge pulp lifter design on slurry flow in mills [C] //Mining Millennium 2000 Conference. Julius Kruttschinitt Mineral Research Centre University of Queensland, Toronto, 2000.

[34] HERBST J A, NORDELL L. Optimization of the design of SAG mill internals using high fidelity simulation [C] // Department of Mining Engineering University of British Columbia. SAG

2001. Vancouver, 2001: Ⅳ -150 ~164.

[35] FARIA E, LATCHIREDDI S. Commissioning and operation of milling circuit at Santarita nickel operation [C] //Department of Mining Engineering University of British Columbia. SAG 2011. Vancouver, 2011: 137.

[36] STIEGER J, PLUMMER D, LATCHIREDDI S, et al. SAG Mill Operation at Cortez: evolution of liner design from current to future operations [C] // 39th Annual Meeting of the Canadian Mineral Processors, Ottawa, 2007: 9.

[37] LATCHIREDDI S. A new pulp discharger for efficient operation of AG/SAG mills with pebble circuit [C] //Department of Mining Engineering University of British Columbia. SAG 2006. Vancouver, 2006: Ⅱ -70 ~84.

[38] FAULKNER C. Wear & Design improvements in discharge cones for large SAG/AG mills [C] //Department of Mining Engineering University of British Columbia. SAG 2011. Vancouver, 2011: 8.

[39] CALLOW M I, MOON A G. Types and characteristics of grinding equipment and circuit flowsheets [C] //MULAR A L, HALBE D N, BARRATT D J. Mineral Processing Plant Design, Practice, and Control Proceedings. Vancouver: SME, 2002: 698 ~709.

[40] MCLAREN D, MITCHELL J, SEIDEL J, et al. The design, startup and operation of the Batu Hijau concentrator [C] //Department of Mining Engineering University of British Columbia. SAG 2001. Vancouver, 2001: Ⅳ -316 ~335.

[41] DELBONI H, ROSA M A N, BERGERMAN M G, et al. Optimisation of the Sossego SAG Mill [C] //Department of Mining Engineering University of British Columbia. SAG 2006. Vancouver, 2006: Ⅰ -39 ~50.

[42] Dunne R, Morrell S, Lane G, et al. Design of the 40 Foot diameter SAG mill installed at the Cadia Gold Copper Mine [C] //Department of Mining Engineering University of British Columbia. SAG 2001. Vancouver, 2001: Ⅰ -43 ~58.

[43] JUNIOR L T S, GOMES M P D, GOMIDES R B, et al. Kinross Paracatu, Start - up and optimization of SAG circuit [C] //Department of Mining Engineering University of British Columbia. SAG 2011. Vancouver, 2011: 5.

[44] TONDO L A, VALERY W, PERONI R, et al. Kinross' Rio Paracatu Mineração (RPM) mining and milling optimisation of the existing and new SAG mill circuit [C] //Department of Mining Engineering University of British Columbia. SAG 2006. Vancouver, 2006: Ⅱ -301 ~313.

[45] HADAWAY J B, BENNETT D W. Years of operation of the SAG/BALL mill grinding circuit at Phu Kham Copper, gold operation in Laos [C] //Department of Mining Engineering University of British Columbia. SAG 2011. Vancouver, 2011: 144.

[46] KLYMOWSKY R, PATZELT N, KNECHT J, BURCHARDT E. Selection and sizing of high pressure grinding rolls [C] //MULAR A L, HALBE D N, BARRATT D J. Mineral Processing Plant Design, Practice, and Control Proceedings. Vancouver: SME. 2002, 1 (1): 636

~668.

[47] KOSKI S, VANDERBEEK J, ENRIQUEZ J. Cerro Verde concentrator——four years operation HPGRs [C] //Department of Mining Engineering University of British Columbia. SAG 2011. Vancouver, 2011: 140.

[48] HART S, PARKER B, REES T, et al. Commissioning and ramp up of the HPGE circuit at Newmont Boddington gold [C] //Department of Mining Engineering University of British Columbia. SAG 2011. Vancouver, 2011: 41.

[49] MAXTON D, VAN DER MEER F, GRUENDKEN A. Khd Humboldt Wedag——150 years of innovation new developments for the KHD roller press [C] //Department of Mining Engineering University of British Columbia. SAG 2006. Vancouver, 2006: Ⅳ-206~221.

[50] BANINI G, VILLANUEVA A, HOLLOW J, et al. Evaluation of scale up effect on high pressure grinding roll (HPGR) implementation at PT Freeport Indonesia [C] //Department of Mining Engineering University of British Columbia. SAG 2011. Vancouver, 2011: 171.

[51] ENGELHARDT D, ROBERTSON J, LANE G, et al. Cadia Expansion——from open pit to block cave and beyond [C] //Department of Mining Engineering University of British Columbia. SAG 2011. Vancouver, 2011: 121.

[52] DUNNE R. HPGR——the journey from soft to competent and abrasive [C] //Department of Mining Engineering University of British Columbia. SAG 2006. Vancouver, 2006: Ⅳ-190~205.

[53] DUNDAR H, BENZER H, MAINZA A N, et al. Effects of the rolls' speed and pressure on the HPGR performance during gold ore grinding [C] //Department of Mining Engineering University of British Columbia. SAG 2011. Vancouver, 2011: 88.

下篇

工业实践

9 常规破碎磨矿流程（布干维尔铜矿）

9.1 基本概况

布干维尔铜矿（Bougainville Copper Mine）位于巴布亚新几内亚所属的布干维尔岛中部的盘古纳（Panguna）地区，是世界上著名的露天铜矿之一（布干维尔铜矿于1969年7月动工兴建，1972年4月投产，后因利益、环保等问题引发了1988年开始的当地岛民对铜矿生产的破坏和骚扰，当年12月，铜矿被迫关闭，至今一直处于“冻结”状态。近年来，重新开发的话题已经屡次提出）。

布干维尔铜矿由布干维尔铜业有限公司（Bougainville Copper Limited）开采，该公司的股权结构是：澳大利亚的CRA公司（力拓公司的前身）占53.6%，巴布亚新几内亚政府及巴布亚新几内亚投资公司占20.2%，公众及盘古纳发展基金有限公司占26.2%。矿山的经营和建设主要是由澳大利亚的CRA公司控制。

矿区位于离海岸20多千米的山区，海拔标高580～900m，最高1600m。

布干维尔属热带气候，常年气温为19～25℃，月份之间的气温相差不大，无春夏秋冬之分，只有雨季、旱季之分。全年降雨量为4500mm左右，12月到翌年4月为雨季，5月到11月为旱季，但雨季的月平均降雨量只比旱季高约50%。所以，降雨量是比较均匀的，对露天开采无大的影响。

矿体的母岩为安山岩，成矿的侵入体为石英闪长岩、花岗闪长岩及黑云母闪长岩，形成大量的浸染和含铜石英脉，是典型的斑岩铜矿。

矿体长约1800m，宽约1200m，上下高差约700m，倾角35°～45°，储量9亿吨。矿石含铜0.48%，金0.55g/t，银3g/t。

矿区从1964年进行勘探，共钻孔277个，总进尺83515m，共花费五年半时间（包括可行性研究）。

9.2 基本建设

布干维尔铜业有限公司成立于1967年。布干维尔铜矿的建设由美国的柏克德（Bechtel）工程公司负责设计和施工，项目于1967年7月动工建设，主要工程有：

（1）Loloho 港口（1970 年 8 月通航）；

（2）135MW 港口发电厂（1971 年 11 月投产）；

（3）表土水力剥离 $1.32\times10^7m^3$（17 个月）；

（4）岩石机械剥离 3573 万吨（1970 年 11 月开始到 1971 年底，共剥离 3276 万吨，加上 1972 年剥离量当中按正常生产剥采比 1 扣除后的剥离量 297 万吨）；

（5）含有 8 个磨矿系列的选矿厂；

（6）加巴河水泵站，7 台 2050kW（2750hp）的加压泵，日供水能力 10 万吨（1971 年底建成）；

（7）盘古纳和阿内瓦两个市镇的建设。

基建施工在柏克德公司的总包之下，分别由各专业公司分包，如港口公路、水力剥离、混凝土材料和工程、钢材供应加工和安装、民用建筑等。当时共有 8 个施工单位，一万余人。从 1969 年 7 月开始基建施工，1972 年 3 月结束，历时 33 个月。

选矿厂从 1972 年 1 月起开始试车，4 月 1 日正式投产，当年达到设计能力。

9.3 生产经营

从 1972 年到 1981 年止，10 年的经营情况如下：

（1）精矿含铜 170.39 万吨，年平均 17 万吨，最高年份 19.86 万吨。

（2）精矿含金 187.691t(600 万两)，年平均 18.7t(60 万两)。

（3）精矿含银 433.125t(1386 万两)，年平均 43.3t(138 万两)。

（4）采出矿量 3.27 亿吨，年平均 3270 万吨，日平均 78000 ~ 115000t。

（5）剥离量 3.3 亿吨，年平均 3300 万吨。

（6）剥采比为 1.01。

（7）原矿品位：Cu 0.76% ~ 0.46%，Au 1.03 ~ 0.5g/t，Ag 2.12 ~ 1.47g/t。上述品位是逐年下降的。

（8）产值。售出产品总收入为 24.065 亿基纳（34.413 亿美元），年平均 2.4 亿基纳（3.44 亿美元）。

（9）盈利 9.19 亿美元，其中 Cu 占 83% ~ 54%（逐年下降），Au 占 16% ~ 44%（逐年上升），Ag 占 1% ~ 3%（逐年上升）。

9.4 选矿概况

9.4.1 产量和指标

选矿厂 1972 年 4 月投入生产时，共有 8 个球磨系列，日处理矿石量 80000t，后经逐年扩建，到 1988 年矿山关闭时已经有 13 个球磨系列，日处理能力

135000t。矿山全年365天生产，每日三班作业。产品为铜精矿（含金、银）。投产后，铜的原矿品位逐年下降，最初三年分别为0.759%、0.733%、0.705%，1980年下降到0.464%，1981年又回升到0.512%，然后又逐年下降。

精矿含水：干燥前为11.5%，干燥后9.5%，存放1个月后，为8%～8.5%。

9.4.2 碎磨工艺流程和设备

碎矿采用三段一闭路流程，粗碎采用两台54in×74in（1in=2.54cm）旋回破碎机，安装于采场，粗碎后的矿石通过两条长728m、宽1.37m、速度为4.12m/s、驱动功率为2684kW的钢芯带式输送机运送到选矿厂容积为150000t的粗矿堆。粗矿堆的矿石经板式给矿机给到带式输送机上，送到一次筛分作业前的缓冲矿仓，然后经8台变速板式给矿机给到8台双层振动筛。筛下产品由带式输送机送到粉矿堆，筛上产品直接给入8台ϕ2.13m标准圆锥破碎机，中碎为开路破碎。中碎破碎后的矿石经带式输送机送到二次筛分前的缓冲矿仓，再经液压驱动带式给矿机给入22台单层振动筛筛分后，筛下产品送到粉矿堆，筛上产品经带式输送机送到细碎前的缓冲矿仓，再经液压驱动带式给矿机给入14台ϕ2.13m短头圆锥破碎机。细碎为闭路作业，中碎和细碎的破碎产品合并一起由带式输送机送回到二次筛分。粉矿堆的容积为250000t。从粗碎到二次筛分都为两个系列，最后到粉矿堆的带式输送机只有一条，该皮带宽为1.83m，带速为208m/min。最终产品粒度为$P_{80}=6.7$mm。碎磨流程如图9-1所示，碎磨设备规格及性能见表9-1～表9-3。

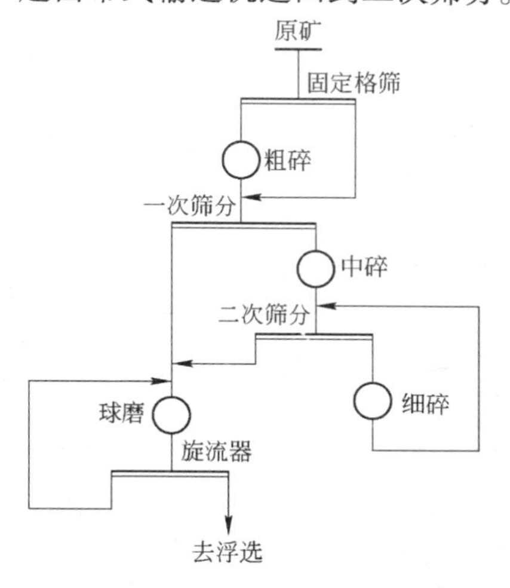

图9-1 布干维尔铜矿碎磨流程

粉矿堆的矿石通过放矿平板闸门直接放到带式给矿机上，给入一段球磨机。一段磨矿共有11台球磨机，与旋流器构成闭路磨矿。其中1～9号球磨机尺寸为ϕ5.5m×6.4m，驱动功率为3170kW/台；10号和11号的尺寸为ϕ5.5m×7.3m，驱动功率10号为4100kW，11号为4500kW。每台球磨机配有一组ϕ762mm旋流器，其中1～9号为每组5台，10号和11号为每组6台。旋流器给矿砂泵尺寸为508mm×457mm，溢流砂泵尺寸为304mm×254mm。

第二段磨矿有3台ϕ3.0m×6.1m球磨机，其中一台为粗精矿再磨，一台为扫选精矿再磨，一台根据流程产率情况，或磨粗精矿，或磨扫选精矿。

球磨机衬板寿命为22～24个月，一段磨机添加ϕ80mm钢球，再磨添加ϕ40mm钢球，充填率为42.5%，每日添加一次。第一段磨矿较粗，小于

0.074mm（200目）为50%左右。

表9－1 破碎设备规格及性能

作业	台数	规格/cm	功率/kW	处理能力/t·(d·台)$^{-1}$	排矿口/mm	制造商及类型	维修周期/月		利用率/%		
							碗形瓦	动锥	完好率	完好利用率	实际利用率
粗碎	2	137×188	375	91500	110～180	A. C.	18	6	93.0	91.7	85.3
中碎	8	ϕ213	7×261 1×373	14000～17000	19～36	Symons	2～3	2～3	91.2	86.1	78.5
细碎	14	ϕ213	12×261 2×298	8000～14000		Symons	1.5～2	1.5～2	93.3	94.9	88.5

表9－2 筛分设备规格及性能

作业	台数	规格/cm×cm	制造商及类型	功率/kW	处理能力/t·(h·台)$^{-1}$	孔径/mm×mm	筛网	
							类型	使用寿命/月
固定格筛	4					150×150	铁棒	8
一筛	8	240×610	A. C. 双层筛	6×2×37， 2×2×50	700～900	上137×32， 下75×14	聚氨酯	上2，下5
二筛	22	240×610	A. C. 单层筛	22.4	400～500	14×14	聚氨酯	5

表9－3 球磨机规格及性能

作业	台数	规格/m×m	制造商	功率/kW	处理能力/t·h^{-1}	实际利用率/%
粗磨	11	9×ϕ5.5×6.4 2×ϕ5.5×7.3	A. C.	9×3170 1×4100，1×4500	600	98.1
再磨	3	ϕ3.0×6.1	A. C.	3×1120		

布干维尔铜矿投产后10年内的综合指标见表9－4，钢球消耗指标见9－5，各作业产品粒度考察筛析结果见表9－6。

表9－4 综合指标

年份	原矿处理量及品位					精矿			尾矿			回收率		
	处理量/t	Cu/%	Au/g·t^{-1}	Ag/g·t^{-1}	酸溶铜/%	Cu/%	Au/g·t^{-1}	Ag/g·t^{-1}	Cu/%	Au/g·t^{-1}	Ag/g·t^{-1}	Cu/%	Au/%	Ag/%
1972	21885252	0.759	0.770	2.063	16.5	28.29	27.25	69.30	0.196	0.229	0.690	74.67	70.84	67.23
1973	29140383	0.733	1.025	1.994	6.9	28.13	31.62	69.00	0.108	0.327	0.465	85.61	68.82	77.20
1974	30142669	0.705	1.017	2.124	8.6	28.73	31.99	72.32	0.096	0.345	0.599	86.68	66.81	72.38

续表 9－4

年份	原矿处理量及品位					精矿			尾矿			回收率		
	处理量/t	Cu/%	Au/g·t^{-1}	Ag/g·t^{-1}	酸溶铜/%	Cu/%	Au/g·t^{-1}	Ag/g·t^{-1}	Cu/%	Au/g·t^{-1}	Ag/g·t^{-1}	Cu/%	Au/%	Ag/%
1975	31077819	0.643	0.803	1.871	7.2	28.94	30.49	70.99	0.090	0.222	0.519	86.25	72.82	72.78
1976	31209679	0.643	0.871	1.959	8.0	29.58	33.88	76.09	0.079	0.228	0.513	88.03	74.38	74.29
1977	34111571	0.609	0.898	1.856	6.4	29.61	36.34	77.05	0.076	0.247	0.475	87.76	73.04	74.90
1978	38124957	0.599	0.821	1.796	7.9	30.16	35.48	79.75	0.080	0.212	0.426	86.93	74.61	76.70
1979	36167770	0.551	0.747	1.699	7.1	29.21	33.70	76.35	0.080	0.206	0.472	85.66	72.92	72.66
1980	37620118	0.464	0.503	1.467	7.5	28.76	27.53	72.21	0.075	0.132	0.494	84.04	74.20	66.79
1981	37529292	0.512	0.592	1.551	6.9	28.70	29.16	73.54	0.072	0.146	0.428	86.07	75.67	72.82

表 9－5 钢球消耗指标 （kg/t）

年份	粗磨						再磨				总计
	ϕ100mm	ϕ90mm	ϕ76mm	ϕ60mm	ϕ50mm	小计	ϕ40mm	ϕ30mm	ϕ13mm	小计	
1972	0.1200	0.0230	0.3330	0.0230	0.0660	0.5650	—	—	0.0320	0.0320	0.5970
1973	0.0179	0.0883	0.2909	0.0369	—	0.4340	—	—	0.0416	0.0416	0.4756
1974	0.0306	0.0638	0.2297	0.0910		0.4151	0.0281	—	—	0.0281	0.4433
1975	—	—	0.3200	—		0.3200	0.0275	0.0020	—	0.0295	0.3495
1976			0.3309			0.3309	0.0311	—	—	0.0311	0.3621
1977			0.3031			0.3031	0.0284		—	0.0284	0.3315
1978			0.3200			0.3200	0.0230		—	0.0230	0.3430
1979			0.2990			0.2990	0.0240		—	0.0240	0.3230
1980			0.2920			0.2920	0.0050		0.0170	0.0220	0.3140
1981			0.2830			0.2830	0.0150		0.0040	0.0190	0.3020

表 9－6 各作业产品粒度考察筛析结果 （%）

粒级/μm	二次筛分给矿	中碎给矿	中碎产品	细碎给矿	细碎产品	球磨给矿	旋流器底流	球磨排矿	浮选给矿	浮选尾矿	最终精矿
152000	98	97	100								
101600	95	93	99	100							
50800	81	75	95	99	100						
25400	50	33	70	85	99						
19000	36	15	40	70	97						
14300				50	82						

续表 9-6

粒级/μm	二次筛分给矿	中碎给矿	中碎产品	细碎给矿	细碎产品	球磨给矿	旋流器底流	球磨排矿	浮选给矿	浮选尾矿	最终精矿
13200						99.11					
12700	24	8	20	40	75						
9500				10	50	94.32	93.4	99.06			
6700						77.97	90.2	91.37			
6350	13	2	10		32						
4750						63.32					
3350					21						
2360						44.40	78.0	83.59			
1180						32.34	66.3	75.2			
600						25.48	48.1	62.9	94.1		
425									88.5	88.8	
300						20.42	32.7	44.14	81.0	81.4	
212									71.5	72.0	98.5
150						15.76	23.0	27.67	61.5	62.0	
106										53.5	
75						12.62	17.1	19.94	45.1	45.5	
53										39.0	73.0
20										25.5	41.0

9.5 选矿设备利用率

布干维尔铜矿选矿厂的设备利用率很高，如球磨机年利用率达到 99%（以每年 365 天计），这是该企业获得高产量的关键，主要有以下原因：

（1）设备性能好。10 年来，使用的 ϕ5.5m×6.4m 球磨机运转良好，小齿轮可以使用 7 年，大齿轮根据检测结果无需更换，在矿山服务年限内可以一直使用下去。

（2）衬板、钢球等消耗件质量高。一段磨机的筒体衬板可以使用 21 个月，端盖衬板可以使用 17～19 个月，再磨机的衬板可以使用 3 年。

（3）计划检修。布干维尔铜矿根据实际经验对各种关键设备的易损件摸索出了其可靠的使用寿命，据此制定出这些关键设备的部件更换时间和详细计划，在需要更换之前的前一个工作班即做好各种准备，一旦计划的更换时间到，即根据安排的计划拉闸停电，开始作业。这样主动更换（如砂泵的叶轮、衬套等）

相对于被动更换，极大地提高了选矿厂的有效运转率。

（4）设备检测。设备的定期定时检测是保证设备完好率的重要因素。

9.6 磨矿效率

布干维尔铜矿投产以来，随着开采深度的增加，矿石逐渐变硬，影响到磨矿效率和处理能力。10 年来的球磨机给矿粒度及磨矿效率情况见表 9－7，磨矿功指数变化情况见表 9－8。

表 9－7 球磨机给矿粒度及磨矿效率

年 份	各粒级比例/%					F_{80}/μm	处理能力 /t·h^{-1}
	<13200μm	<9500μm	<6700μm	<300μm	<75μm		
1973	96.9	85.1	50.1	16.2	10.4	9160	415
1974	95.9	81.2	47.5	16.0	10.2	9392	413
1975	97.4	85.7	51.0	16.7	10.5	9053	417
1976	97.6	85.4	58.5	17.9	11.1	8936	412
1977	96.6	84.3	61.6	17.4	11.1	8969	413
1978	96.1	88.5	67.7	20.2	12.8	8341	446
1979	97.6	91.8	72.2	20.3	12.7	7796	426
1980	98.7	93.66	77.36	22.44	14.19	7154	435
1981	98.7	94.13	79.97	22.52	13.48	6780	430

表 9－8 磨矿功指数变化情况

年 份	1972	1973	1974	1975	1976	1977	1978	1979	1980	1981
试验值 /kW·h·t^{-1}	11.37	10.75	10.67	11.05	10.19	10.99	11.55	11.84	10.99	11.74
生产值 /kW·h·t^{-1}	15.1	15.7	14.8	14.4	14.5	15.9	15.6	17.6	16.7	16.1

为了保证生产能力和产品指标，布干维尔铜矿采取了以下三项措施：

（1）改进砂泵和旋流器作业，提高分级效率，减少球磨机的循环负荷。原来每个磨矿回路的旋流器组是由 8 台 ϕ508mm 旋流器组成，给矿为 1 台 406mm × 406mm 的定速砂泵。后来改为 5 台 ϕ762mm 的旋流器组和 1 台 457mm × 406mm 的变速砂泵。

通过加大单台设备规格，减少设备数量，改定速为变速，增加了砂泵的给矿能力，降低了旋流器的给矿浓度，提高了分级效率，使溢流中大于 300μm 含量降低，底流中小于 100μm 的含量由 45% 降低到 32%，循环负荷从 500% ~600%

降低到300% ~400%；加大了底流浓度，使球磨机的磨矿浓度从74%增加到77% ~78%，提高了球磨机的磨矿效率；砂泵由定速改为变速后，使回路的控制更加灵活，稳定性更好；减少了维护工作量。

（2）提高球磨机转速。原来球磨机的转速率为68%，从1976年开始，逐台增加球磨机的小齿轮齿数，将转速率提高到71%，球磨机的台效增加了3%。1979年到1982年，小齿轮的齿数又进一步增加，使转速率达到74%，台效又提高了3%，其中10号和11号球磨机还加大了电动机功率，转速率提高到81%。

（3）减小球磨机的给矿粒度。为了降低破碎产品粒度，同时提高破碎能力，对破碎车间进行了以下改造：

1）将ϕ2133mm的中、细碎圆锥破碎机的功率从原来的每台225kW一步步增加到261kW、298kW、373kW，破碎机型号也从原来的HD型改为XHD型、SXHD型，同时，带式输送机的带速也提高了23%。

2）在原来设计预留的基础上，增加了2台中碎破碎机、4台细碎破碎机、2台双层振动筛和10台单层振动筛。

3）在双层振动筛和中碎破碎机之间增加了一个3min容量的缓冲矿仓，通过破碎机的驱动功率控制，极大地改善了破碎机的负荷平衡，也改善了电机功率的负荷状况。

4）缩小了检查筛分的筛孔尺寸，相应地调整了各段破碎机的排矿口尺寸，把检查筛分的筛网孔径从14mm ×14mm，改为11mm ×11mm，进一步改为9mm ×9mm。

通过上述改造，投产后的前10年中，磨矿能力从80000t/d增加到115000t/d，提高了约44%，而碎矿的装机容量只增加了30%，不但满足磨矿能力的要求，而且把产品粒度P_{80}从9000μm降低到6572μm。根据选矿厂的测定结果，当磨机的给矿粒度F_{80}从8200μm降到6400μm时，磨机的台效提高了7%。

到1984年，选矿厂的破碎能力达到135000t/d。1985年6月，选矿厂的13号磨机投入运行，整个选矿厂的生产规模达到135000t/d，使布干维尔铜矿成为当时世界上处理规模最大的金属矿山。

10 常规破碎（HPGR）磨矿流程

10.1 Cerro Verde 铜矿

Cerro Verde 铜矿[1]，是一个斑岩型铜钼矿，主要由 Freeport McMoRan 铜金公司拥有和运营，位于秘鲁 Arequipa 西南 30km。选矿厂生产铜精矿和钼精矿，于2006 年末投产，设计处理能力为 108000t/d，处理原生硫化铜矿（主要是黄铜矿和辉钼矿）。选矿厂生产能力最近增加到 120000t/d。碎磨回路有 1 台 1524mm×2870mm(60in×113in) 粗碎机，4 台 MP－1000 圆锥破碎机与干式筛分构成闭路，4 台 2.4m×1.6m 高压辊磨机与湿式筛分构成闭路，4 台 7.3m×11m 包绕式电机驱动的球磨机与旋流器构成闭路。

Cerro Verde 铜矿在铜工业上和大规模的硬岩采矿上第一次采用了高压辊磨机。

目前，Cerro Verde 铜矿还有一个采用浸出、萃取—电积工艺生产阴极铜的回路。

矿山的平均铜品位为0.40%，钼为0.016%，生产的铜精矿含铜26%，钼精矿含钼51.5%。铜、钼的回收率分别为89%和60%。

高压辊磨机运行最初的问题是辊钉、辊和轴承的寿命小于预期值。

Cerro Verde 铜矿选矿厂流程如图 10－1 所示。

高压辊磨机给矿为第二段破碎回路的产品，T_{80} 为 35mm，最大粒度为60mm。高压辊磨机为闭路破碎，筛孔为 5.5mm，产品的 T_{80} 为 3mm，给到球磨机。

高压辊磨机的辊速可以手动操作，以根据矿石的类型调节通过量、压力等使生产过程最佳化。硬的和干的矿石通常在最大的压应力下所需功率小于最大功率，而软的和湿的矿石通常在较低的压应力下需要最大的功率。

10.1.1 高压辊磨机的运行控制参数

高压辊磨机的运行控制参数有：

（1）辊速：60%～110%；

（2）运行压力：12～16.5MPa(120～165bar)；

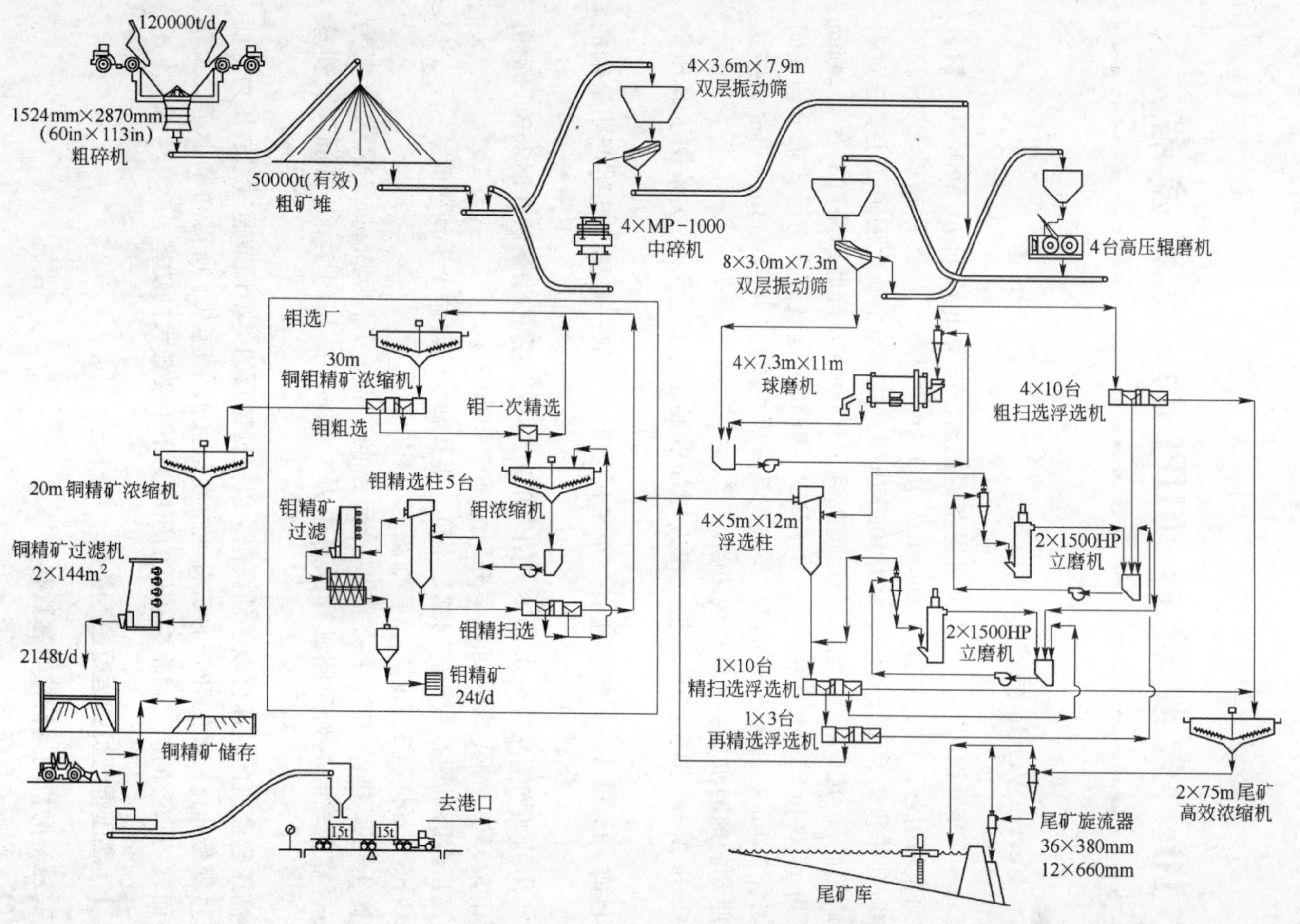

图10-1 Cerro Verde铜矿选矿厂流程图

（3）给矿速度：20% ~120%或0~3375t/h；

（4）漏斗料位：0~85%。

（5）运行时限定：

1）电机功率：最大功率2500kW/台（每台高压辊磨机2台电机）；

2）电机转矩：100%；

3）偏斜距离：<10mm；

4）最小间隙：20mm；

5）轴承温度：80℃报警，90℃停车。

10.1.2 高压辊磨机保护

10.1.2.1 压力和间隙

高压辊磨机有一个最小压力设定值，以使在辊上的弹簧作用和蓄能器中的氮气囊的压力相对应，该设定值比高压辊磨机自身蓄能器的压力至少高出500kPa（5bar）。逻辑控制上最大允许压力和工作间隙之间有一比例关系（见图10－2），以避免当辊之间的间隙最小时施加太大的压力。

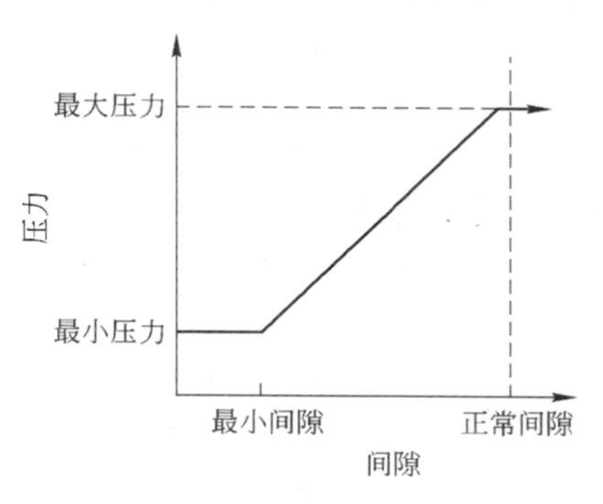

图10－2　高压辊磨机压力与工作间隙的关系

10.1.2.2 辊的防护

为了在辊钉之间形成一个固体细粒的自身防护层以增加辊的寿命，新辊在前24h要在12MPa（120bar）压力下运行，以使辊的表面形成自身防护层。Cerro Verde的高压辊磨机是挤满给矿，给矿漏斗的料位采用自动控制以保证挤满给矿所需的料位。每次给矿机停止，要使漏斗内的料位保持在一个（物料质量）最小值，并且添加15%的物料形成一个新的料位设定值以保证挤满给矿。挤满给矿保护了破碎辊免受物料直接从给矿机下落到辊上所带来的冲击力。

此外，只要高压辊磨机启动，最大压力都设定在12MPa（120bar），直到漏斗的料位维持在设定值5min后以保证形成完整的自身防护层。同理，如果漏斗的料位比设定值降低5%，系统会自动把压力降低到12MPa（120bar），以保护自身防护层。

10.1.2.3 温度控制

轴承的温度也控制着高压辊磨机的压力，如果轴承温度超过了报警限度，DCS会自动降低高压辊磨机的压力直到轴承温度低于报警值；当轴承温度正常后，高压辊磨机的压力会慢慢回升直到达到最大值或另一上限。

10.1.2.4 电机保护

电机功率和转矩也限制高压辊磨机的压力，转矩会降低破碎辊的速度，并且由于降低了给矿速度而使漏斗内的料位升高。

10.1.3 正常运行过程

10.1.3.1 高压辊磨机控制

给矿机速度由漏斗的料位控制，因此破碎辊转速对给矿机的速度和单位生产能力有很大的影响。

高压辊磨机的处理能力取决于破碎辊的转速，破碎辊转速越慢，就越是限制了矿石流动，使得漏斗内的料位累积升高，因而限制了给矿机的速度。反之，破碎辊转速越快，物料流动越快，漏斗内料位下降越快，增加了给矿机的速度和处理能力。

其简化后的高压辊磨机运行控制模型如下：

（1）手动。操作者控制给矿机速度、偏斜度、压力和辊速。

（2）自动：

1）通过能力最大化—DCS 控制：给矿机速度由漏斗内的料位控制；偏斜度；压力；辊速到 110%。

2）正常波动—DCS 控制：给矿机速度由漏斗内的料位控制；偏斜度；压力；辊速到 100%，辊速由粉矿仓料位自动控制。

3）波动控制器—DCS 控制：给矿机速度由漏斗内的料位控制；偏斜度；压力；辊速到 100%，操作者手动设定辊速。

4）波动防护—DCS 控制：给矿机速度由漏斗内的料位控制；偏斜度；压力；辊速到 95%，比最低的辊速（在辊的使用周期最后的辊速或当高压辊磨机在极限轴承温度时的辊速）低 5%。

生产能力的最大化通常是使高压辊磨机的产量最大化，特别是在一台高压辊磨机停车，要使其余的高压辊磨机产量最大的情况下，以便快速装满粉矿仓。

正常波动经常与波动控制器一起调节高压辊磨机总的产量达到排矿输送带的最大能力。排矿输送带的额定最大能力是 12500t/h，如果 4 台高压辊磨机全部在最大通过能力模式下运行，其产量可超过 13500t/h。经常是 3 台或 4 台高压辊磨机同时采用自动模式运行，这取决于破碎辊的使用寿命。

例如：1 号设备在其辊胎使用寿命的后期处于波动防护模式，2 号设备将会处于通过能力最大模式以补偿 1 号设备的产量，3 号设备处于正常波动模式下随着粉矿仓的料位变化，4 号设备处于波动控制器模式调整产量以避免高压辊磨机的排矿输送带过负荷。

10.1.3.2 操作顺序

Cerro Verde 铜矿对于高压辊磨机已经形成了一系列的复位、启动和停车顺序：

（1）复位模式可以启动所有的液压阀门并使它们处于正确的状态以便于启动高压辊磨机；

（2）启动模式通常通过一系列的步骤来启动高压辊磨机，从启动到完成约需 8min；

（3）停车模式通过一个完整的顺序来关停高压辊磨机，并通过一个复位模式以保证高压辊磨机处于启动前的准备状态。这个过程需要约 15min。

当高压辊磨机处于任何一个顺序模式时，其他的顺序模式被关闭，这就避免了可能的意外发生。

顺序的状态和步骤指示都通过 DCS 显示（见图 10－3），因此操作人员可以帮助诊断任何顺序的问题。

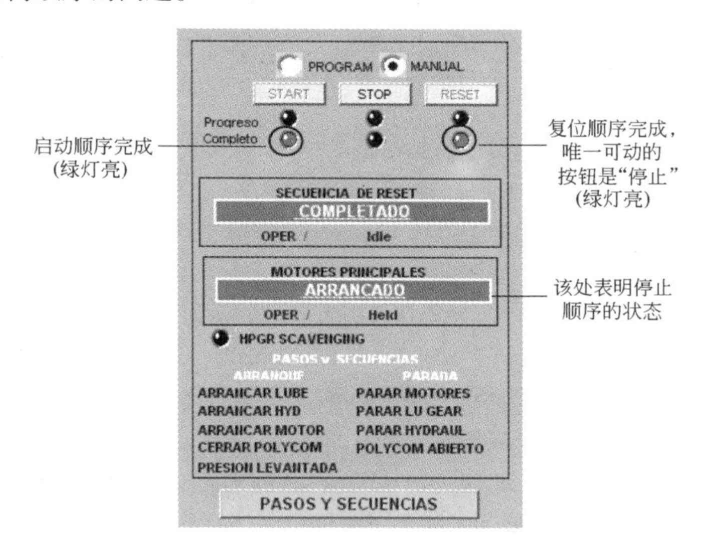

图 10－3 高压辊磨机复位、启动、停车顺序

在 DCS 系统中有一整套报警和限定点、动态液压显示、许可的连锁，这些都由维护人员以色彩编码显示以方便操作使用。准备好的状态用同种颜色显示，对难以定位的连锁采用摄像分析确定。

10.1.3.3 新辊磨合

新辊在前 24h 之内要在 12MPa（120bar）压力下运行，以保证在新辊表面上形成足够的自身防护层。

Cerro Verde 与 Polysius 一起集成了制造商使用的标准程序，然后又增加了在项目初期没有的内容，如首次报警跳闸、动态液压系统显示、表示实际状态的顺序启动/停止程序、挤满给矿的自动调整和多重操作模式等。

10.1.3.4 高压辊磨机的操作参数

高压辊磨机的操作参数有：

（1）辊速：60% ~110%，通常为85% ~90%；

（2）间隙：通常为30mm；

（3）压力：12 ~ 16.5MPa（120 ~ 165bar），如果没有功率限制，通常为16.5MPa(165bar)；

（4）电机功率：2×2500kW，正常消耗功率为2×2100kW；

（5）电机转矩：115%，通常为90%；

（6）给矿机速度：90% ~120%，正常给矿速率为2349 ~3100t/h；

（7）漏斗料位：15% ~85%，正常为44%；

（8）轴承温度：78℃（报警温度80℃，停车温度90℃）；

（9）偏斜度：小于3mm（逻辑上偏斜大于3mm之前没有动作，如果偏斜大于10mm则停止给矿，大于20mm则关停电机）；

（10）HPGR给矿粒度：$T_{80}=35$mm；

（11）HPGR产品粒度：$P_{80}=14$mm；

（12）磨机给矿粒度：$T_{80}=3000\mu$m；

（13）辊钉磨损速率：设计为0.14mm/d，实际约为0.19mm/d；

（14）辊的寿命：设计为5700 ~6700h，实际为6700h；

（15）比能耗：设计为1.7 ~2.0kW · h/t，实际为1.7 ~2.0kW · h/t（包括循环）；

（16）比压力：设计为3.5 ~4.0N/mm^2，实际为3.5 ~4.1N/mm^2；

（17）给矿水分：3% ~6%；

（18）循环负荷：设计为80% ~100%，实际为95% ~110%；

（19）比通过能力：设计为200 ~256t/(m^3 · h)，实际为200 ~260t/(m^3 · h)；

（20）给矿最大粒度：设计为46 ~50mm，实际为46 ~55mm。

10.1.4 高压辊磨机运行中的问题及实践

新辊的直径是2.4m，而再修理后的辊径约为2.28m。一般的辊可以翻新两次到直径为2.4m，然后加工到2.28m后再翻新使用几次。

10.1.4.1 辊钉的磨损和断裂

在工程开始时，计划的寿命时间估计为6000h，第一对辊在2600h后即更换了。图10 -4所示为辊磨损后的形状，圆圈为中心辊钉磨损后的测量点。

图10 -5表明，辊的磨损主要集中在中心，这个辊运行很好，超过了其可用

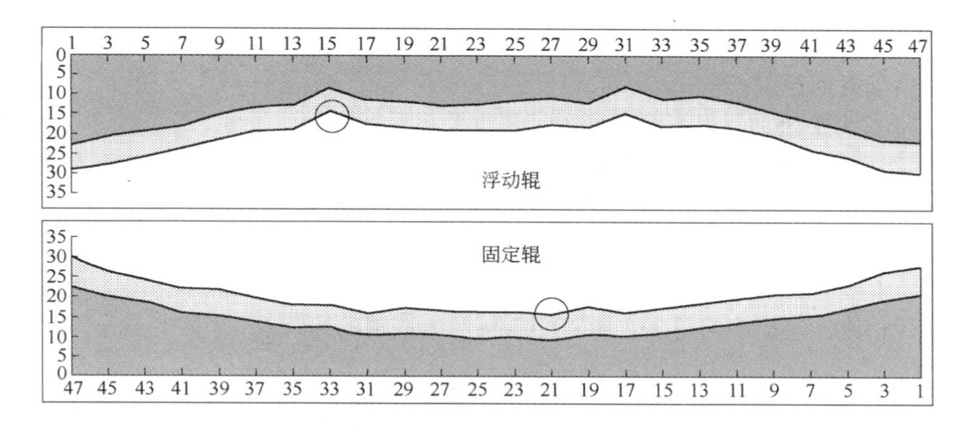

图 10－4 运行 2600h 后更换后的辊的磨损状况（2007 年 12 月）

的寿命，但由于预计寿命是 6000h，没有备用辊而被继续使用。在运行的 2600h 中，计算出的磨损速率是 0.32mm/d。

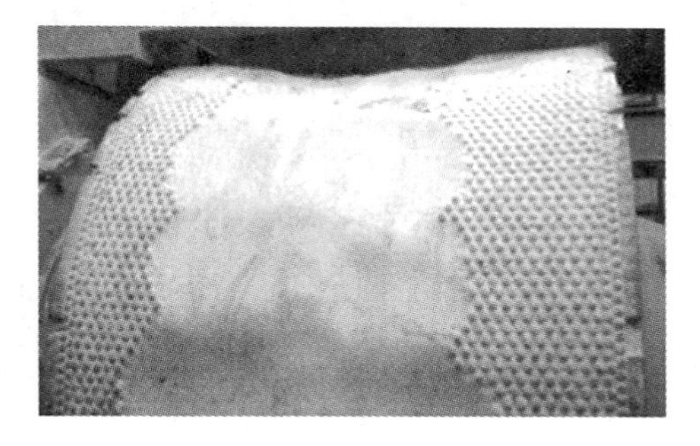

图 10－5 辊中心区域的高度磨损

Cerro Verde 和 Polysius 完成了一个试验程序，以改善辊的寿命，使辊钉的磨损最小化。内容之一是试验不同类型的辊钉以确定辊钉的形式、长度和硬度，以改善辊钉的整体耐磨性。

K15 型辊钉是所试验的最硬的辊钉，能够增加耐磨性能，但是运行 600h 后断裂了（见图 10－6）。断裂的辊钉和没有断裂的辊钉比较，在各种样品的准备过程中，在横断面上观察到了脆性断裂。脆性断裂是辊钉故障的主要原因，且多数源于突然冲击的结果。

图 10－6 K15 型辊钉的早期破损

1—没用过的辊钉；2—用过的且超过了预期寿命的辊钉；
3—使用过，没有损坏但已接近损坏的辊钉；4，5—损坏的辊钉

由此，确定使用较长且比原有辊钉稍硬的辊钉。其在辊和辊钉磨损方面的改善是由于下列原因：

（1）为了增加辊钉寿命，增加了长度并且稍微增加了硬度。

（2）为了保证沿辊面上磨损均匀，设计的辊钉形状做了改进，在破碎辊的不同区域采用的辊钉长度和硬度是不同的。此外，破碎辊的边沿稍有凹进，以改善磨损形式。在这些改进之后，磨损速率降到 0.19mm/d。

图 10－7 所示为修改后的辊面设计在运行 3600h 后的实际磨损状况，和原有的设计相比，磨损均匀得多。图 10－8 所示为该辊的照片。

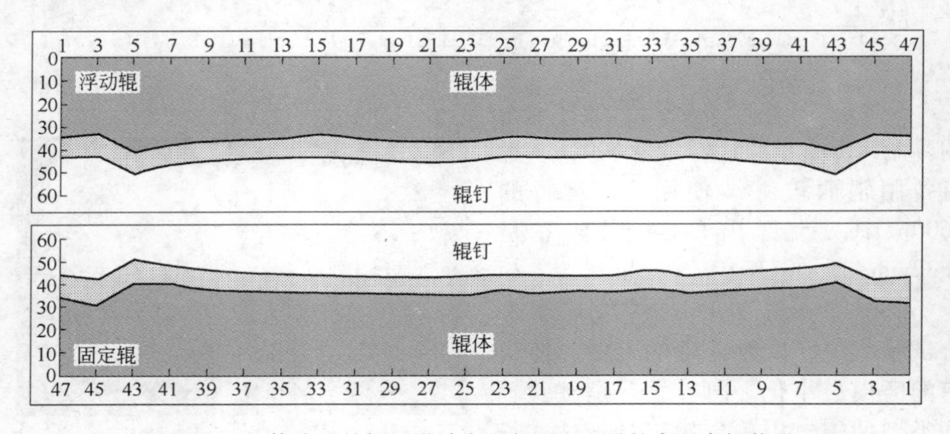

图 10－7 修改后的辊面设计在运行 3600h 后的实际磨损状况

试验的结果是使辊的寿命大为增加，现在已经超过了6500h（见图 10－9）。

图 10－8 修改后的辊面设计在运行 3600h 后的磨损状况照片

图 10 － 10 所示为 Cerro Verde 在经过不同的辊钉等级组合评估后最新安装的辊钉配置形式，该形式已经自 2011 年 1 月开始安装并预期会进一步增加辊的使用寿命。

最新的设计理念包括减少更软的辊钉的端部。Cerro Verde 正在研发加长的辊钉，使其硬度比现有使用的辊钉更硬一些，以进一步增加辊的使用寿命。

10.1.4.2 辊的整修

在 Cerro Verde 有 26 个辊在循环使用，每次更换后，换下的辊在 Port Matarani 的 Polysius 的车间里整修。每个辊可以整修使用几次或直到其质量减少 20%（7t）。

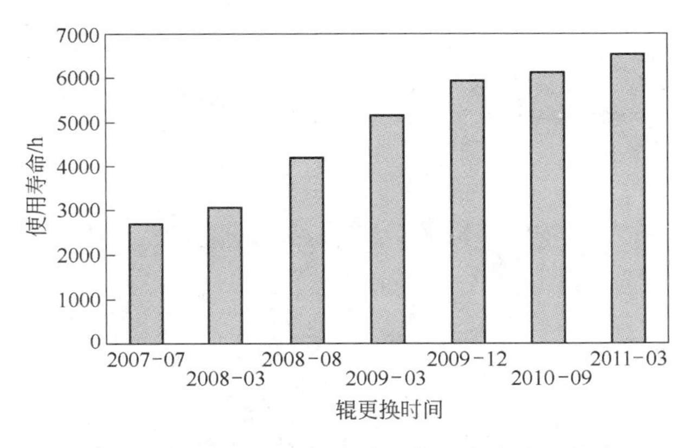

图 10－9 高压辊磨机破碎辊使用寿命改进情况

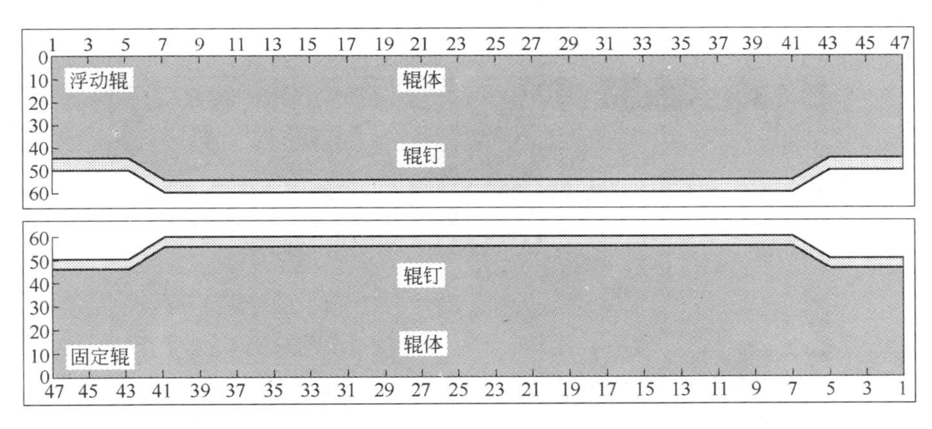

图 10－10 采用组合辊钉设计的破碎辊（2011 年 1 月）

10.1.4.3 颊板磨损的改进

为了增加颊板的使用寿命，Cerro Verde 研发了许多方案，包括使用碳化钨（见图 10－11）。碳化钨的使用寿命长得多，但是其成本却是布氏硬度 500 钢板的 8 倍。

Cerro Verde 采用定型的布氏硬度 500 的颊板，颊板可以从高压辊磨机的外部插入（见图 10－12）。颊板可以使用 4 个月。

为了防止物料从破碎辊端旁通和凹割破碎辊的边沿，在颊板和破碎辊之间保持一个紧密的间隙是非常重要的。

10.1.4.4 高压辊磨机的运转率

高压辊磨机的运转率主要受无计划停车、其他设备延误、辊和轴承的更换及其程序维护的影响。辊的高频率更换是由于其高的磨损速率。运转率的改善是由于采用了计划检修程序。

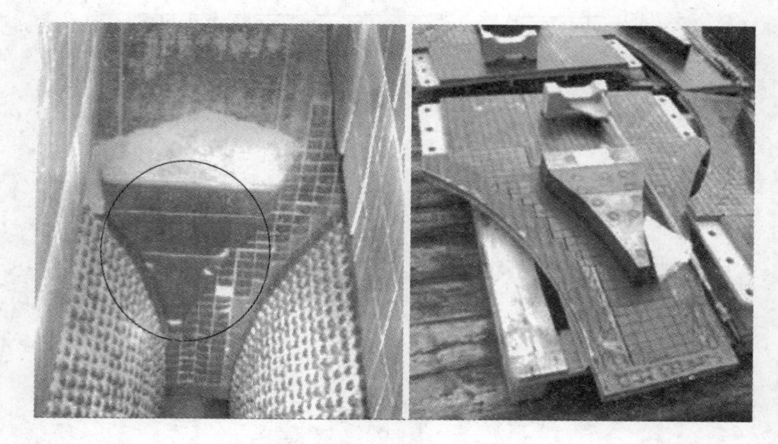

图 10－11 碳化钨颊板

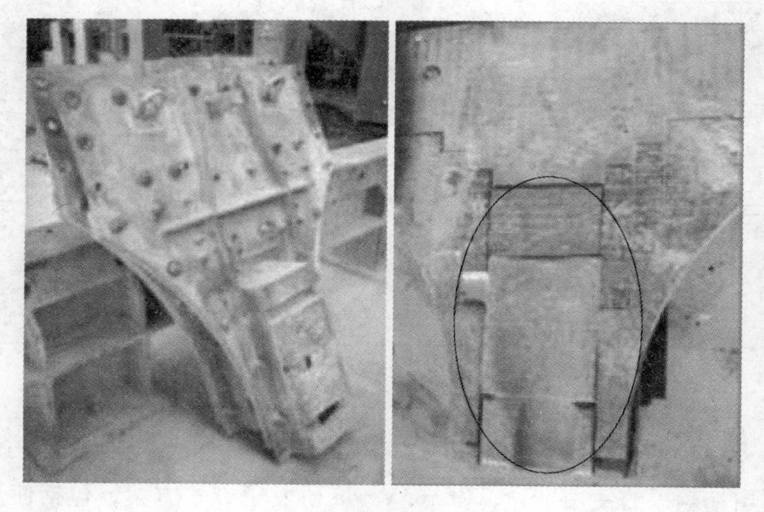

图 10－12 目前设计的布氏硬度 500 的颊板

改善运转率的措施有：

（1）辊钉的研发延长了破碎辊的使用寿命。

（2）定期检测辊和辊钉磨损情况（每周两次）。

（3）把轴承润滑油注入流程反向——从原来的内部—外部改为外部—内部，这就降低了细微颗粒对轴承的污染。

（4）轴承的检查、润滑油的分析和振动分析采用超声波技术。

（5）在建设期间，电接地直接与高压辊磨机的机架连接，电流通过轴承导致过早地损坏。新的设计采用不同的接地点避免了这个问题的发生。

（6）在 DCS 系统中做了一些改变以避免在人工控制破碎辊期间辊的偏斜

（见图 10－13），Polysius 最初的软件没有考虑这个问题。

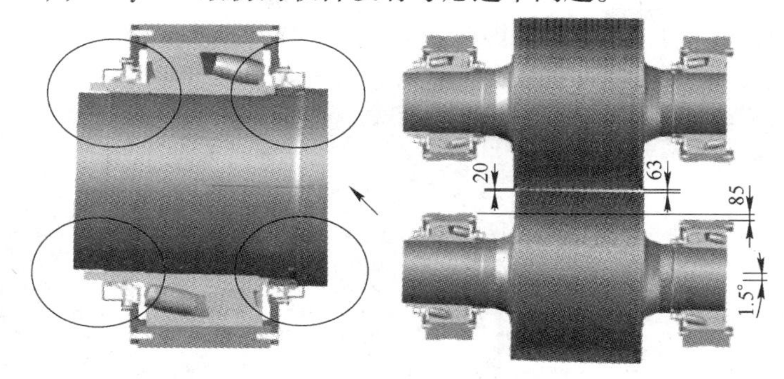

图 10－13 高压辊磨机轴承和破碎辊的偏斜

（7） Cerro Verde 的水的质量非常差，因此，为了保证轴承有足够的水冷却，在清洗冷却系统时（见图 10－14）采用了基于盐酸合成的清洗剂 SQPR100。

图 10－14 冷却系统的化学清洗
1—清洗液进入管；2—清洗液返回管

新设计的轴承冷却管线如图 10－15 所示。

图 10－15 新设计的轴承冷却管线

（8）干油润滑点做了修改，现在干油是在高压区添加，添加量从原来的每个循环6次增加到11次（见图10－16），稀油润滑为15min一个循环，这些改变累积的效果使轴承温度降低了几摄氏度。

图10－16 干油添加点

即使做了上述的改进之后，轴承的使用寿命仍然低于预期的35000h。轴承的使用寿命没有造成非计划停车的故障，但有时会限制高压辊磨机的压力和辊速，从而影响生产。Cerro Verde计划2012年对轴承进行强制冷却，预期会进一步增加轴承使用寿命。

10.1.4.5 溜槽和衬板设计改进

新的衬板装在给矿漏斗中，试验时使用的是陶瓷衬板、可膨胀衬板和钢衬板（见图10－17）。可膨胀衬板的使用寿命比陶瓷衬板或钢衬板长9个月。

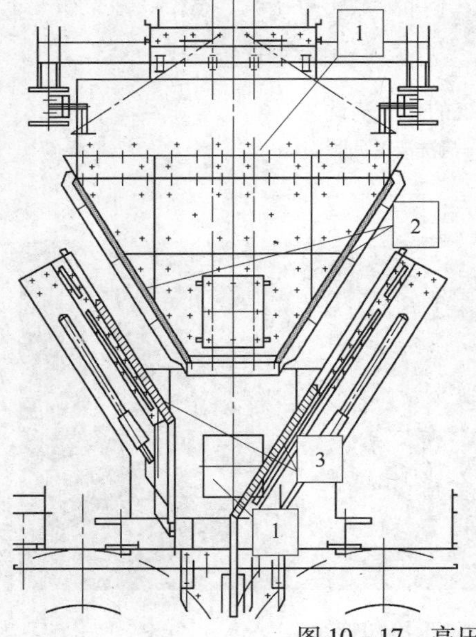

给矿漏斗衬板耐磨情况

1	陶瓷衬板	>3个月
2	可膨胀衬板	>12个月
3	BHN500钢板	>3个月

图10－17 高压辊磨机给矿漏斗衬板

更换一套破碎辊的时间已经从最初的80h减少到目前的33h。

包括破碎机和湿式筛分在内的所有这些变化和改善，使得运转率增加到约97%。投产以来运转率的变化趋势如图10－18所示。

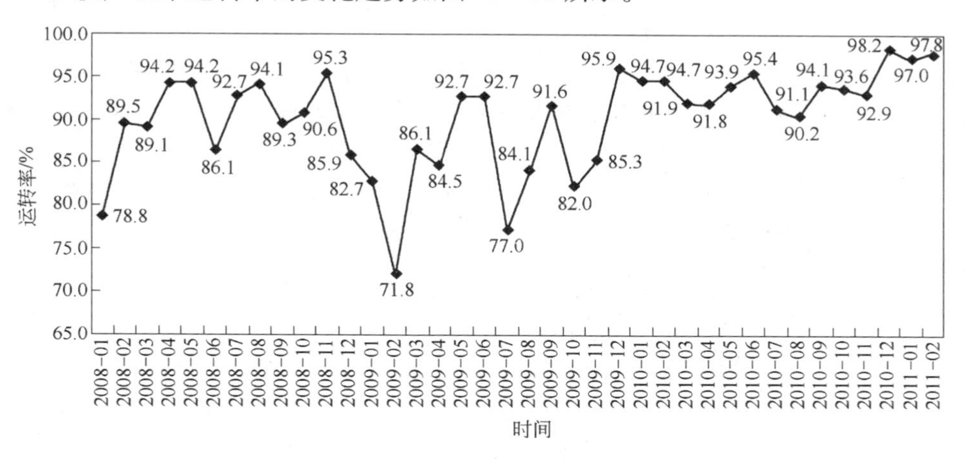

图10－18 高压辊磨机的运转率

10.1.5 使用高压辊磨机的优点

使用高压辊磨机的益处：

（1）降低了球磨功指数；

（2）产生了微观碎裂。

图10－19所示为在不同压力下湿筛筛下产品粒度分布曲线，在较高的压力

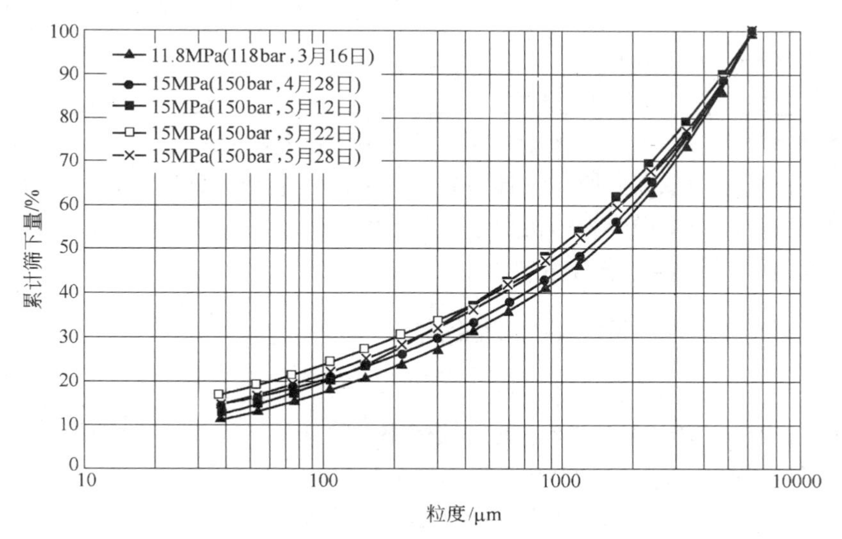

图10－19 不同压力下球磨机新给矿的粒度分布（2009年）

下小于 212μm 的粒级增量为 3% ~5%，该粒级可以直接给到浮选，从而增大了磨矿回路的处理能力。

10.1.6　能耗

当高压辊磨机的工作压力从 12MPa(120bar) 增加到 16.5MPa(165bar) 时，比能耗从 2.5kW·h/t 增加到 3.3kW·h/t，扭矩从 70% (13900N·m) 增加到 80%(15900N·m)。

表 10-1 为实际能耗与设计能耗的比较，实际能耗高于设计值，主要是由于球磨机功率的增加。实际的能耗仍然低于半自磨/球磨回路 3kW·h/t 的设计值。

表 10-1　设计能耗与实际能耗的比较

作　业	SABC①	高压辊磨机比能耗/kW·h·t^{-1}		高压辊磨机功率/kW	
		设计	实际	设计	实际
粗矿石输送	0.50	0.50	0.53	2976	2914
磨矿辅助设备	1.56	1.66	1.16	7292	7292
球磨机	8.71	8.03	9.65	35236	48410
中碎	0	0.49	0.42	2387	1705
细碎 (HPGR)	0	3.25	3.26	15043	15632
中细碎辅助设备	0	0.22	0.22	1083	1210
中细碎作业皮带	0	1.27	1.29	6220	7086
收尘	0	0.49	0.49	0	2250
总计	20.11	15.9	17.02	70237	86499
电耗成本 (以 0.04 美元/(kW·h) 计)/美元·t^{-1}		0.643	0.688		

① SABC 包括半自磨机 8.71kW·h/t + 0.64kW·h/t 顽石破碎及辅助设备。

球磨机所需功率高于原有设计值有两个原因：最初的分析没有充分地反映出高压辊磨机不能产生像半自磨机那样多的最终产品这样一个事实；预计的球磨功指数降低 10% 的数据也没有达到。

10.1.7　影响高压辊磨机性能的其他因素

10.1.7.1　水分

水分影响高压辊磨机破碎辊的磨损速率，堵塞给矿溜槽，引起偏斜，并且堵塞漏斗降低了高压辊磨机的运转率。Cerro Verde 已经在湿筛上做了大量的工作以增加其效率，并且降低了筛上物料的水分，增加了通过量。

图 10-20 所示为给到高压辊磨机的矿石水分情况，刚开始投产时，由于湿

筛分级效率低，导致运行问题，造成水分高，改善筛分效率后解决了这些问题。筛分效率的改善有以下措施：

（1）保证筛分给矿混合箱中水量合适（水量为 $0.6m^3/t$）；

（2）最大限度地减小喷水管的堵塞；

（3）改进筛板的设计；

（4）利用筛板上的阻挡棒。

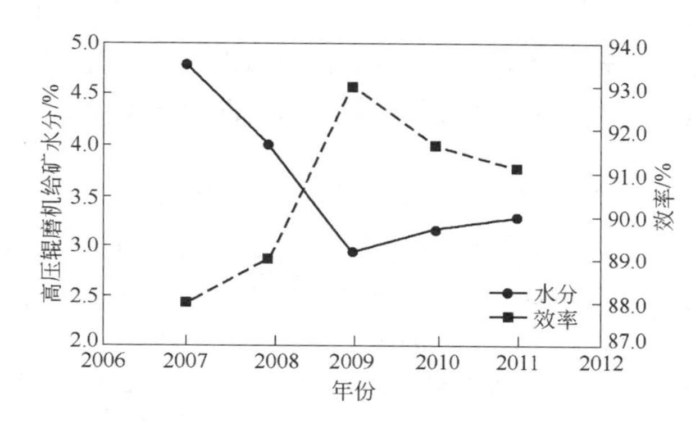

图 10－20　高压辊磨机给矿水分与湿式筛分效率的关系

10.1.7.2　物料硬度对通过能力的影响

图 10－21 所示为 2010 年和 2011 年之间矿石的球磨功指数和磨矿回路通过能力的关系。球磨功指数大于 14.5 时在通过能力上没有影响，尽管在 2010 年 9 月以后磨机给矿的功指数降低了，但通过能力由于在选矿厂去除瓶颈问题的完成仍然增加。在这个 120kt/d 的工程中，去除瓶颈问题包括增加皮带能力，把球磨机电机功率从 12000kW 增加到 13000kW，增大旋流器给矿泵的能力。中细碎没有变动。

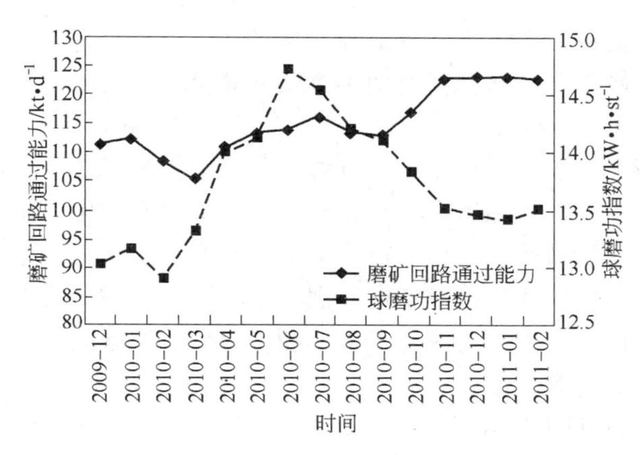

图 10－21　矿石球磨功指数和磨矿回路通过能力的关系（1st＝0.907t）

10.1.8 设计改进综合分析

通过设计改进，得出以下结论：

(1) 第一次在硬岩碎矿上采用高压辊磨机的经验是满意的；

(2) 高压辊磨机对于降低球磨功指数高的物料的邦德功指数是有效的；

(3) 部件的磨损和辊的使用寿命已经达到设计的预期（轴承除外），仍在继续进一步的优化；

(4) 正确地检测和计划维护，破碎辊能够多次返修使用；

(5) 所有这些改善，解决了瓶颈问题，通过能力比设计提高了10%。

10.2 Newmont Boddington 金矿

Newmont Boddington Gold（NBG）[2,3]位于西澳佩斯东南130km，Boddington镇西北12km。该矿2/3的股份属于Newmont Boddington Pty Ltd.，1/3的股份属于AngloGold Ashanti Australia Limited。

Boddington金矿发现于1980年。1987年8月开始处理氧化矿，而后不断地改造和扩建，直到2001年，在生产了大约173t(610万盎司）的金后停产。1996年，开始对位于氧化带下面的原生带的开发进行研究，这个工作一直进行到2006年，早期项目被批准开发。Boddington的可采储量总计为5.98亿吨，含有529t(1700万盎司）金和68万吨（15亿磅）铜。

10.2.1 矿石性质

Boddington金矿矿石的70%在Wandoo南露天坑，其余的在Wandoo北矿体。总共进行了12种主要矿石的分级和粒度破碎试验，以确定每一种矿石的特性及其变化性。为了磨矿回路的设计，也进行了JK落重试验和邦德可磨性试验。尽管矿床中的矿物复杂，但岩石普遍很硬，JK落重$A \times b$系数范围为24.7～28.1，是变化很小的极硬矿石。邦德球磨功指数变化稍微大一些，为14.7～19.4kW·h/t，为中等可磨性矿石。

Boddington金矿的有用矿物为金和铜，金的中值粒径为11μm。影响金回收的最主要因素是金的共生和解离状态，通过浮选和浮选的尾矿氰化之后仍然无法回收的金主要和硅酸盐矿物共生。在大部分的矿石中，金是和银以银金矿形式存在的，也有的和自然铋或辉铋矿紧密共生。铜主要是黄铜矿及方黄铜矿，有少量的斑铜矿和辉铜矿，后者主要赋存于上部和过渡带。其他的硫化矿物主要为磁黄铁矿、黄铁矿，此外有少量的辉钼矿。

矿体中的岩石90%是闪长岩和安山岩，其余10%是蚀变岩、粗粒玄武岩和英安火山岩的侵入岩体。

大部分的矿石类型都呈现出很高的研磨性，从表 10 – 2 中很高的邦德棒磨功指数和邦德球磨功指数、高的 UCS 值、很低的 $A \times b$ 值和 ta 值可以看出矿石的难破碎和耐磨性。

表 10 – 2 矿石的物理性能

参　　数	设 计 值	实 际 值
UCS/MPa	140	135
研磨指数（A_i）	0.5	0.5 ~ 0.6
邦德棒磨功指数/kW · h · t^{-1}	23.4	20.0 ~ 24.1
邦德球磨功指数/kW · h · t^{-1}	15.6	14.4 ~ 18.1
破碎功指数/kW · h · t^{-1}	30.0	15.6 ~ 25.0
SMC 落重指数/kW · h · m^{-3}	10.7	9.9 ~ 10.9
JK 系数 $A \times b$	27.3	25.4 ~ 30.0
JK 系数 ta	0.22	0.24 ~ 0.26

10.2.2 碎磨试验及流程

10.2.2.1 碎磨试验

碎磨试验从 1995 年开始，共进行了 200 多次的实验室试验，4 次半自磨的半工业试验和 4 次高压辊磨机的半工业试验。

1995 年和 1996 年，在 Amdel 采用直径 1.8m 的半自磨机进行了 3 次连续的半工业试验，试验的矿样分别来之于南部试验坑的闪长岩样品和 Blackbutt 坑的安山岩样。

1996 年，还在 Boddington 选矿厂采用一台 0.9m 辊径的钉面高压辊磨机和一台 1000kW 的球磨机处理了 33000t 闪长岩矿石，但当时考虑高压辊磨机的运转率和辊面磨损的费用太高，故没有考虑采用高压辊磨机工艺。但实验结果表明，Boddington 的矿石采用高压辊磨机确实节省功率。

1999 年，采用标准的 SABC 流程进行了第四次半自磨工艺的半工业试验，采用的样品为高压辊磨机的产品、半自磨—砾磨破碎回路中第二段破碎和第一段破碎的产品的混合样，高压辊磨机的产品则在球磨回路中进行磨矿。试验采用了大约 120t 的高压辊磨机（直径 0.8m）开路或闭路试验的产品。

2000 年，为了评估在高压辊磨机破碎之前采用筛分对回路的处理能力、能耗、给矿粒度分布、水分和高压辊磨机的比破碎能力的影响，又采用直径 0.8m 的高压辊磨机进行了试验，共采用了约 15t 闪长岩矿样。这次试验采用了改进的高压辊磨机筛分后给矿模式，也对辊转速等进行了评估。

2003 年，Newmont 矿业公司和 Polysius 在其旗下的 Lone Tree 金矿建立了一个高压辊磨机示范厂，运行了 3 个月，处理极硬的矿石，共运行了 1626h，处理了 141000t 矿石，目的是验证高压辊磨机工艺的运行性能、磨损特性及其运转率。

2004 年，又进行了最后一次高压辊磨机半工业试验，目的是验证在 1996 年的试验中发现的矿石经高压辊磨机破碎后会使矿石在球磨机中磨矿的比能耗降低的现象。这次试验采用了直径 0. 75m 的高压辊磨机，共处理了 1. 3t 矿石。

Koppern、KHD 和 Polysius 也分别采用各自的试验方法对 Boddington 的矿石进行了实验室试验和半工业试验。

对该矿碎磨方案的研究从粗碎机开始到旋流器的溢流，考虑过 SABC 和两个 HPGR 方案。其中两个 HPGR 方案的主要差别在于一个方案的中碎/HPGR 回路中没有球磨磨矿回路，需要一个小于 10mm 物料的粉矿堆和很大的收尘系统；另一个方案中则是中碎/HPGR 回路中包括湿式磨矿回路和一个 HPGR 产品（P_{80} = 20mm）堆，该方案极大地减少了粉尘的控制费用。两个方案都是基于 40Mt/a 的处理能力，比较后选择采用了后者，并采用 JKSimMet 和 Krupp - Polysius 模型进行了研究，粗碎机的产品为 P_{80} = 164mm，最终产品粒度 P_{80} = 75μm。最后，对 SABC 方案和高压辊磨机方案进行了技术经济比较后，选择了高压辊磨机方案。

根据上述结果，于 2007 年开始施工图设计、施工，2009 年 9 月开始试车，设计规模 35Mt/a。

该矿目前可采的矿石总量为 12. 2 亿吨，可回收的金和铜总量分别为 622t（2000 万盎司）、109 万吨（24 亿磅），矿山寿命超过 20 年。

10. 2. 2. 2 碎磨流程选择

在选矿厂的设计过程中，考虑了以下三种碎磨流程：

（1）常规 SABC 流程；

（2）SABC 回路的给矿预破碎；

（3）采用高压辊磨机的三段破碎 + 球磨机。

在三种碎磨流程的比较中，最初的 SABC 流程是采用一台 20000kW 的半自磨机和两台 10000kW 的球磨机，处理能力为 11. 2Mt/a。后来比较后又将处理能力增加到 13. 5Mt/a，采用一台 24000kW 的半自磨机和两台 12000kW 的球磨机。

SABC 回路的给矿预破碎是为增加处理能力留有余地，是将半自磨机的部分给矿采用中碎机和高压辊磨机破碎，以通过降低半自磨机的给矿粒度来增大系统处理能力，从而降低运行成本。

半工业试验数据模拟表明，半自磨机给矿预破碎后，SABC 回路的能力可以达到 20. 8Mt/a，其中 65% 的矿石通过预破碎回路。在这种情况下，半工业试验表明，半自磨机的能力对高压辊磨机产品的粒度分布非常敏感，易于使顽石破碎机的给矿快速增加。

对高压辊磨机＋球磨回路的评估表明，其比能耗比较低，因而能够降低运行成本。半工业试验的结果也表明采用高压辊磨机＋球磨回路既可以降低成本，又能够提高处理能力到25Mt/a。因此确定采用了三段破碎流程，第三段采用高压辊磨机，球磨回路的给矿粒度小于10mm。

常规的高压辊磨机工艺是将细粒物料给入高压辊磨机，以使其能力最大化。对高压辊磨机的给矿采用预筛分降低了其比处理能力，半工业试验数据表明，预筛分后使高压辊磨机工艺回路的能耗更低。但是，预筛分后的物料对高压辊磨机辊的使用寿命的影响仍然是很重要的，并且无法量化。

Boddington 金矿最终碎磨流程的选择是根据在 Lone Tree 金矿进行的高压辊磨机半工业试验的结果确定的。这次试验所得到的两个最重要的结果是高压辊磨机破碎所产生的粉尘量和预筛分后的给矿对高压辊磨机辊的使用寿命的影响程度。Lone Tree 的试验结果证实，当高压辊磨机的给矿为筛分后的物料时，其辊的使用寿命减半。这两个结果导致采用了目前的流程：高压辊磨机的给矿包含细粒，高压辊磨机的闭路筛分采用湿筛以控制粉尘。

10.2.3 工艺流程描述

Boddington 的碎磨工艺流程（见图 10－22）包括粗碎、第二段闭路破碎、采用高压辊磨机的第三段闭路破碎及与旋流器构成闭路的球磨回路，磨矿回路的产品粒度 $P_{80}=150\mu m$。磨矿产品经浮选得到一个含金铜精矿，经过滤后销售到海外的冶炼厂。浮选的尾矿经浸出后进一步回收金。处理能力为35Mt/a（105000t/d），原矿品位为含金1g/t，含铜0.11%。Boddington 金矿提金工艺厂如图 10－23 所示。

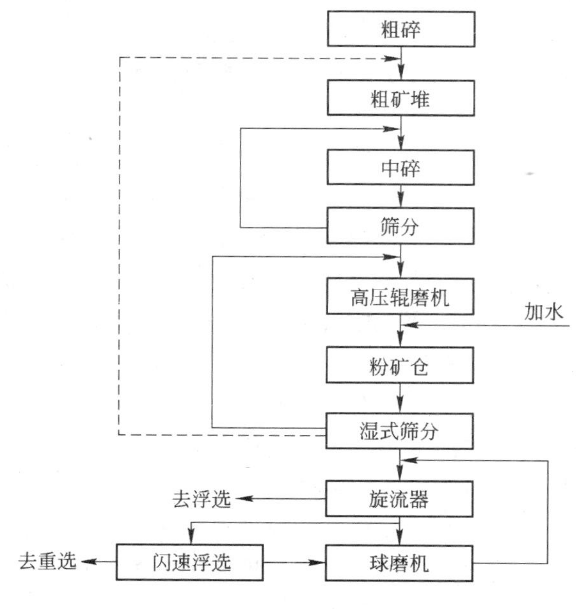

图 10－22　Boddington 金矿的碎磨流程

粗碎站位于采场边沿，采用一台 1524mm×2870mm（60in×113in）XHD 旋回破碎机，开边排矿口为 175mm，处理能力为 3670t/h，产品粒度 $P_{80}=165mm$，粗碎产品用带式输送机运送到 2.5km 之外位于选矿厂的粗矿堆。粗矿堆的有效容积为 40000t，总容积近 400000t，可采用推土机工作。

粗矿堆下面有 3 台板式给矿机，将矿石给到第二段破碎（中碎）的给矿带

图 10－23 Boddington 金矿提金工艺厂布置鸟瞰图

式输送机上。中碎有 6 个给料缓冲矿仓，6 台 MP1000 圆锥破碎机，粗矿堆来的原矿直接给到圆锥破碎机，破碎后的产品给到 4 台筛孔为 55mm 的 3.6m×7.3m 单层香蕉筛，筛下产品给到第三段破碎回路，筛上产品返回中碎。

第三段破碎（细碎）有 4 个给矿缓冲矿仓，4 台 ϕ2.4m×1.65m 高压辊磨机，每台高压辊磨机装有 2 台 2800kW 的变速驱动装置。高压辊磨机的产品送到总有效容积为 20000t 的 4 个粉矿仓，可以满足选矿厂 4h 的处理能力。4 台高压辊磨机与 8 台（每台球磨机 2 台）3.66m×7.93m 的湿式筛构成闭路，湿式筛的筛孔为 10mm。湿式筛的筛上产品返回高压辊磨机，筛下产品给到磨矿回路。

磨矿共有四个系列，每个系列有一台装有 2×8000kW 定速电机的 ϕ7.9m×13.4m 球磨机，与 12 台 ϕ660mm 的旋流器构成闭路。湿筛的筛下产品自流到球磨机的排矿溜槽中，与球磨机排矿一起用泵送到旋流器分级，旋流器底流返回球磨机，一段磨矿回路的产品粒度 $P_{80}=150\mu m$。

磨矿回路中安装有闪速浮选作业，用来处理一部分旋流器底流，闪速浮选的精矿采用重力选矿机处理，重选的尾矿给到精选作业，重选的精矿集中氰化，浸出液用泵送到电积回路，浸渣送到精矿浓缩机。

旋流器的溢流送到浮选回路，粗选的精矿经再磨到 $P_{80}=25\mu m$，经过三次精选得到最终铜金精矿，然后经浓缩、过滤，用卡车送到港口外销。铜金精矿含铜 16%～22%，回收率为 75%～85%；含金 75～100g/t，回收率为 50%～60%。

精扫选的尾矿浓缩后进入一个高架的氰化浸出回路，扫选的尾矿浓缩后进入一个常规的浸出—吸附回路。精扫选尾矿浸出回路的浸出液送到扫选尾矿浸出—吸附回路回收金。

扫选尾矿浸出后吸附回路的活性炭回收后采用AARL工艺洗涤，然后活性炭在水平再生窑中活化再生，溶液中的金通过电积—阴极泥过滤—干燥—熔炼回收。

浸渣用泵送到距选矿厂约5km外的渣处理区域，在一个氰化物分解车间采用过氧单硫酸从残余渣中分离出氰化物，使其在渣中低于所控的指标。

10.2.4 试车

Boddington金矿的高压辊磨机回路于2009年5月试车，一直连续运行到2009年10月。空负荷运行及给料运行的时间见表10－3。在试车期间遇到了许多挑战性的难题。

表10－3 高压辊磨机试车时间

HPGR序号	空负荷试车	带料试车
101	6月18日	10月11日
201	5月17日	6月25日
301	7月2日	10月6日
401	5月15日	6月27日

序号201和401的高压辊磨机试车比其余两台早是为了尽可能提前破碎矿石给粉矿仓，这也是根据建设进度的安排，理想的情况是4台球磨机中的2台先试车，以清楚矿石流向。当高压辊磨机回路试车时，一段筛分和中碎回路也要同时运行。

首先试车的两台高压辊磨机遇到的主要问题是辊钉断裂、辊胎磨损、边沿堵塞和颊板损坏，其原因是粗粒给矿（主要是给矿中的大块）和频繁的开、停车。中碎回路是在部分负荷（非挤满给矿）条件下试车，这在一定程度上影响了高压辊磨机的给矿粒度。频繁的开、停车是由于上游或下游的回路性能如设备故障、皮带跳闸、给料小车失灵以及高压辊磨机回路的类似情况等造成。而在试车当中保证高压辊磨机的给矿粒度稳定而不离析是一个挑战性的难题。

当问题出现后，考虑到辊钉损坏主要是在刚开车启动，物料给入破碎腔时，给料斗是空的，双辊之间的间隙最小，而破碎辊正以巨大的惯性旋转着，此时大的矿石从高处下落到辊面，因此，使启动的次数最小化是使磨损和损坏最小化的关键。

除了给矿中的大块之外，给矿的粒度分布在保证高压辊磨机的性能上也起着关键的作用。例如，粒度范围太宽，会导致给矿的粒度离析，如图10－24所示。

图10－24所示为在201高压辊磨机的给矿皮带上两边的物料情况，一边是没有细粒的物料，另一边则含有大量的细粒。当给入高压辊磨机时，离析会导致浮动辊中心线高度偏斜，自动控制系统会试图纠正这种偏斜，从而导致正常工作

图 10－24 高压辊磨机（201）给矿离析情况
（a）没有细粒；（b）有大量细粒

压力（比能和粉碎性能）降低，影响高压辊磨机的性能。偏斜过大会造成高压辊磨机在负荷下的跳闸，重新启动和给矿需要 10～15min 的时间，严重影响回路的性能。

中碎圆锥破碎机回路的性能在高压辊磨机试车期间不理想，产品的粒度比设计的粗，严重影响了高压辊磨机回路，主要有下列原因：

（1）采矿提供的原矿粒度和旋回破碎机的产品粒度比设计的粗。中碎圆锥破碎机的最大给矿粒度约 400mm，个别矿块由于矿石的片状性质，其单一尺寸甚至达到了 580mm。

（2）中碎回路的周期性运转和衬板的磨损致使无法挤满给矿。

（3）为了控制高压辊磨机的最大给矿粒度，中碎机的闭边排矿口设定太紧，从而导致弹簧反弹和高电流跳闸。

（4）矿仓料位指示设置不正确，导致矿仓的有效容积极大地减少，造成给料中断。

（5）由供货商的 PLC 和金属探测器引起的频繁的中碎机跳闸，多达 175 次/班。

（6）减小一筛的筛孔以降低高压辊磨机的给矿粒度，从而增加了中碎回路的负荷。

高压辊磨机回路在试车和给料期间也遇到了下面一些重大的挑战，直接影响着高压辊磨机的性能、有效运转率和辊的使用寿命：

（1）高压辊磨机给料仓卸料小车速度太低，以至于无法正常穿越料仓来保证足够高的料位，导致粒度分布上的重大变化，使高压辊磨机的给矿产生离析。

（2）高压辊磨机给料仓卸料小车定位指示不可靠，导致卸料小车在矿仓的边缘而不是中心停车卸料，造成矿仓给料时的“沟壑效应”，结果导致高压辊磨机工作时的偏斜。

（3）高压辊磨机的金属探测器设定太敏感，以至于比高压辊磨机的工作间隙小的金属也动作，导致频繁的高压辊磨机停车（需除去矿石和重新给矿）。

（4）尽管在压力控制上有一个高速微处理器，但压力控制仍然受限，原因是采用了计时开关，当开启时，就限制了压力的增加，关闭时，就限制了系统的释放能力。

（5）偏斜控制最初锁定在压力差为 3.5MPa(35bar)，结果导致在过度偏斜时高压辊磨机在负荷状态下跳闸。

（6）开始，辊的最小速度设定在40%，在开始给料时，当给矿中含有大于双辊工作间隙的岩石时，在从空运行增加到工作状态时提高辊的惯量可能造成辊钉的断裂。

（7）开始的给矿波动控制需要约90s 来达到挤满给矿状态，这就造成高压辊磨机在每次启动时都是很长时间的细流给矿状态。

（8）高压辊磨机给料斗的堵塞导致给矿偏析，造成辊的偏斜，由于要减小压力和增加旁通量而使循环负荷增大。

（9）当给矿闸板的间隙设置太小时，会造成在高压辊磨机的挤满给料槽内形成黏着的拱形，导致辊偏斜和细流给矿，从而损坏辊钉和缘板。

在中碎和一段筛分回路试车中遇到的大多数问题在101 和301 高压辊磨机准备带料试车时已经提出，在高压辊磨机回路确认的问题也已作为结果系统地提出来了，后两台高压辊磨机没有再出现201 和401 高压辊磨机所遇到的辊钉断裂、辊胎磨损、缘板和颊板损坏的问题。

高压辊磨机回路自2009 年以后，持续改进，已经取得下列重大的成果：

（1）高压辊磨机回路给矿中断的次数已经降低到1/8。

（2）卸料小车的速度和定位指示已经改进，使得给矿仓的料位保持足够高，以保证物料输送正常。

（3）压力控制已经显著地改善，设备可以保持更恒定的平均压力，平均应用压力现在比设定压力低 0.2MPa(2bar)。

（4）偏斜控制有了重大的改进，通过增加了一个偏斜控制预警，95%以上的偏斜跳闸已经消除了。

（5）辊的最小速度已经降低到25%，甚至在物料需要旁通和其他事件时，通过维持给料斗的料位，也能使得给矿中断的次数最小化。

（6）给矿波动的状态已经改善，只需30s 即可达到挤满给矿状态。

（7）处理能力已经增加，回路变化已经达到最小化。

高压辊磨机回路的平均小时（以月为基础）处理能力稳步增长，到2010 年4 月，达到月平均7000t/h。2010 年9 月，在矿仓卸料小车速度和辊偏斜控制逻辑改进后，处理能力增加到8000t/h。从2010年12月开始，已经做了许多的改进，如反应更快的压力控制和在线比容积函数控制等。这些改进和更细、更均匀的矿山来料一起，进一步提高了高压辊磨机回路的处理能力。图10－25所示为自2009年7月试车以来，以月为单位的高压辊磨机回路的小时处理能力。

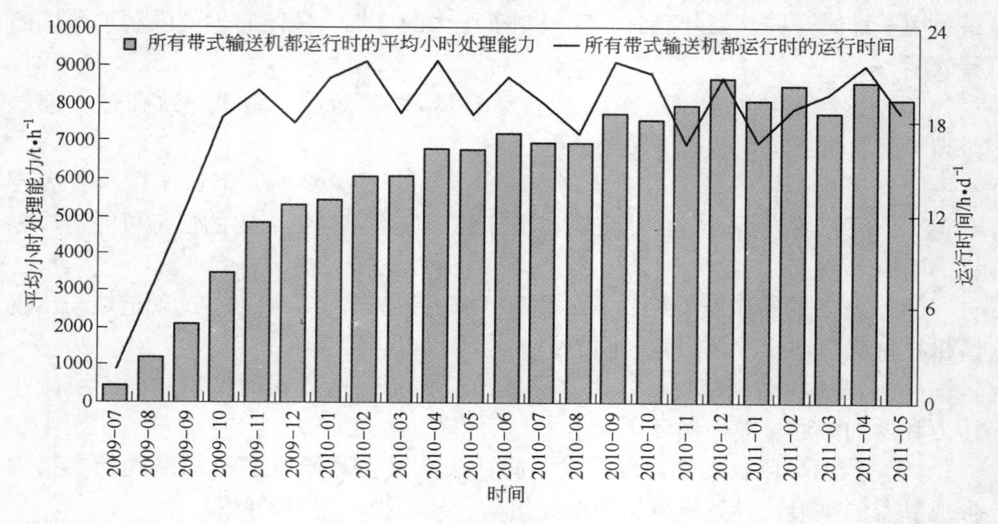

图10－25 高压辊磨机回路平均小时处理能力

10.2.5 目前运行状况

自从高压辊磨机回路运行达到稳定状态以来，基本上在达到或超过设计指标的状态下运行，特别是4台设备的处理能力。高压辊磨机的比能力比300t/(m^3·h)的设计值高出约30%，尽管半工业试验表明比能力可能达到300t/(m^3·h)，但由于缺少高压辊磨机实际能力的运行实践和数据，取值保守一些更合适。表10－4为实际运行参数和设计值的比较。

表10－4 高压辊磨机关键参数的设计值和实际值对比

参数	设计值	实际值
型号	24/17	24/17
给矿量/t·h^{-1}	2313	3350
比能力/t·(m^3·h)$^{-1}$	228	300
最大辊速/m·s^{-1}	2.7	2.68
比功率/kW·h·t^{-1}	2.2	1.5
最大给矿粒度/mm	75	89
新给矿 F_{80}/mm	39	39.7

续表 10－4

参　　数	设计值	实际值
总给矿粒度 F_{80}/mm	33.4	35.4
产品粒度 P_{80}/mm	16.4	17.9①
产品粒度小于 1mm 所占比例/%	18.9	22.5①
实际磨损量/g · t^{-1}	14～24	31～37

①工作压力为 13MPa(130bar)。

到目前，所能达到的比能耗仍比设计值（2.3kW · h/t）低得多，而且达到设计的比能耗所需的最大运行压力是 17MPa(170bar)。目前，不能满足设计的比能耗也不是一个大的问题，因为高压辊磨机的产品粒度分布在 13MPa(130bar) 的运行压力（比能耗为 1.2kW · h/t）时，就已经接近设计值。图 10－26 则为高压辊磨机的给矿和排矿的实际粒度分布和设计值的对比。

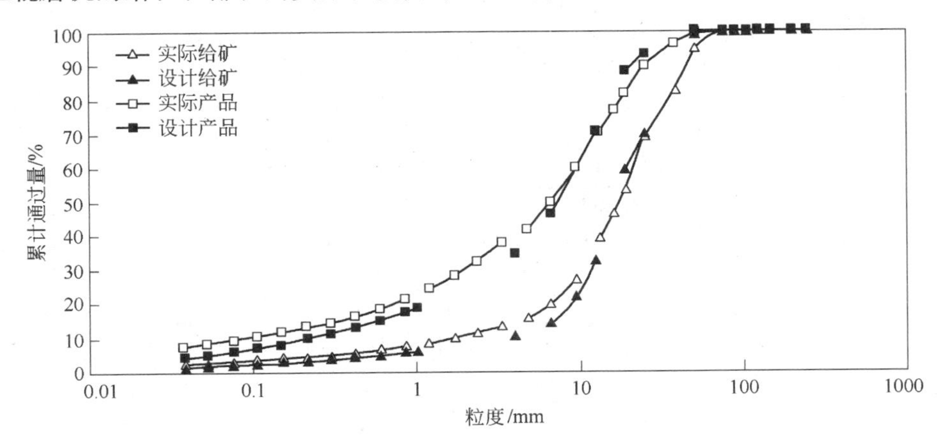

图 10－26　高压辊磨机给矿和产品粒度的设计值和实际值对比

从图 10－26 中可以看出，P_{50} 和 P_{80} 的实际粒度与设计值非常相似，证实了高压辊磨机能够产生所需要的产品粒度。

高压辊磨机的工作压力已经从试车时的 13MPa(130bar) 逐渐增加到 16MPa (160bar)，已经通过改进控制系统能够减轻辊的过压状态。在试车和早期的磨合期间，根据供货商的建议，高压辊磨机的平均工作压力设定为 13MPa(130bar)，因而平均比能耗为 1.2kW · h/t。对控制系统不断的改进，使得工作压力最大值在 2010 年 5 月增加到 15MPa(150bar)，因而比能耗也增加。最近，随着控制系统的改进，使得控制范围更窄，可以使辊的最大工作压力达到 16MPa(160bar)。控制领域主要在于避免辊过压力超过 16MPa(160bar) 的设定值。当压力增加时，比能耗稍有增加，控制策略的变化见表 10－5。

表 10 – 5 高压辊磨机工作压力和比能耗

时 间	目标压力值/MPa	实际压力值/MPa	比能耗/kW·h·t^{-1}①
2010 年 2 月	13	12.4	1.2
2010 年 9 月	15	13.6	1.3
2011 年 6 月（图 10 – 28 中 1 和 2）	16	15.6	1.45
2011 年 6 月（图 10 – 28 中 3）	13	12.9	1.2
2011 年 6 月（图 10 – 28 中 4）	16	15.1	1.38

①比能耗是按高压辊磨机给矿的湿重计算。

为了量化更高的压力和比能耗的关系，做了一个工业试验，试验结果如图 10 – 27 所示。试验表明，在更高的比能耗条件下运行，导致了在球磨机总给矿量保持恒定的条件下，细筛循环量很大的降低。推断出高压辊磨机的产品在高的辊压下会更细，使循环负荷减小。

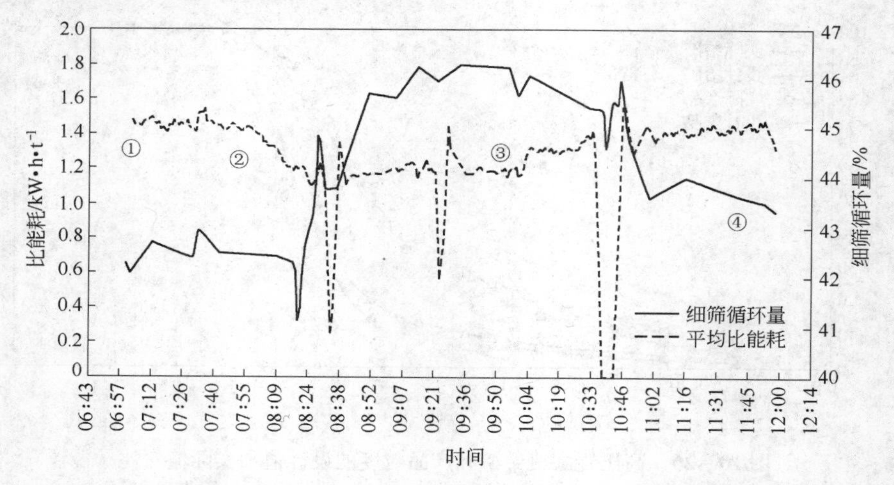

图 10 – 27 13MPa(130bar) 和 16MPa(160bar) 工作压力试验（2011 – 06 – 06）

图 10 – 27 中，第一和第二阶段，试验的目标和实际的工作压力分别是 16MPa（160bar）和 15.6MPa（156bar），产生的比能耗是 1.45kW·h/t。在试验的第二到第三阶段，实际的工作压力为 12.9MPa（129bar），比能耗为 1.20kW·h/t，细筛的循环负荷则增加了。当恢复工作压力到设定值 16MPa（160bar），高压辊磨机的工作压力平均为 15.1MPa（151bar），比能耗为 1.38kW·h/t 时，从球磨机的筛上粒度及循环量来看，随着工作压力的增加，还是令人满意的。

影响高压辊磨机回路性能的主要因素之一是回路工艺控制的变化。在三段破碎回路中，每一段有多台破碎机，每一段之间有限的缓冲能力且只能通过单一的带式输送机相连，使回路成为一个复杂和动态的系统。尽管在第二段回路中有闭路筛分作业，第二段破碎回路性能的变化仍会对高压辊磨机的性能产生重大的影响。在高压辊磨机之前的 6 台能力恒定的中碎机的集中控制使得其满足前馈控制，能够保证给矿的连续性。

筛分后的筛上产品的产率对高压辊磨机性能的影响是很大的，由于水分高，限定后的粒度，造成循环负荷过高，使得高压辊磨机的处理能力降低。这也导致中碎机的破碎能力超过了高压辊磨机的处理能力，致使中碎机的新给矿减少。对于回路中的高压辊磨机来说，有效的破磨和低损耗的最基本的要求是保持没有离析的给矿。高压辊磨机回路的有效控制需要其上、下游作业的集中控制，工艺控制系统必须能够连续预报出上、下游设备开停车时或产量变化时的处理量状态。由于维护需要提前预报以使有效地计划停车，从而使控制系统更复杂了。

从试车以来，Boddington 的控制系统已经做了重大的改进，到目前为止，在高压辊磨机回路所做的重要改进包括：

（1）增加一台给矿机，以使在启动时非挤满给矿时间最小化，没有过高的压力和偏斜。

（2）增加了偏斜行程预测功能（根据压力差原理），可以通过一个旁路系统把不合适的物料在进入高压辊磨机之前从给矿中清除出去。

（3）偏斜优先已经改为通过压力控制器在偏斜发生时来解除高压，最初的优先顺序是偏斜 > 压力，改为高压 > 偏斜 > 低压。

（4）增加了一个在线预测比能力功能，可以连续测定每一台高压辊磨机在给矿粒度、水分、辊磨损变化等情况下的单位处理量，这样采用 PCS 系统可以使回路的能力最大化，优先增加高压辊磨机的处理量，使其在更高的比能力下运行，来降低辊的磨损。高压辊磨机也可以在低比能力下低速运行。

图 10－28 所示为自 2010 年 7 月以来的高压辊磨机回路运转率（此处运转率定义为运行时间＋延误时间＋备用时间的总和被日历时间除以所得到的结果）。

自从试车以来，高压辊磨机回路的运转率经过了改进，到目前的运转率约为 88%。图 10－28 中运转率 80% 左右或低于 80% 的月份是由于辊的更换。没有更换辊的月份运转率大于 85%，但每周对每个辊有 12h 的日常维护。图 10－28 中 2010 年 11 月的数据是由于选矿厂的原因影响了高压辊磨机回路的运转率。

近来的改进是把周维护时间从 12h 降到了 8～10h，这是由于简化了设备隔离和减少了迫切的修理需求，如在每一次停车维护时，都要更换每一个断了的辊钉等，因而改善了运转率。

每台高压辊磨机的破碎辊都有磨损和辊面形状监测系统。花费两个月的时间，在辊周圈的 0°和 180°两个位置，根据辊面的磨损监测数据对磨损情况做出预测。图 10－29 所示为辊磨损的轮廓，区域 1 表示剩余的辊体，线 2 表示磨到此处时，仍然有 5mm 的辊钉孔深，区域 3 表示从辊胎上突出的辊钉。一般情况

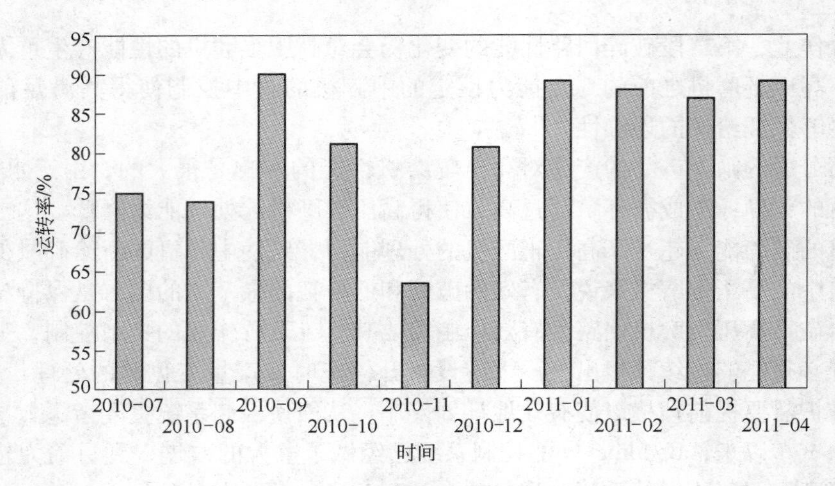

图 10－28 高压辊磨机回路运转率

下，当突出的辊钉接近于 5mm 时，辊就需更换。在此长度上，辊钉易于脱落，造成辊体的损坏而难以修复。

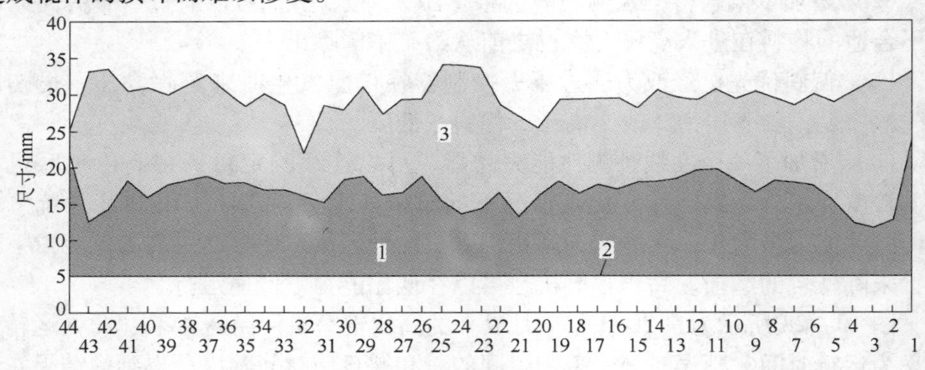

图 10－29 高压辊磨机辊体磨损形状

（301 号高压辊磨机的固定辊的 0°位置）

到目前，在 Boddington 生产中得到的实际结果是：

（1）辊体的磨损在边缘位置的磨损高于在主要破碎区的磨损，原因是边缘的物料自生层小，这被认为是边缘压力低，物料被挤压从辊的中心向颊板横向移动的结果。

（2）辊钉的破损主要发生在启动时（前 500h），此时多数辊钉的轮廓是有棱有角的，易受集中负荷的影响。

（3）辊钉的磨损在辊的宽度方向上相对一致，辊钉和辊体的磨损一起造成辊的边缘区域的辊钉过分地突出，在辊使用的后期使得该区域的辊钉易于受边缘载荷而破损，导致报废。

表10－6为每台高压辊磨机的第一套破碎辊的辊胎使用情况及201号设备在2011年6月更换的第二套辊胎的使用情况。设计预计每套辊胎的使用寿命为5200h，201号设备的第一套辊胎寿命低于预计的5200h，这是第一台试车的设备，并且经历了过粗的给矿、频繁启动和边缘阻塞损坏等。

表10－6　高压辊磨机辊胎使用寿命

设　备	处理量/Mt	设计运行时间/h	实际运行时间/h	平均处理能力/$t \cdot h^{-1}$
101号	9.2	5200	4700	1957
201号	9.5	5200	4400	2159
201号（第二套）	12.3	5200	5000	2460
301号	12.3	5200	5700	2157
401号	10.3	5200	5000	2060

高压辊磨机辊胎的更换和其他需要停车进行的工作（如球磨机衬板更换）一起，以减小对生产的影响。在201号设备上更换的第二套辊胎和401号设备上的第一套辊胎的寿命稍有延长，都是因为这些辊的更换是和磨机的衬板更换同时进行的。值得注意的是，301号设备的辊胎的使用寿命超过了设计值，而且是设计的第一代辊胎，但这种辊胎的边缘区域不易于形成自生层而易于磨损。101号设备的辊胎寿命低于设计值，预计第二代的辊胎寿命会改善。但在目前的给矿现状和卸料小车卸料位置不合适造成的给矿离析还会影响辊胎的使用寿命，直到解决方案完成。

根据第一代辊胎运行和维护的经验，Polysius和Boddington已经对辊胎的设计做了改进，以进一步增加使用寿命，这些改进包括：

（1）增加辊边缘的辊钉密度，以减少在靠近挡边的低压区域的侧面冲刷数量，减少辊的磨损。图10－30所示为原有辊和新设计辊的边缘辊钉布置形式。

（2）由于破碎辊在试车和生产过程中，新的辊钉破损率很高，而辊钉的磨损率相对低且在辊面宽度上辊钉的磨损轮廓很均匀，因而降低了辊钉的硬度。在辊的边缘的辊钉硬度更软一些，以减少在辊的使用后期边缘的辊钉突出的现象。

（3）辊钉的形式从最初的直角边形改为圆形，预期这样会减少新辊运行期间辊钉的破损，原来的直角边形在运行中被磨成圆形。

（4）挡边对辊的使用寿命有重大的影响，其材料成分做了改变。最初的挡板由碳化钨构成，使用中发现容易裂化成碎片或在辊钉界面处断开。因此，挡边已经改为钢和碳化钨的合成材料。

上述改进已经完全用于2011年6月新安装的201号设备的新辊上。根据运行的经验，改进后的新辊的使用寿命预计可以增加到6000h。

为了使辊的使用寿命达到5000h，Boddington已经采取了严格的预防性维护

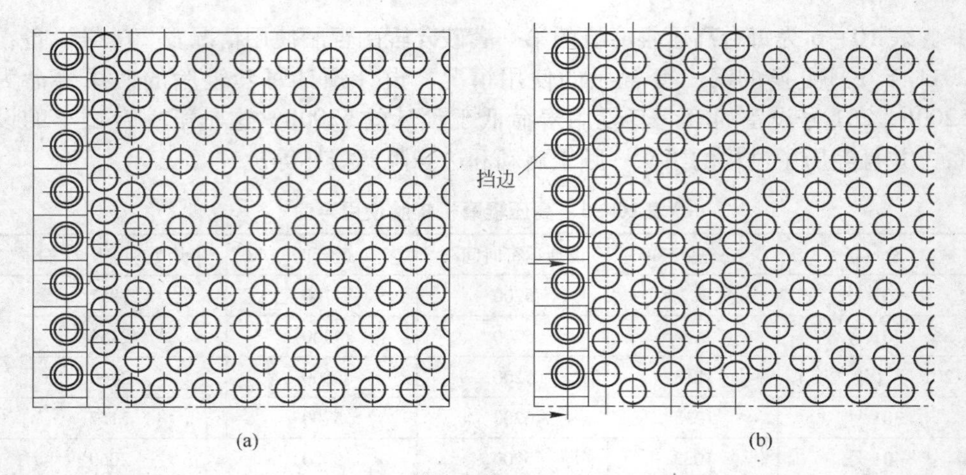

图 10－30 高压辊磨机辊钉布置形式

（a）原设计辊；（b）新设计辊

和检修计划。这个计划包括供货商驻现场的专职代表和下列程序：

（1）每天要对运行当中的设备（低速时）进行挡边检查，挡边缺失要根据生产需要尽早更换，并且当日对设备停车更换做出计划。因为高压辊磨机在挡边缺失的情况下连续运行，会在短时间内对挡边座造成重大损坏。一旦挡边座损坏，维持辊和挡边的整体性就会极其困难，因为矿石会破坏辊体，导致挡边座功能变差。

（2）每星期对高压辊磨机进行一次维护，时间最长 12h，一般为 8～10h。检查中对固定辊和浮动辊都要进行微拖动，任何破损的辊钉以及挡边都要更换或修理，颊板要进行调整。如有必要，溜槽衬板也要更换，以及检查润滑部分。

（3）每月进行一次 12h 维护，此次除上述的检查和预防性维护内容外，还要对每个辊的 0°和 180°两个位置的磨损轮廓分别进行测量，也要对零间隙和颊板进行测量和调整。

每个月对高压辊磨机破碎辊的计划和补救维护时间累计可达 70h，包括辊钉和挡边的修复。一旦辊钉破损和颊板冲刷问题解决，辊的使用状况的在线检测启用后，每个月的维护时间可以减少到 30h。

辊的更换时间已经从最初（第一台设备）的 136h 减少到最近的 56h，正在继续改进以达到设计的 50h 的目标。将对在高压辊磨机上的给矿漏斗做进一步的改进，以使其易于取出。在更换破碎辊时（见图 10－31），高压辊磨机上的所有结构件必须移出；减速机在联轴节处分开，放在一个特制的可移动小车上；颊板移出；高压辊磨机架体升高几毫米，固定辊总成和浮动辊总成移出，然后把新的辊体总成滑进位置。

图 10－31 破碎辊的更换照片

专门为高压辊磨机安装所设计和购买的破碎辊移动小车（见图 10－32）使得 Boddington 在辊的更换时间上大为减少。小车可以升到高压辊磨机上，通过激光校准后，保证破碎辊被安全地移出，很容易地放到小车上。

图 10－32 破碎辊移动小车照片

10.2.6 Boddington 的经验教训

Boddington 在最初 18 个月的运行当中，克服了许多挑战性的问题，使得高压辊磨机基本上达到了设计的预期，比处理能力比设计值高 30%，和半工业试验预期的能力相符，比能耗也低于设计值。产品粒度 P_{50} 和 P_{80} 与设计值非常相似，证实了高压辊磨机能够生产所需产品的能力。配有辊钉的辊的磨损速率也接近第一套辊的性能保证值。高压辊磨机回路的有效运转率低于预期的值，当然，矿石极高的硬度和磨蚀性也影响了设备的运转率和衬板寿命。

Boddington 金铜矿碎磨回路的研究进行了 9 年多，包括广泛的试验工作，如

200 多个实验室碎磨试验，8 个单独的磨矿回路半工业试验，得到了可以进行详细设计的指标参数，用于选择合适的破碎机和磨矿机。试车后继续进行的生产评估和实验室试验工作结果使得破碎和磨矿回路的运行得到了进一步的改善。

在有关高压辊磨机回路的设计、试车和运行当中也得到了许多关键的教训。在设计阶段能考虑的最关键的问题是要保证使高压辊磨机的给矿离析最小化。在设计中需要考虑的事项有：

（1）高压辊磨机的给料仓设计必须是按满料给矿设计，以保证高压辊磨机的给料不离析。

（2）给料仓要有足够的有效容积，以保证给料仓的料位能够维持在给料仓满料给矿所需的料位之上。有效容积按过程控制系统的连锁料位（高、低料位）计算。

（3）卸料车的速度要使其能够横跨所有给矿仓的长度，把矿石卸到最端部的仓中，维持矿仓中的料位高于满料给矿的料位。

（4）高压辊磨机的给矿和产品带式输送机能力要设计留有足够的富裕，以考虑其比能力高于设计值时的变化以及高压辊磨机旁通事情的发生。

（5）高压辊磨机给矿和产品带式输送机的可靠性也是关键因素，它影响高压辊磨机运行的台数及其生产能力。

（6）在设计中要考虑高压辊磨机给矿漏斗中的料位探测和报警装置，它将影响破碎辊的偏斜和磨损。

在试车当中能够做的最重要的事情包括：

（1）在试车计划中要有足够的时间使设备联动运行，保证高压辊磨机之前的每个作业达到设计的给矿和产品粒度，并能够连续运行。

（2）保证关键的仪表安装和试车准确，最大限度地减少不必要的停车。

（3）高压辊磨机给矿仓的料位控制（矿仓料位影响离析）必须配置正确。

（4）对高压辊磨机在试车阶段要考虑一个比设计更保守的最大给矿粒度。

一个极其重要的事情是在设计中要把业主的控制思路和功能设计说明整体融合到过程控制系统中去，而不是仅仅依靠供货商提供的 PLC 控制，业主要清楚并且能影响过程控制，有能力对运行需求及时做出响应，这对试车的成功和随后的改进是非常关键的。

许多改进已经明确，目前正在进行进一步的研究。压力和偏斜控制正在考虑 17MPa（170bar）的压力试验。当然，超过 16MPa（160bar）压力的运行需要进行风险的综合分析，弄清楚对辊的磨损、挡边和颊板使用寿命以及轴承温度的影响。

目前，在继续对延长辊胎的使用寿命进行研究。2011 年 6 月，第一套第二代辊胎安装在 201 号设备上，这套辊胎的辊钉采用了新的硬度和配置形式，挡边区域的辊钉密度比中心区域更高，以使在边缘的自生层冲刷最小化。

正在进行的计划检修活动最佳化预计会提高高压辊磨机的有效运转率，已经制定了每台高压辊磨机每月 30～40h 的周维护时间，通过减小高压辊磨机的给矿粒度、新的辊钉配置形式和组合挡边来实现。

总之，高压辊磨机在 Boddington 铜金矿试车和运行 18 个月来，进展不错，距最初的预期不太远。在输入功率比预计稍低的情况下，产品粒度达到预期。正在进行检测和关注的主要问题是辊的表面的磨损、辊钉破损的控制、挡边的损失和颊板的磨损。

10.3　PT－FI 选矿厂

10.3.1　概况

10.3.1.1　运营概况

PT Freeport Indonesia（PT－FI）[4]运营的项目是位于印度尼西亚巴布亚省的铜金矿，选矿厂的处理能力从 1973 年的一个单一碎矿—磨矿回路增加到目前的 4 个选矿厂（C1、C2、C3 及 C4），共有 4 台旋回破碎机、10 台圆锥破碎机、2 台半自磨机、3 台顽石破碎机以及 18 台球磨机（其中 14 台一段磨矿，4 台再磨）。

选矿厂 2009 年的年平均处理能力为 238.3kt/d，处理的矿石来自于 Grasberg 露采矿石及 Deep Ore Zone（DOZ）的坑采矿石。接下来的 5 年，处理能力预计为 230kt/d，其中分别来自于 Grasberg 露采矿石 144kt/d、DOZ 坑采矿石 80kt/d 及 Gossan 矿区 6kt/d。PT－FI 选矿厂自 1973 年运行以来，共计产出超过 13.60Mt（300 亿磅）铜金属及 1312t（4200 万盎司）金。

目前储量为 15.50Mt（341 亿磅）铜金属及 1100t（3550 万盎司）金。2010 年产量达到了 0.545Mt（12 亿磅）铜金属及 56.25t（180 万盎司）金。矿体形状如图 10－33 所示。

10.3.1.2　安装高压辊磨机前的选矿厂运行状况

C1 和 C2 选矿厂在 2007 年之前被当做一个选矿厂，统称为南北选矿厂，合计额定处理能力为 55000t/d。然而它们历史上最大处理能力为 65000t/d，变化的原因在于自然崩落法采矿从中部矿体转至深部矿体后导致了处理能力下降，一则由于给矿粒度的变粗，二则为深部矿体的矿石邦德功指数的增加。此外，南北选矿厂的比输入功率是 3 个选矿厂中最低的：南北选矿厂 7.5kW · h/t（安装功率为 19000kW），C3 选矿厂 8.8kW · h/t（安装功率为 25000kW），C4 选矿厂 12kW · h/t（安装功率为 61000kW）。这就导致了南北选矿厂的浮选给矿粒度大于其他的选厂。

为了实现项目利益的最大化，对南北选矿厂进行了两次扩建。第一次扩建，HPGR 安装于常规破碎与一段磨矿之间作为第四段碎矿，这主要是为了产出更细

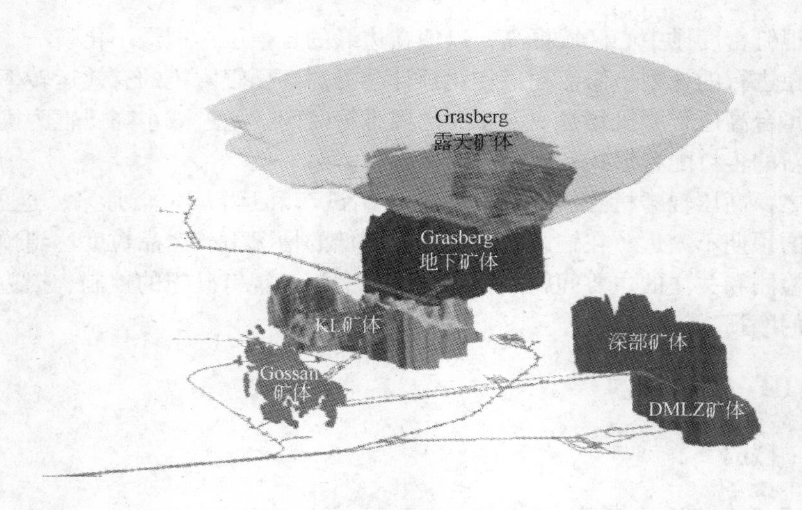

图 10－33 PT－FI 矿体组成

粒级的产品给入浮选作业，从而提高产能。第二次扩建是增加破碎能力，同时，使磨矿能力和回收率达到比高压辊磨机安装之前更好的水平。

未安装 HPGR 时的破碎回路流程简图如图 10－34 所示。中碎前对破碎机给矿进行一段湿式筛分（筛孔 8mm），给料中 60% 为筛上产品，筛上产品进入中细碎回路进行破碎和筛分，其余的 40% 筛下产品再进行二段湿式筛分（筛孔

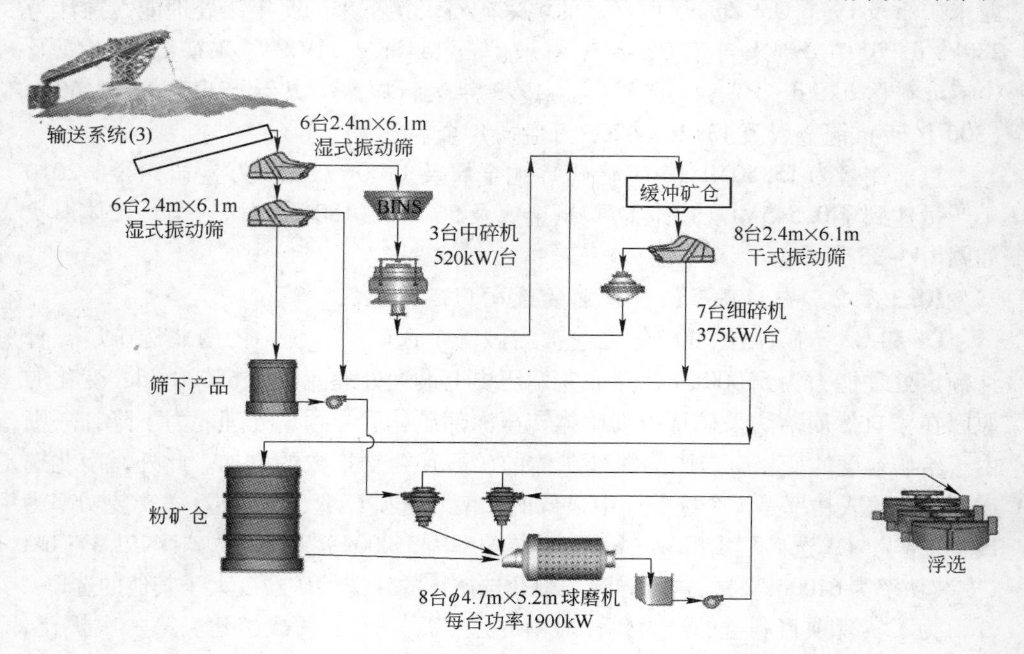

图 10－34 安装 HPGR 之前的破碎回路流程简图

3mm）。二段湿筛的筛上产物大约为给矿的 25%（占破碎机给矿的 10%），筛上产物同干矿产品合并。二段湿筛筛下产品则直接给入南－北选矿厂安装的专门用于该部分产品的水力旋流器分级，旋流器的沉砂同碎矿车间的干矿产品合并给入球磨机。球磨机给料中约 70% 为破碎车间的干矿产品，其余的为二段湿筛筛下产品。旋流器溢流进入浮选作业的粒度约为大于 0.212mm 的占 28%。

10.3.1.3 HPGR 项目简述

HPGR 项目的目标就是为碎磨回路增加更高的粉碎功率以减小浮选给矿粒度和提高金属回收率。图 10－35 所示为 1999～2010 年各年度各个选矿厂磨矿粒度与粗选回收率的关系。由图 10－35 可知，磨矿粒度与粗选回收率的反相关关系很明确。此外，在 C1、C2 选矿厂，磨矿细度最粗，回收率也最低。该曲线表明了磨矿细度对粗选回收率的影响，同时忽略了其他例如矿石类型、给矿品位以及不同选矿厂特有的回路配置均会对指标产生的影响。图 10－35 是以浮选给矿粒度为目标增加金属产量的依据。

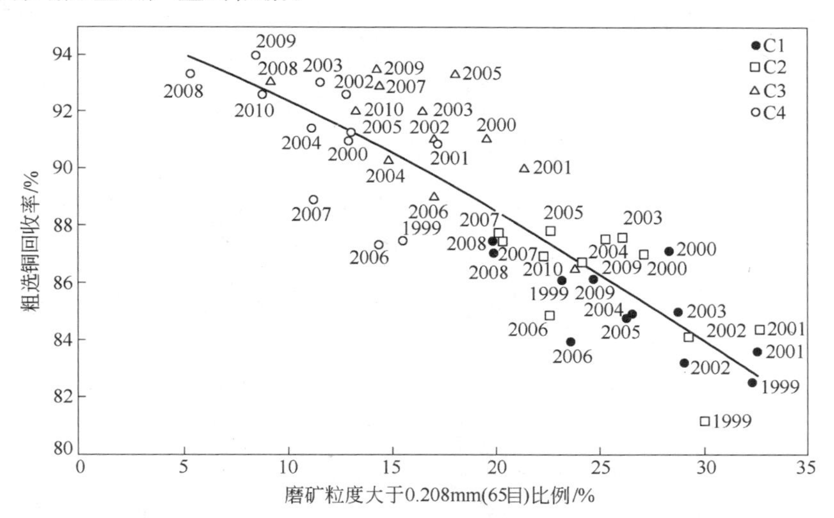

图 10－35　1999～2010 年各年度各个选矿厂磨矿粒度与粗选回收率的关系

HPGR 项目是在常规破碎车间之后安装 2 台 Polycom20/15－7 高压辊磨机作为第四段破碎，每台的装机功率为 3600kW，用于处理破碎车间的所有干矿产品（详见图 10－36）。

磨矿改善设计是基于在破碎产品大量的取样及后续由 HPGR 供货商开展的试验工作结果。此外也选取了将来破碎给矿的具有代表性的矿石进行了有针对性的试验工作。图 10－37 所示为没有边料循环的硬度较大的矿石和带有边料循环的典型矿石之间的粒度分布范围。回路的设计也是基于这两类矿石的粒度分布范围。

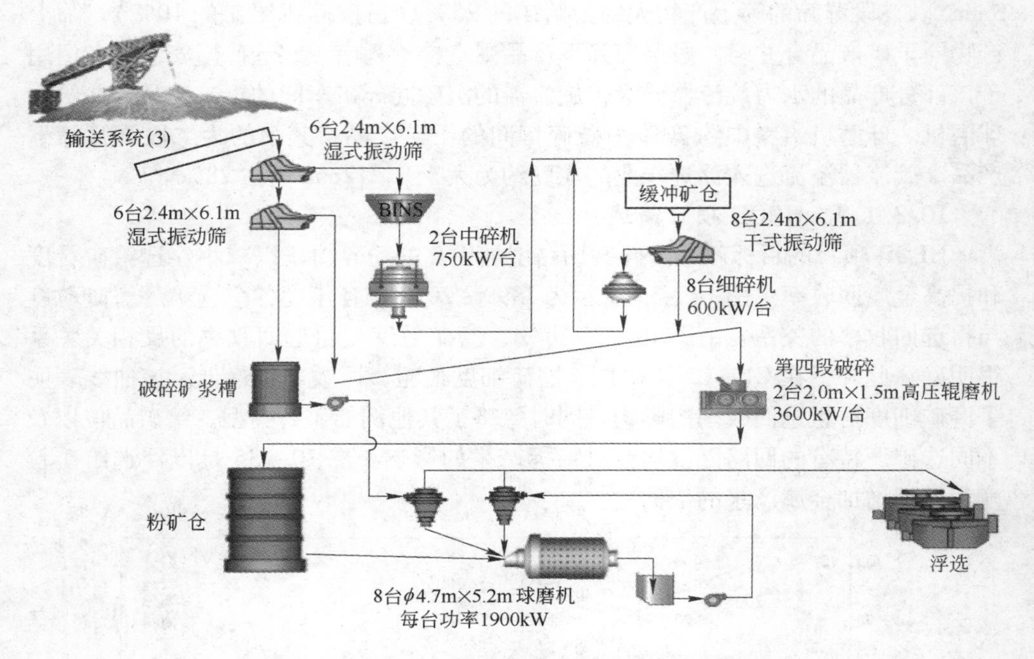

图 10－36 安装 HPGR 之后的破碎回路流程

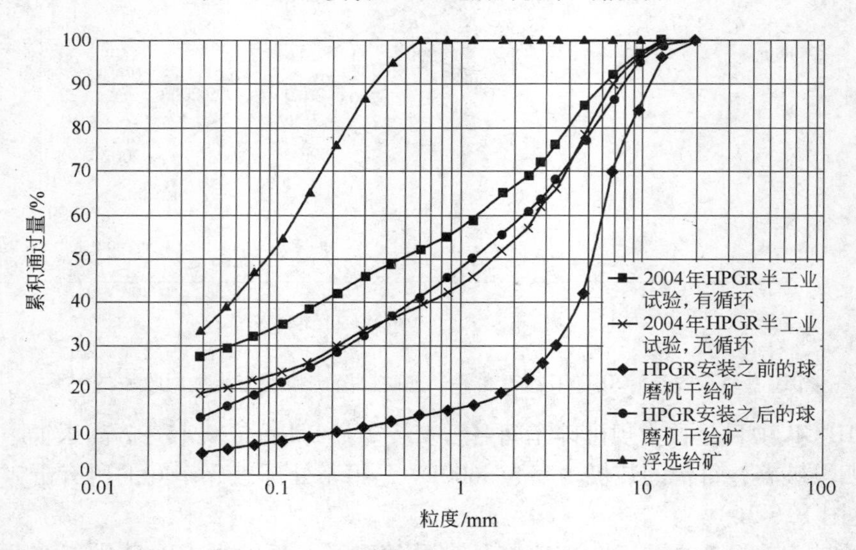

图 10－37 半工业试验及生产的 HPGR 产品粒度

对于这些性能的预期，项目的成功运行有三个关键的因素：运转率、处理量和产品粒度。第一年运行的总利用率达到了 90%，后来为 92%。运转率的关键因素在于辊胎寿命，预期处理量可超过 11.60Mt。

比能力预计在 200 ~ 250t/(m^3 · h）之间，取决于循环量和水分，也就是相当于循环量为 20%，水分为 3% 时处理量可达到 1450t/h。同时，产品中小于 210μm 的通过量预计为给矿的 4.2 倍。

作为 HPGR 项目的补充，把常规破碎机也进行了现代化改进：采用 Sandvik 的 H－7800（现在的 C870）破碎机替代了西蒙斯 2.13m（7ft）短头型破碎机、采用 Metso 的 MP－1000 代替 3 台中碎破碎机（1 台 H－8800/C880 以及 2 台西蒙斯 2.13m（7ft）标准型破碎机）。其他的改造内容主要集中在简化总图布置，减少运营成本、提高运转率，提高生产能力也是 Crusher Master Project（CMP）项目的内容之一。这些改造在 2008 年的三次停产期间完成。

10.3.2 南－北选矿厂磨矿车间在安装了 HPGR 后的状况

安装 HPGR 后得到的特性粒度分布与供货商所做的中试数据的比较如图 10－37 所示。

磨矿处理能力的变化如图 10－38 所示。该曲线同时显示了 HPGR 和 CMP 项目（完成于 2008 年 8 月）运行后的数据。此后，磨矿车间的处理量逐渐提高。年度日处理能力最高纪录出现在 2009 年（73400t/d），超过了之前软矿石处理能力的纪录。同样在图 10－38 中，阶段Ⅰ（没有 HPGR，没有 CMP），阶段Ⅲ（有 HPGR，没有 CMP），阶段Ⅴ（有 HPGR，有 CMP）可以作为不同条件下对比球磨机性能的参考。相反，在阶段Ⅱ及阶段Ⅳ的过渡期间（分别为 HPGR 及 CMP 的建设期）并不适用于目前的分析，原因在于在建设期间破碎系统的给矿受限。

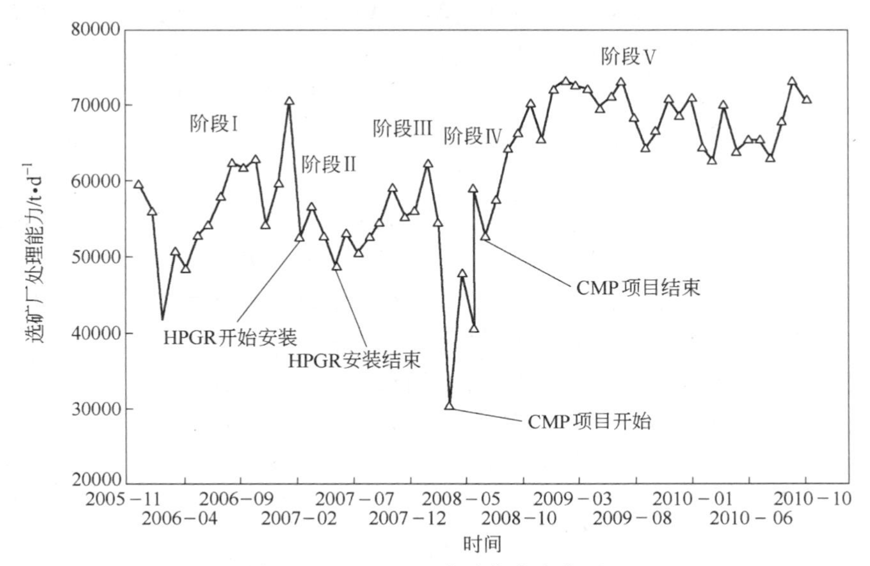

图 10－38 C1/C2 磨矿能力变化过程

表 10 - 7 总结了三个参考阶段的数据。处理能力从 55905t/d 增加了 22%，可以从以下三个方面分析：（1）球磨机回路新给矿粒度分布；（2）HPGR 使矿石硬度降低的影响；（3）HPGR 的运行，包括边料循环及为了匹配给料粒度分布带来的变化而进行的球径的优化。与此同时也进行了磨矿回路其他方面的优化工作，如球磨机控制策略以及旋流器结构类型的改进，这些工作对于回路的稳定性，比对于能力增加，具有更为重要的影响。

表 10 - 7 不同阶段的磨矿性能

运行参数	阶段Ⅰ	阶段Ⅱ	阶段Ⅲ
处理能力/t · d^{-1}	55905	52916	68415
运转率/%	96.0	95.6	98.0
磨机功率输出/kW	1884	1909	1933
HPGR 循环比/%	—	0	10.33
磨机给矿粒度 F_{80}/μm	5527	4745	4463
磨机给矿中小于 0.208mm(65 目)含量/%	23.61	32.44	33.22
磨矿回路产品粒度 P_{80}/μm	230	194	234
邦德功指数(A)/kW · h · t^{-1}	11.17	11.66	13.14
操作功指数(B)/kW · h · t^{-1}	12.37	12.30	10.77
磨机效率 (A/B)	0.906	0.954	1.233

10.3.2.1 给料粒度 F_{80} 对选矿厂能力的影响

如前所述，南 - 北选矿厂的球磨机给料是两部分：干矿（HPGR 的产品）以及“破碎矿浆”。后者是破碎车间湿式筛分的筛下产物经过水力旋流器分级后得到的产品，粒度 F_{80} 为 1100 ~ 1500μm。破碎矿浆进入每个球磨机的量是变化的，测定每台球磨机实际处理量的方法是通过给入破碎车间的物料平衡以及给入球磨机干矿量的计量秤。

干给矿是若干个破碎阶段的产品，在回路中不同的点进行计量，最终的计量是在位于球磨给矿皮带上的皮带秤。干给矿的特征粒度 F_{80} 为 5500 ~ 5700μm。矿浆因素的变化影响整个回路的 F_{80} 变化，水平衡的变化导致了回路的变化。需要指出的是，水平衡的变化也干扰了磨矿分级回路。

表 10 - 7 数据表明，通过 HPGR 的运行，F_{80} 由第一阶段的 5527μm 降低到第三阶段的 4463μm（降低了 18.2%）。为了确定这个变化对球磨机磨矿回路处理能力的唯一影响，应用了 Bond 公式：

$$E = 10 \times W_i \times \left(\frac{1}{\sqrt{P_{80}}} - \frac{1}{\sqrt{F_{80}}} \right) = \frac{P}{TPH} \quad (10-1)$$

式中 E——比能耗，kW · h/t；

W_i——实验室球磨邦德功指数，kW · h/t；

F_{80}，P_{80}——分别为磨矿回路的给料及产品的特征粒度，μm；

P——球磨机消耗功率，kW；

TPH——处理能力，t/h。

解式（10－1），则有：

$$TPH = \frac{P}{10 \times W_i \times \left(\frac{1}{\sqrt{P_{80}}} - \frac{1}{\sqrt{F_{80}}} \right)} \tag{10-2}$$

若将表 10－7 中的 F_{80} 和 P_{80}、P、W_i 变量直接应用于邦德公式，然后 $\Delta_{\text{Ⅲ}-\text{Ⅰ}} = TPH_{\text{Ⅲ}} - TPH_{\text{Ⅰ}} = 180$（t/h）$= -4315$（t/d），则有 $-4315/55905 = -7.71\%$，即阶段Ⅲ磨机处理量比阶段Ⅰ下降 7.71%。

这个结果表明，在两个阶段之间给矿粒度 F_{80}、功率输出和矿石硬度减小等变量综合作用的影响，导致磨机根据邦德公式计算的能力减小。最有影响的变化因素为矿石硬度，同阶段Ⅰ相比，阶段Ⅲ的磨矿能耗增加了 1.4kW · h/t（18%），功指数从 11.17kW · h/t 增加到 13.14kW · h/t。因此，单纯用邦德公式并不能解释磨机处理能力实际上是增加的事实，邦德的方法仅从全粒级分布考虑了一个点（F_{80}），虽然磨矿回路处理能力总体上依赖于全粒级的形状。同样，使用邦德公式时，不根据粒度分布形状的变化进行修正是不合适的。

由于其特殊的导致颗粒之间相互作用的破碎机理，高压辊磨机特有的能力是产出细粒级物料。对比高压辊磨机与常规破碎机产品中的细粒级物料（见图 10－39）可以看出，在高压辊磨机的条件下产生的细粒级物料的量与常规破碎机差别很大。邦德方法是基于常规的破碎及棒磨，相对于高压辊磨机而言，其产品的粒度分布较为平行，细粒级含量较少。如果如图 10－39 所示两条曲线延伸至彼此正投影重叠，对于给定的 F_{80}（例如 5.5mm），常规破碎产生的小于 212μm 的量仅为 15%，而高压辊磨机则是其两倍。

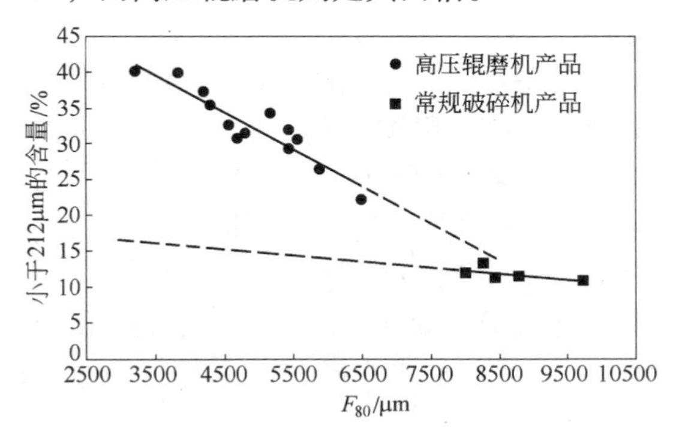

图 10－39　F_{80} 粒度及细粒级含量的曲线

由 HPGR 产出的额外的细粒级物料，对于同样的 F_{80} 来讲使得邦德公式低估了回路的实际生产能力。虽然有很多的修正系数可以应用于邦德公式的功率预测，但是，当评估 F_{80} 相同的给矿中不同的细粒含量时，没有统一可行的修正系数。

可以采用类似总体质量平衡的仿真技术的方法，利用磨矿及水力分级过程的数学模型，考虑全粒级分布，允许单个颗粒的碎裂和破磨动力学模拟。采用这种方法，可以对给料粒度分布的纯粹效果进行评价。利用广泛采用的软件包已经建立了一个典型的磨矿模型，常规破碎机及高压辊磨机的产品粒度分布模拟为磨矿回路的新给矿，通过破碎矿浆系数进行修正。假定矿石硬度相同，根据给矿粒度分布估算的结果，在采用高压辊磨机的情况下，磨矿回路的生产能力要高 14%，结果见表 10－8。

表 10－8 给矿粒度分布模拟影响比较

变 量	来自于常规破碎机的给矿	来自于高压辊磨机的给矿
邦德功指数/$kW \cdot h \cdot t^{-1}$	13.1	13.1
磨机功率输出/$kW \cdot h \cdot t^{-1}$	1970	1970
给矿粒度 F_{80}/μm	5573	4463
给矿粒度小于 212μm 含量/%	24.04	32.67
产品粒度 P_{80}/μm	230.5	230.2
磨机处理能力/$t \cdot h^{-1}$	312	358

10.3.2.2 高压辊磨机对矿石硬度的影响

一些文献报道过经高压辊磨机处理过的矿石硬度减小了，是由于在高压粉碎过程中矿石中产生了微裂纹。检验矿石硬度减小的一种方法是比较矿石经高压辊磨机粉碎前、后的邦德功指数。然而，对高压辊磨机生产的样品直接采用邦德标准方法有两个问题：一是标准的实验室邦德试验对给矿粒度分布很敏感，样品中细粒级物料的含量高时功指数会明显地减小；二是试验室中标准的邦德试验采用阶段破碎，大于 3.35mm 粒级的矿样要采用颚式破碎机碎矿，再次破碎后形成的小于 3.35mm 矿样的粒度分布，消除了在大于 3.35mm 粒级物料中包含的微裂纹，因此掩盖了产生预期粒度分布时所需的真实能耗。同时，破碎大于 3.35mm 粒级物料增加了另外一个破碎阶段，会影响高压辊磨机破碎后矿石产生的微裂纹的真实效果。在 PTFT 高压辊磨机的生产中，大约有 27% 的给矿物料大于 3.35mm，推测是其使高压辊磨机处理过矿石的总能耗降低。

为了克服这种状况，必须满足两个条件（如果打算对高压辊磨机的给料和产品采用磨矿试验进行比较）：

（1）两个样品具有相同的粒度分布；

（2）选择的试验必须能够接受全粒级分布，没有任何中间粉碎阶段。

采用高压辊磨机给矿物料来配成与高压辊磨机产品粒度分布类似的自然产品粒度分布，可以满足条件1，因为任何细粒级物料含量不同的影响明确地从试验中消除了。

对于条件2，批量球磨试验采用装备有功率测量系统的305mm×290mm的实验室小球磨机。这种方法可以测量每个样品的可磨性参数如破碎速率和运行功指数。采用该设备能够模拟小规模的磨矿车间工况条件（如类似于工业上球磨回路运行的钢球配比、比能耗）。

试验在同样的实验室条件下进行，这些条件是：磨机直径（不包括衬板）为304mm，球磨机长度为290mm，充填率为42%，临界转速率为70%（53.6r/min），孔隙率 $U=0.6$，样品质量为4.8kg，球磨机内矿浆质量分数为72%，磨矿时间为4min，所有试验的比能耗均为1.4kW·h/t。

三个样品取自正常的工业运行中（样品A、B和C，对应于不同的运行日期），产品的粒度分布在批量的磨矿试验后进行测定。由于每个试验中的给矿和产品粒度特性（F_{80}，P_{80}）以及比能耗（$E=1.4$kW·h/t）都是已知的，因此，完成磨矿作业从特定的 F_{80} 转换到 P_{80} 所需的能量（运行功指数 OW_i）可以表达如下：

$$OW_i = \frac{E}{10\left(\frac{1}{\sqrt{P_{80}}} - \frac{1}{\sqrt{F_{80}}}\right)} \tag{10-3}$$

表10-9总结了采用批次磨矿对采用高压辊磨机和不采用高压辊磨机处理的相同粒度分布的矿石所得到的运行功指数的计算和比较结果。采用该方法确定的微裂纹影响，可以降低运行功指数1%～8%，对高压辊磨机给料的全部粒级范围均是适用的，同时消除了因细粒级含量造成的各种影响。

表10-9 批次磨矿试验结果

样品	F_{80} /μm	P_{80}（有HPGR）/μm	P_{80}（无HPGR）/μm	比能耗 /kW·h·t^{-1}	HPGR产品 OW_i /kW·h·t^{-1}	HPGR给矿 OW_i /kW·h·t^{-1}	由于微裂纹 OW_i 降低比例/%
A	4729	1147	1129	1.4	9.1	9.0	1.1
B	5464	1644	1537	1.4	12.3	11.4	7.9
C	6205	2348	2242	1.4	17.2	16.3	5.5

10.3.2.3 HPGR边料返回的影响

半工业试验研究结果表明（见图10-37），如果部分高压辊磨机产品返回至高压辊磨机对粉碎效率是有好处的。在这个案例中，总体布置使得一部分1号高压辊磨机的产品送到2号高压辊磨机作为给料（见图10-36）。实际的工业生产表明，在边料返回量为20%时，回路中的能耗效率改善可达4.8%（见图10-40），该部分能耗效率可以为浮选给矿产生更细粒级产品，或者增加车间的瞬时处理能力。

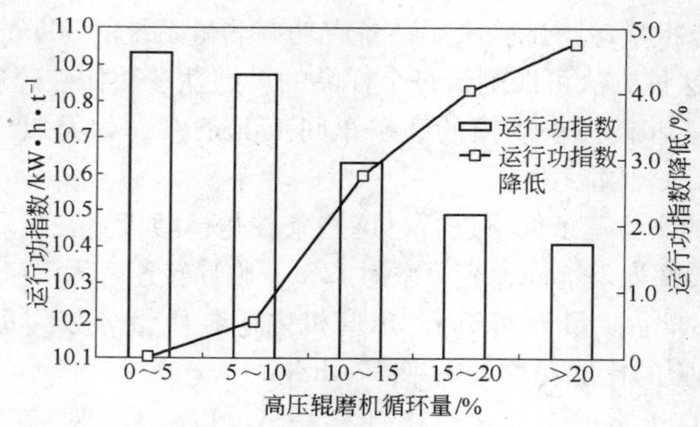

图10-40 C1和C2选矿厂2009年一、二季度高压辊磨机循环量对磨矿性能的影响

自2009年4月以来，边料返回量一直保持在15%左右，是目前车间运行的标准。数据表明，边料返回量大可以产生更细的粒度分布，物料循环和下游输送皮带对输送能力的制约影响了对处理能力低于目前平均水平的原因的观测（见图10-41）。

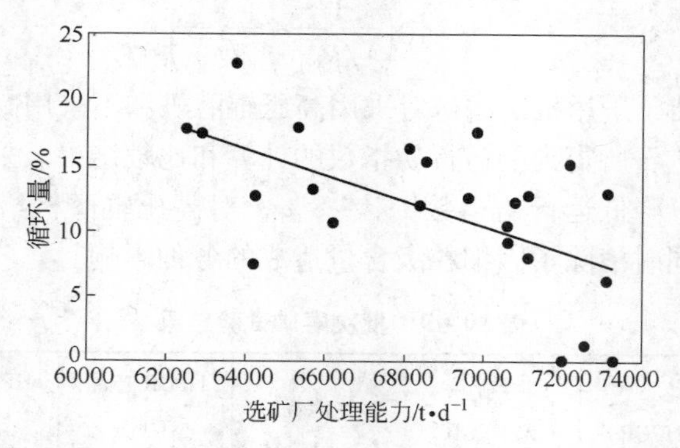

图10-41 选矿厂处理能力对高压辊磨机循环量的影响

10.3.2.4 球径优化的影响

高压辊磨机项目的实施在给定的磨矿粒度条件下对产量的提高是很明显的，新的给矿条件为探索球磨系统的进一步优化提供了机会。在此提供了钢球介质最大尺寸优化数据。

众所周知，球磨机中充填的钢球规格配比会对磨矿过程产生重大的影响。磨矿能效的一个变量是充填球荷用于冲击和研磨矿物颗粒所暴露出的比表面积

（m^2/m^3），不考虑实际补加球的规格。这进一步为理想的钢球补加提供了优化机会。为了验证这个想法，进行了实验室小型试验以验证在不同的最大钢球规格条件下的磨矿效率。

从 C1/C2 选矿厂球磨机采取的代表性矿样，在实验室可控的条件下，采用305mm×305mm 装配有功率测量装置的球磨机进行试验。试验程序是根据采用不同补加球径模拟计算的球径配比进行的，矿石负荷、总的球重、球磨机转速、磨矿时间和磨矿浓度保持不变，每一种球配比下的比表面积通过球的补加策略确定，并且根据经典的线性钢球磨损理论进行估算。

每个试验的结果见表 10－10，为了试验结果对比的考虑，实际比能耗（作用在矿石上的能量）采用邦德公式进行了修正，以重新计算取得与参照试验 A 和 A* 相同的产品粒度 P_{80}所需的能耗。

表 10－10　不同球径组成的实验室结果

参　数		1	2	A*	A	3	4	5
钢球补加配比/%	80mm	100	50	0	0	0	0	0
	65mm	0	50	100	100	80	50	0
	50mm	0	0	0	0	20	50	100
功率/kW		0.0921	0.0962	0.0962	0.0966	0.0970	0.0953	0.0937
F_{80}/μm		2672	3159	2672	3159	3159	3159	3159
P_{80}/ μm		901	1436	909	1511	1526	1807	1996
比能耗/kW·h·t^{-1}		1.3	1.3	1.3	1.3	1.4	1.3	1.3
运行功指数/kW·h·t^{-1}		9.2	15.5	9.7	16.9	17.3	23.1	28.3
修正后的比能耗/kW·h·t^{-1}		1.3	1.2	1.3	1.3	1.4	1.8	2.3

从表 10－10 中可以看出，对应于条件 2 得到所需的产品粒度 P_{80}的能耗需求是最低的，采用的球配比补加为 50% 的 80mm 和 50% 的 65mm 钢球。通过绘制每个试验条件下的比表面积与球径比表面积结果（m^2/m^3）曲线，可以得出，采用新的条件同基础方案的条件相比较，回路处理能力可提高 5%～10%（见图 10－42）。

为了评估试验的可重复性，采用之前标准球径（基础方案）分别进行了不同 F_{80}的两次试验。试验结果表明两个试验之间没有明显的不同，说明试验程序是稳定可用的。结果还证明了在给定的给矿粒度 F_{80}为 4.7mm 时，球径粒度范围在 65～80mm（图 10－42 中左边第二个点）内得到了最好的磨矿结果，运行功指数为 11.2kW·h/t。

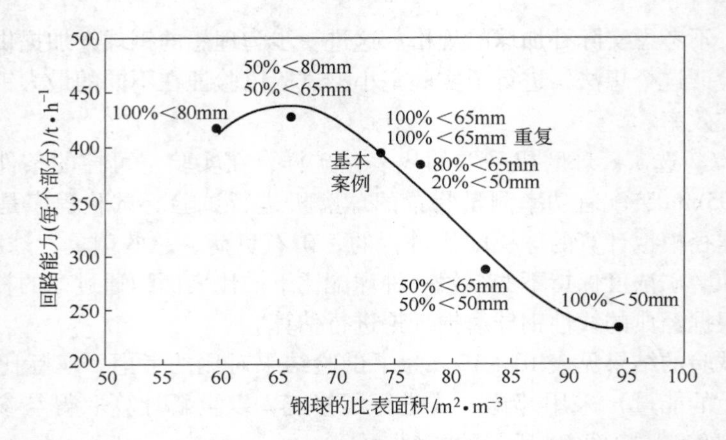

图 10-42 C1/C2 选矿厂理想球荷比表面积确定（循环负荷为 370%）

通过上述试验结果，改变后的装球制度从 2009 年开始应用于车间，同时在实施后的 6 个月得到了改进后的总体效果。

10.3.2.5 球磨回路性能的综合影响

月度工业数据概述了采用矿石的实际试验室邦德功指数（BW_i）与运行功指数（OW_i）之间的比值来表示的球磨机效率数据的变化。图 10-43 所示为该比值随时间变化的演变过程。

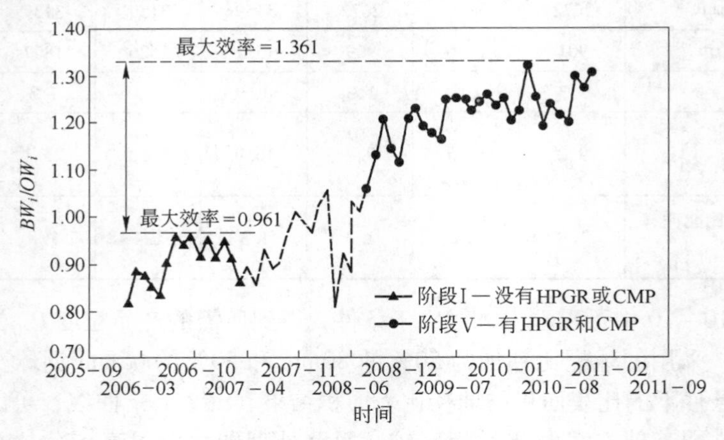

图 10-43 磨机效率（BW_i/OW_i）的变化

综合正在做的工作效果，目前的运行效率与没有采用高压辊磨机之前相比，提高了 30%。然而总体的平均改善的效率大约为 21%。从能效来讲，在粉碎—分级回路中，用于破碎不同颗粒的能量利用已经在随后的球磨机运营中优化。但是，如前所述，在计算单个单元运行中采用邦德方法而不通过一系列的技术修正是有局限性的。当然，从原矿给矿到浮选给矿的比较是有效的。

10.3.3 PT－FI选矿厂综合分析

在PT－FI选矿厂，在常规磨矿车间成功使用了高压辊磨机，在得到同样的产品粒度的同时，年平均磨矿能力提高了21%。这种改善主要包含以下方面：

（1）同常规破碎机产品相比，高压辊磨机的产品粒级分布更细（降低了磨机的F_{80}，给矿中细粒级产品增多），使处理能力提高约15%。

（2）因高压辊磨机的粉碎机理使得矿石硬度降低1%～8%。

（3）在PT－FI选矿厂，优化后的高压辊磨机边料循环使得处理能力提高，当边料循环量维持在设计水平以上（15%～20%）可提高处理量。目前的循环率大约为15%，可提高处理量为4%。当然，这是一个特定的案例，设计的高压辊磨机为开路运行，备有物料循环回路。

（4）修正后的所需钢球规格表明，当采用不同球径配比补加后可使处理能力提高5%。

参考文献

[1] KOSKI S, VANDERBEEK J, ENRIQUEZ J. Cerro Verde Concentrator——four years operating HPGRs [C]//Department of Mining Engineering University of British Columbia. SAG 2011. Vancouver, 2011: 140.

[2] SEIDEL J, LOGAN T C, LEVIER K M, VEILLETTE G. Case study——investigation of HPGR suitability for two gold/copper prospects [C]// Department of Mining Engineering University of British Columbia. SAG 2006. Vancouver, 2006: Ⅳ－140～153.

[3] HART S, PARKER B, REES T, et al. Commissioning and ramp up of the HPGR circuit at newmont Boddington gold [C]// Department of Mining Engineering University of British Columbia. SAG 2011. Vancouver, 2011: 41.

[4] VILLANUEVA A, BANINI G, HOLLOW J, et al. Effects of HPGR introduction on grinding performance at PT Freeport Indonesia's Concentrator [C] //Department of Mining Engineering University of British Columbia. SAG 2011. Vancouver, 2011: 172.

11 自磨砾磨（AP）流程（Aitik铜矿）

11.1 概况

Boliden Aitik 铜矿[1]位于瑞典北部北极圈以北 100km 处。

Aitik 铜矿已经进行了几次扩建，其最早于 1968 年开始生产，有两条棒磨—砾磨生产线，年处理量为 2Mt。这些年间，对老选厂总共进行了三次扩建。第一次扩建在 1972 年，扩建了两个自磨系统；第二次扩建在 1980 年，当时又扩建了第三个自磨系统，这次扩建使选矿厂的处理能力由 6Mt/a 扩大到了 11Mt/a；1992 年完成了第三次扩建，又新建了两个自磨系统。这时老的棒磨系统停止了生产，选矿厂总共有 5 个磨矿系统，每个磨矿系统包括有一台自磨机和一台砾磨机，年生产能力达到了 18Mt。

2005 年对选矿厂进一步扩建的几个方案进行了预可行性研究。一个方案是在现有选矿厂的基础上扩建，使生产能力达到 28Mt/a，这一方案要新建一条磨矿生产线。另一方案是新建一个处理能力约 33Mt/a 的选矿厂，这一方案要新建两条磨矿生产线。研究表明，在现有选矿厂的基础上进行扩建，会使总图布置很复杂。比较而言，新建选矿厂的总图布置相对简单，设备规格更大、数量更少，并且新建选矿厂为将来进一步的扩建留有更大的灵活性。新建选矿厂的运营成本也相对较低。此外新选厂的选址离露天坑更远，这使得在现有选厂区域内能采出更多的矿石。较低的运营成本使得矿体铜品位在 0.27% 以上的保有矿石储量增加到 630Mt。

2006 年对新建年处理量为 36Mt，采用自磨—浮选工艺的选矿厂进行了可行性研究。可行性研究之后，该项目很快得到了 Boliden 董事会的批准，并于 2007 年开工建设，2009 年建成。在 2010 年的上半年进行了选矿厂的试生产。选矿厂磨矿回路包括有两个系列，每个系列分别由一台驱动功率为 22500kW 的自磨机、一台驱动功率为 10000kW 的砾磨机和螺旋分级机组成闭路磨矿系统。每个磨矿系列正常处理量为 2200t/h。

11.2 磨矿回路需要考虑的事项和设计

现有的自磨系统运行良好，并且在过去 40 年的生产实践中得到了不断改进完善，是新选厂磨矿系统设计的主要选择工艺之一。作为可行性研究的一部分，对可替代现有磨矿工艺的几种磨矿工艺进行了概念性研究，所研究的磨矿工艺包括：

（1）半自磨—球磨工艺；

（2）带有顽石破碎的奥图泰自磨工艺；

（3）破碎到小于 12mm，然后进行砾磨的碎磨工艺。

用到破碎机的两种碎磨工艺在较早的阶段就被排除掉了，因为这会增加流程的复杂性，并且运行成本较高。半自磨和自磨流程的比较表明，半自磨—球磨流程的投资比自磨—砾磨的投资低 1 亿瑞典克朗，但半自磨流程的年运行费用要高 3 亿瑞典克朗。

新选厂的设计以老选厂的磨矿流程为基础，为自磨机和砾磨机，砾磨机排矿用泵送至螺旋分级机，分级机返砂返回至自磨机，溢流去浮选作业。磨机为低径长比的磨机，两个最新建成的磨矿系统中磨机规格分别为 ϕ6. 7m × 12. 2m 的自磨机和 ϕ5. 2m × 6. 8m 的砾磨机。

老选厂最终磨矿细度为 P_{80} = 210μm，磨矿功耗为 12. 0kW · h/t，其中自磨机和砾磨机分别为 9. 7kW · h/t 和 2. 3kW · h/t。研究表明，更细的磨矿细度可提高铜的回收率。新系统磨矿细度的目标是 P_{80} = 175μm，通过增加第二段磨矿的功耗来提高磨矿细度。

自磨系统的设计依据现有选厂的实际生产数据进行。此外还对较新的一个磨矿系统进行了一系列的流程考察，为新磨矿系统的建模和模拟提供依据。考察中得到的磨机给矿和砾石送到美卓公司位于美国科罗拉多州 Springs 的试验室进行跌落试验和批次砾磨试验。

试验所关注的是相对于当前正在运转的磨机，大的自磨机和砾磨机的介质消耗是多少。美卓公司进行了仿真模拟，以对所选用的大的自磨和砾磨机进行评价。模型指出由于磨机直径增大导致的介质的破坏（自磨机中的粗粒石块和砾磨机中的砾石）并不是一个问题。

对两个磨矿系列年处理 33Mt 矿石的磨机进行了初步选型。在后来的研究中，决定将磨矿系统的处理能力提高到 36Mt/a。自磨机的直径（ϕ11. 6m）保持不变，增大的处理量通过加长磨机长度来实现。在自磨机和砾磨机的选型中，考虑留有 10% 的富裕系数。

11. 3 最终磨矿回路和设备选型

磨矿流程如图 11 - 1 所示。磨矿系统包括有两个系列，每个系列由一台自磨机和一台砾磨机组成。自磨机规格为 ϕ11. 6m × 13. 1m（有效长度），采用 22500kW 的包绕式电机驱动。砾磨机规格为 ϕ9. 1m × 10. 7m（有效长度），采用两台 5000kW 电机变速驱动。

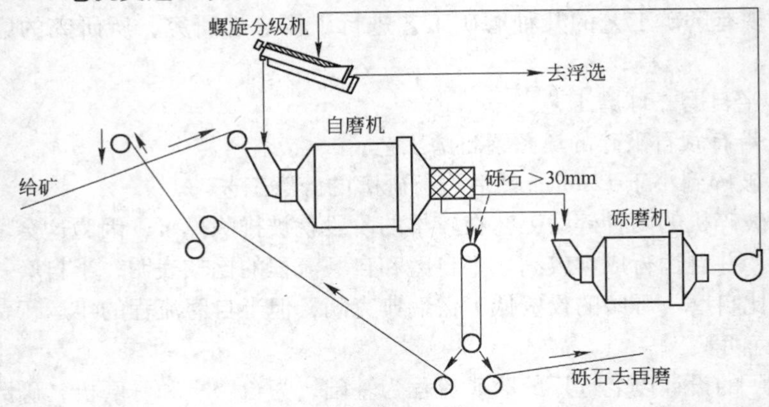

图 11－1 新选厂磨矿流程图

自磨机有 32 排格子板，另有 8 排顽石格子板。自磨机排矿通过圆筒筛第一部分的筛下物料（<15mm）直接给入到砾磨机；通过圆筒筛第二部分的筛下产品（15～30mm）为中间部分，返回自磨机；筛上部分（30～80mm）为砾石，砾石或者给入砾磨机，或者作为磨矿介质给入到再磨机，或者返回给入到自磨机。

砾磨机的排矿给入到 4 台平行的螺旋分级机。螺旋分级机沉砂返回至自磨机，溢流去浮选。

在总图布置方面，已经考虑将来为提高产能再安装顽石破碎机的可能。选矿厂总图布置也考虑了再扩建第三条生产线的可能。

11.4 试生产

2010 年 2 月 9 日，用废石给入自磨机，开始对磨矿系列 1 上的自磨机的电机进行了试运转。在电机试运转过程中，自磨机排出的砾石装填到砾磨机中。砾磨机在第一周的 GMD 试验时只进行了微拖速度的运转。在 2 月底完成了自磨机和砾磨机的电机试运转。

2010 年 3 月 3 日，磨机中给入原矿开始连续运转。考虑刚开始生产，磨机负荷率较低，操作人员也在积累经验。在接下来的两个月里，解决了几个制约生产能力的问题，磨机给矿量逐渐加大到了设计能力。在试生产中，也有几个关于包绕式电机的问题。2010 年 5 月 11 日，对磨矿系列 2 进行了试生产。在磨矿系列 1 上得到改进的地方直接用在了磨矿系列 2 上。在试生产中主要存在以下三个问题：

（1）自磨机圆筒筛效率低。在最初试运转过程中，由于圆筒筛效率太低，矿浆直接从自磨机流到了砾石皮带上。矿浆在圆筒筛上冲出去很远，冲到砾石皮带上导致皮带上的砾石沿着皮带向下滑落。也有一些碎屑卡在筛子面板上防磨损肋板之间造成堵塞的问题。

第一种办法是将大部分的肋板都砍掉，堵塞筛孔的问题是解决了，但是去掉这些肋板对矿浆的流动影响很小。第二种办法是装两排阻流板，这改善了矿浆的移动，处理能力从 1000t/h 提高到了 2000t/h。在大约 2100t/h 时，在砾磨机中出现了“浆池”。

后来，为了改善矿浆的流动效率，对圆筒筛进行了进一步的改造。去掉了大部分的舀勺，并安装了更高的挡板。舀勺的作用是将矿浆从圆筒筛的第一个筛分区域给到最后一个筛分区域，然后给入到砾石皮带上。发现只需两个舀勺就能将砾石给入到圆筒筛最后一个筛分区域。

（2）砾磨机中的“浆池”问题。“浆池”的出现是在砾磨机的扭矩（或输入功率）减小，磨机负荷恒定或稍有增加时。突然停车后检查发现格子板的外两圈上 70% 的开孔面积都堵死了（见图 11－2）。但是堵得比较松，降低磨机的处理能力，堵塞的筛孔就会重新通开。每当处理量超过 2000t/h 时，“浆池”现象就会发生。

图 11－2　2010 年 3 月 25 日拍摄的砾磨机格子板

关于砾磨机格子板堵塞的问题，讨论认为可能有以下的原因：一个原因是随着处理量的增大，和格子板开孔尺寸相近粒级含量也相应增多；另一个原因是圆筒筛在筛分砾石中 15～30mm 这一粒级时筛分效率低。从圆筒筛筛上物取样分析表明筛分效率很低，有大约 50% 的小于 30mm 的砾石直接给入到了砾磨机而不是返回至自磨机。圆筒筛上筛分砾石的最后部分非常短，相当大比例的砾石在筛面上只有很短的停留时间。为了延长矿石在圆筒筛上的停留时间，在圆筒筛的末端安装了挡环。此外，每隔一个筛孔，去掉一个间隔来加大筛面的开孔面积。这些改进使筛分效率有了一定的提高。在进行了这些改进后，砾磨机的处理量能达到 2400t/h 而不发生“浆池”现象。现在的处理量已超过设计目标，但是还没有达到自磨—砾磨磨矿回路包括分级机沉砂在内的 3500t/h 的通过量保证。

老选厂的生产经验表明，钢格子板比橡胶格子板更容易堵塞。决定对开孔为 15mm × 30mm 和 20mm × 30mm 的两种规格橡胶格子板进行生产试验。试验在 2010 年 8 月进行，试验结果表明橡胶格子板几乎没有堵塞的发生。2010 年 9 月在格子板的外部两圈改装了 20mm × 30mm 的橡胶格子板，2010 年 10 月 15 日进行了通过量保证试验，并取得了成功。

（3）自磨机电机故障。2010 年 3 月 30 日，系列 1 的包绕式电机由于一个气隙传感器的原因跳闸了。检查发现定子芯的两个相邻螺栓断了。将螺栓更换后，在一定的温度和一定的功率输入条件下运行自磨机进行原因分析。分析表明螺栓的质量和螺栓规格没有问题，认为在螺栓断裂的地方可能存在局部应力集中的问题。应力集中可能由局部过热或局部受限引起。分析结论是在正常的运转温度下，存在径向膨胀，径向膨胀后太紧导致在定子芯处的应力集中。

采取的措施是通过去掉吊板螺栓来释放应力，在 7 个螺栓处装了传感器，以检测运行过程中的螺栓负荷和温度。采取措施后再没有发现高的负荷。这次事件后，定子螺栓再没有出现过任何问题。

11.5 磨机运转

生产计划是在 2010 年底达到 33Mt/a 的处理能力，并且在 2011 年按此能力运行，到 2014 年达到 36Mt/a 的处理能力。相对较慢的达产速度是因为矿山出矿受限。33Mt/a 的处理量相当于每个磨矿系列给矿量为 2025t/h。

图 11 - 3 所示为 2010 年 3 月到 2011 年 4 月自磨机的给矿量情况。磨矿系列 1 逐渐增加给矿量直到 2010 年 6 月才结束，因为是试生产，所以在这期间没有测量给矿量。到 2010 年 7 月已有足够的矿石，从 7 月起磨机能在设计给矿量的状态下运行。2010 年 8 月到 2011 年 3 月较低的给矿量是因为破碎机和皮带系统正在进行试生产，矿山的产能也是在逐渐扩大。决定在较低的给矿量条件下运行是为了减少浮选系统开停的次数，以尽可能减少金属的损失。后续过程中铜的回收率大大高于设计回收率，Cu 的实际回收率为 92%，远高于设计的 89%。

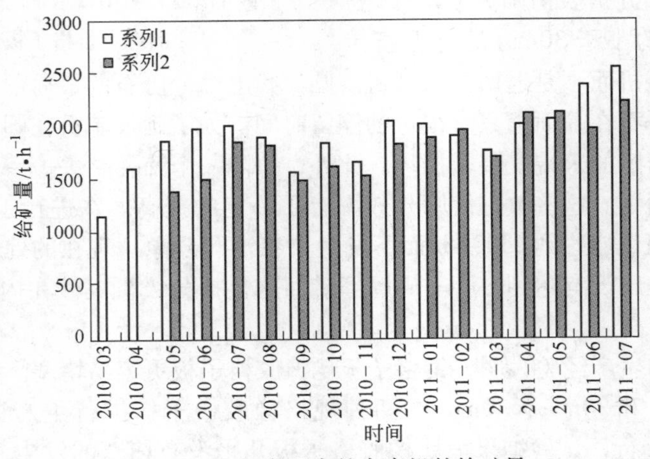

图 11 - 3 投产以来的自磨机的给矿量

因为破碎和输送系统的试生产，导致磨矿系统通过能力较低，如图 11－4 所示。当第三个破碎系列投入生产后，磨机月处理能力才首次超过了设计月处理 3Mt 的能力。

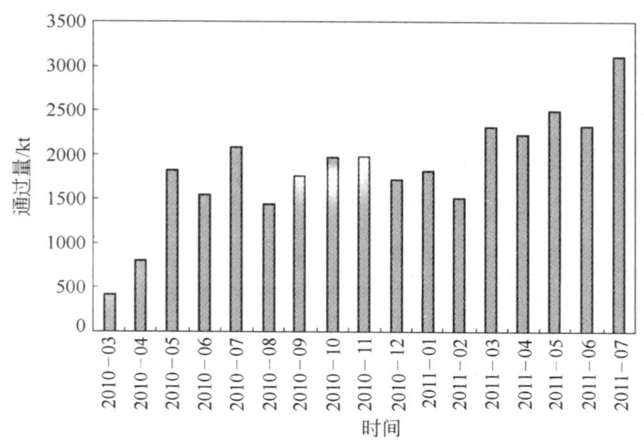

图 11－4　投产以来的月处理能力

11.6　控制策略

由于相对较低的给矿量，自磨机基本在较低功率下运行，每天的输出功率通常在 14000～18000kW 之间。在个别情况下给入的矿石较硬时，磨机功率输出超过 21000kW，小时最大功率输出达到 22000kW。

磨矿细度平均为 174μm，接近设计指标 P_{80} = 175μm。磨矿功耗 11.8kW · h/t，低于设计功耗 13kW · h/t。能效的改善归功于新磨矿系统较为保守的设计，和相对于老选厂更为高效的驱动系统。另外也是由于磨机具有的转速控制得更好的控制策略。

Boliden 公司通过其另一个选矿厂的生产实践，掌握了关于如何采用控制策略来运行磨机的经验。该选矿厂磨机控制中，转速的控制是关键点。相对于固定转速的磨机，变速磨机控制能为后续作业提供粒度和矿浆流更稳定的产品。控制策略的根本是通过自动调速使磨机的负荷保持稳定。图 11－5 所示为一磨机负荷

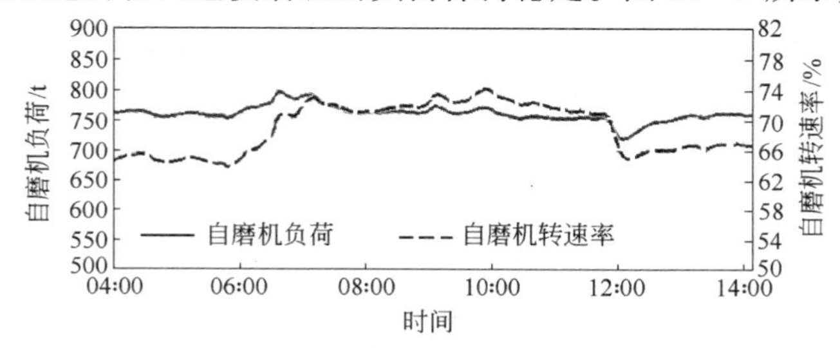

图 11－5　磨机转速率对磨矿负荷的影响

采用转速控制的典型案例。该案例中，磨机给矿量在1h内从1800t/h提高到2500t/h。图11－6所示为磨机速度控制如何对磨机给矿量的增加做出反应。随着磨机转速的提高，磨机功率输出增大，而磨机负荷只在一个很窄的区间内波动，如图11－7所示。控制系统会自动调节磨矿功率的输入，从而保持磨矿产品粒度的稳定。磨机负荷设定点通常人工设置。该案例表明，为了进一步增大磨机的功率输出，维持一个更加稳定的磨矿能耗，应该提高磨机负荷的设定点。自磨机能在允许的最大磨矿负荷和电机扭矩的前提下安全运转，当磨机运转状态接近上述允许上限后，PID控制器就会降低磨机的给矿量。

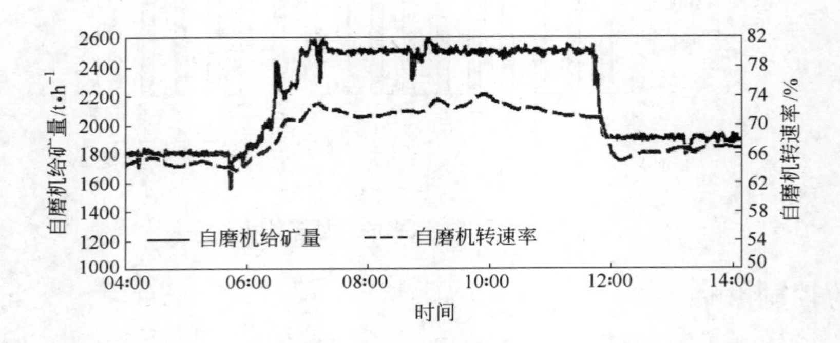

图11－6 自磨机给矿量对转速率的影响

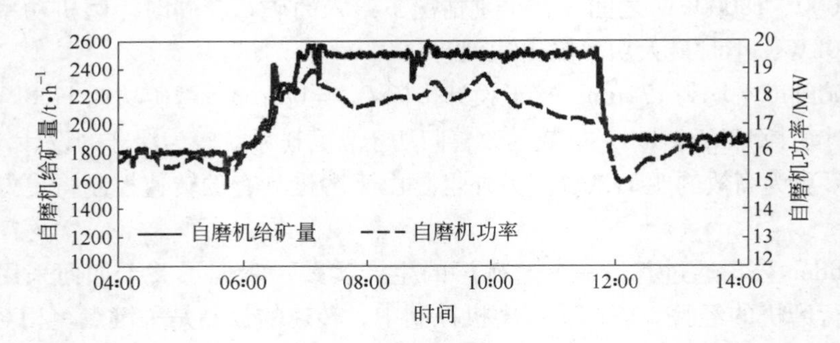

图11－7 自磨机在调速模式下运转时磨机功率输出情况

砾磨机的运行和自磨机负荷控制类似。转速控制使砾磨机的负荷到一个给定的设定点。自磨机大约80%～90%时间排出的砾石给入到砾磨机，其余时间排出的砾石给入到再磨机。砾石的消耗大约占到自磨机给矿量的1.0%～1.8%。

ABB的800×A DCS系统运行良好，是整个控制系统的核心部分。目前所有关键运行参数的设定通常都由选冶专家或操作人员确定。下一步的过程控制是完成一个更先进的控制策略使这些设定的参数进行连续不断的优化。

11.7 设备状况

11.7.1 磨机衬板

除了自磨机第一套内侧格子板处出现一些裂纹外，磨机衬板性能都很好。衬板裂纹发生在格子板的吊环螺栓附近，已做了改进。给矿端的提升棒（中部提升棒）和砾石格子板在运转 5.5 个月后需要更换。在运行 11 个月后磨机所有衬板需要更换，这比预期的时间要长。磨机衬板寿命较长的主要原因是磨机在较低的转速状态下运行。自磨机和砾磨机的转速率均在 65% 左右。

11.7.2 自磨机排矿圆筒筛

圆筒筛筛板处的磨损比预期要高，这个地方经常出现松动，因此导致了砾石量的不确定和中间粒级产品进入到砾磨机及无计划的停车。现在正在试验新型更厚的筛板，预期寿命为 6 个月。也可能需要更进一步的改进。

11.7.3 磨机电机

包绕式电机总体运行良好，直到磨矿系列 2 上的一台定子变压器击穿了。最近磨矿系列 2 上的又一台变压器也击穿了。在没有进行事故原因分析并采取纠正措施前，目前包绕式电机只能在一定的功率负荷状态下运行。

11.8 Aitik 铜矿运行分析

Aitik 的自磨机，是目前世界上运行的体积最大的自磨机。模拟结果证实，自磨机和砾磨机生产出了足够的磨矿介质。经验表明磨机转速是平衡磨机充填率最重要的控制参数。这些磨机的运行达到了所有的预期。

由于受破碎和输送系统试生产的影响，磨矿系统逐渐加大给矿量的计划受到了影响，比计划时间要长。处理量试验表明磨矿系统具有足够大的生产能力。在 2011 年 7 月有足够矿石时，磨机通过量表明磨矿系统有能力完成 36Mt/a 的处理量，甚至更高。

参 考 文 献

[1] MARKSTROM S. Commissioning and operation of the AG mills at the Aitik Expansion Project [C]//Department of Mining Engineering University of British Columbia. SAG 2011. Vancouver, 2011: 62.

12 自磨球磨（AB—ABC）流程（Palabora铜矿）

12.1 概况

Palabora铜矿[1]位于南非共和国北部，北纬23°59′，西经31°06′，东部与克鲁格尔国家公园相邻。

Palabora铜矿选矿厂有两台自磨机，自1976年以来一直运行，设计处理能力30000t/d，自磨机与旋流器构成闭路。由于矿体开采越来越深，原来的露天开采已经改为自然崩落法开采。自然崩落法开采带来的一个结果是极大地增加了原矿中粗粒玄武岩——一种坚硬的围岩含量，使得顽石的产率增加，降低了自磨机的处理能力。为了应对矿石硬度的增加，提高自磨机的处理能力，在自磨回路中增加了球磨机和顽石破碎机。

Palabora铜矿的勘探开采始于20世纪中期，从1957年到1962年，共从地表打了111个倾斜钻孔，总进尺41km；从坑内打了水平钻孔7km，以确认矿体在深度上的连续性。1963年，决定开发Palabora铜矿床，选矿厂于1965年开始生产。

选矿厂的常规磨矿（棒磨+球磨）流程，开始于1969年，处理能力36000t/d，随着又增加了一个磨矿回路，处理能力增加了20%。通过进一步的优化后，选矿厂的处理能力增加到54000t/d。在1976年开始的露天矿第二期扩建中，安装了第三台粗碎机和两台自磨机，选矿厂能力增加了26000t/d。

1993年，安装了2台小型的水冲破碎机来破碎自磨机排出的顽石，使每台自磨机的能力提高了1500t/d。

20世纪末，露天矿的开采深度达到了约760m，最终边坡角为45°~54°。最初露天矿开采计划在选矿规模为81000t/d的情况下，到1997年结束。后来细化采矿计划，降低了边界品位，露天矿的服务年限在满负荷生产的条件下，延迟到2001年。在坡道清理过程之后，最终露天矿开采于2003年1月停止，Palabora露天矿的最终深度是距地表822m。

地下采矿工程的早期阶段确定开采矿体大、品位低的Palabora矿体的最佳方法是机械化的自然崩落法。地下开采于2003年底开始，计划规模为30000t/d，出矿水平位于地表以下 1216m，可采储量为 245Mt。

Palabora 的碳酸盐岩组合矿体是世界上唯一已知的含有足量硫化铜的碳酸盐岩矿体，铜的矿化既发生在碳酸盐岩中，也发生在部分磁铁橄磷岩中。磁铁矿、铀云母－方钍石和斜锆石是铜开采的副产品。组合体中的超基性岩也含有经济价值的磷灰石和蛭石的矿床。

Palabora 矿体的结构如图 12－1 和图 12－2 所示，可以看到，碳酸盐岩是管状矿床中心部分的主要岩性，向外过渡到中心环带则磁铁橄磷岩成为主要岩性。

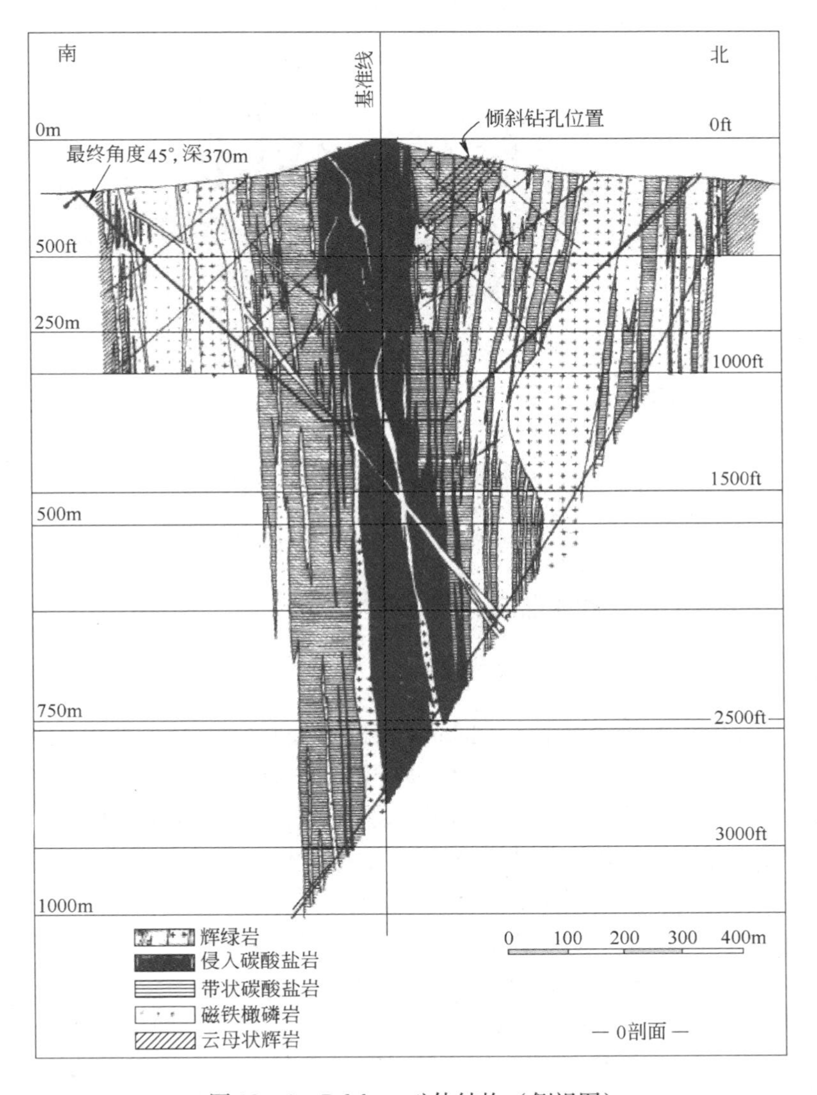

图 12－1 Palabora 矿体结构（侧视图）

侵入的碳酸盐岩体形成了围堤一样的铜矿体芯，充满了周围早期的岩石之间，形成了含有主要铜矿物的网状脉。围岩主要是云母状的辉岩，辉绿岩侵入和切割了组合矿体的所有岩性。Palabora 的辉绿岩是一种易变辉石和长石矿物的紧密组合体，富含铁、镁、钙和硅酸铝。辉绿岩的特点是其硬度高、磨蚀性强和颜色明显。

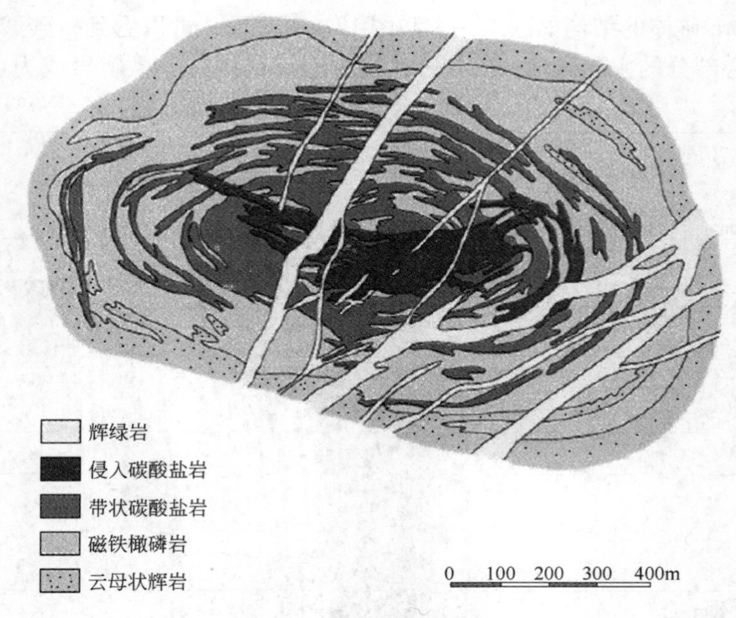

图 12-2　Palabora 矿体结构（俯视图）

12.2　Palabora 自磨机回路的发展过程

12.2.1　露天矿开采（1964~2002 年）

在其 38 年的开采过程中，Palabora 经常是处在露天开采技术发展的前沿，引进了斜坡道用电动卡车，安装了露天坑内破碎机和带式输送系统，在矿石运送上对运营成本的控制作出了很大的贡献。露天矿的设备包括约 20 台 Euclid 和 Unit Rig 矿用卡车，4 台 P&H2100XPA 电铲。

原矿采用 150t 的矿用卡车从开采区域送到位于露天坑内的粗碎机，粗碎机的处理能力为 5000t/h，破碎粒度小于 280mm。破碎后的矿石送到 5 个粗矿堆，其中的 2 个用于自磨机。

Palabora 的露天矿石适合于自磨，不需要第二段磨矿，由于选择性的开采已经把辉绿岩除去，矿石中的辉绿岩小于 4%，自磨机的给矿粒度为大于 150mm 粒级的大于 40%。最初自磨机的处理能力为 500~800t/h，取决于细粒的含量。

如图 12－3 所示，有两个平行的自磨机回路，每个回路有一台 ϕ9.75m（2 × 3500kW）的自磨机（见图 12－4），一台单层振动筛和一组 4 台 ϕ685mm 旋流器。

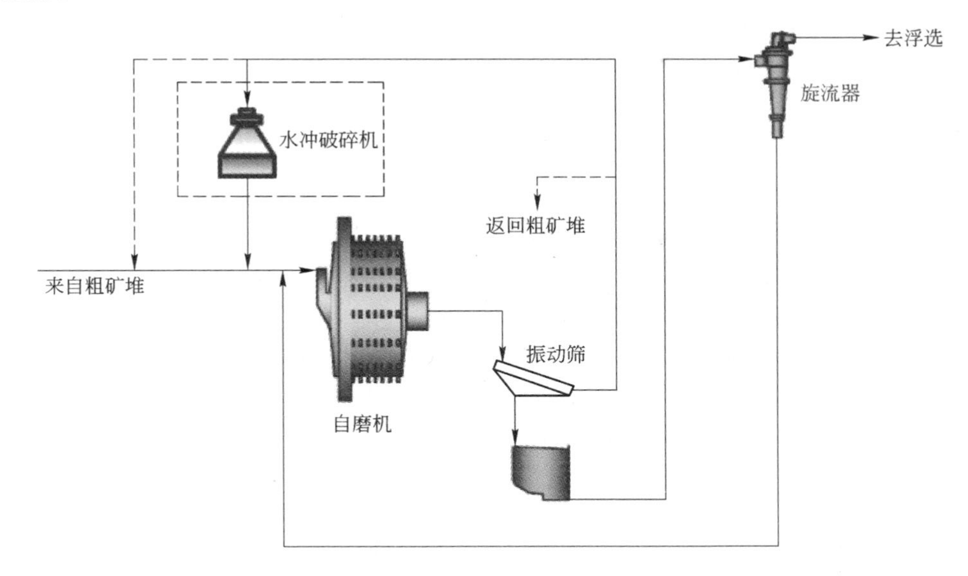

图 12－3 处理露天坑矿石的自磨回路

图 12－4 Palabora 选矿厂的自磨机

随着开采深度的增加，对给到自磨机的最合适矿石的选择性运送越来越困难，并且矿石的可变性增加，这就导致自磨机中顽石的增加，影响自磨机的处理能力。为了抵消增加的辉绿岩对处理能力的影响，采用 3 个矿堆的给矿机进行了混矿。后来，又增加了 1 台水冲破碎机。

露天坑深度的增加使得顽石循环负荷中的辉绿岩含量增加，因此，考虑了顽石破碎的方案以降低循环负荷和增加处理能力。1993 年，安装了 2 台水冲式破碎机，每台处理能力为 110t/h。破碎机安装在自磨机的上方，通过一条 45°的链斗型皮带给矿。破碎机的产品自流到自磨机，避免了粗粒物料的泵送。破碎机开始运行时，由于机械和结构问题，非常不稳定。破碎机在辉绿岩含量高和处理能力增加超过 10% 时间断性地运行。当露天坑闭坑后，破碎机就不再使用了。

12.2.2 地下开采（2003 年至今）

12.2.2.1 采矿

在地下开采的早期阶段，认为机械化的分段矿块崩落法是开采矿体大、品位低的 Palabora 矿体的最佳方法。分段矿块崩落法从底切开始，然后从开采矿体的下面把水平部分移出，通过重力把矿体中的应力诱出，使矿体破裂。破裂的过程是渐进的，影响着底切部分上面的整个矿体。在矿块崩落法实施过程中，破裂下来的物料通过在底切面和运输水平之间的溜井放出，从溜矿点放下来的矿石由铲运机送到颚式破碎机。破碎后的矿石运送到主井提升到地面。

Palabora 开采的岩石的硬度高于当时任何一家采用分段矿块崩落法的矿山，因此，碎裂是一个难题。为了克服这个问题，采用了辅助的破碎设备，包括中程钻、高压水车和移动式碎石机。这种采矿方法开采出的矿石粒度范围很宽，岩性成分很多，影响了采矿生产和自磨。

对于分段矿块崩落法，选择性开采已不可能，辉绿岩的含量也增加了。图 12－5 所示为自磨机给矿中辉绿岩的含量情况。尽管图中的趋势是平均值，但在每天的给矿中辉绿岩的含量变化还是很大的，其严重地影响着自磨机的处理能力和后续作业的稳定性。

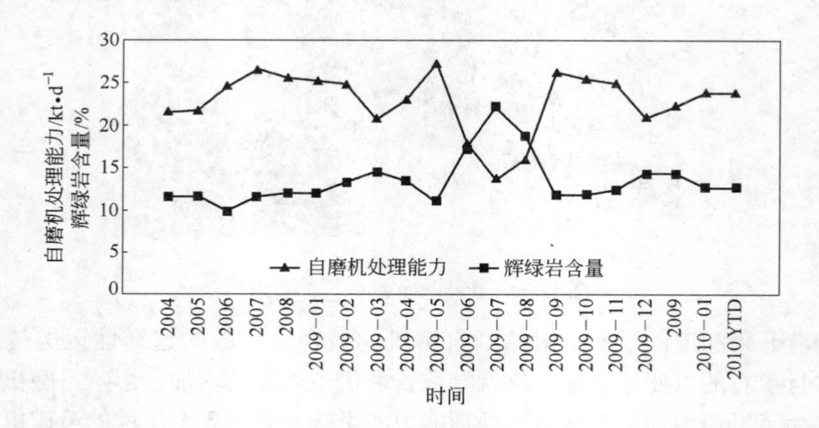

图 12－5 自磨机给矿中的辉绿岩含量（年平均和月平均）

如图 12－5 所示，采用分段矿块崩落法开采后，当初设计的 30000t/d 的能力就从没有达到过。随着所需比能耗的增加，开始考虑新的可行方案。

12.2.2.2　自磨回路的扩建

为了在设计的能力下达到所需的磨矿细度（$P_{80}=150\mu m$），增加了新的磨机和顽石破碎机（见图 12－6），包括 5 台 $\phi3.66m\times6.7m$、功率 1200kW 的球磨机，两段旋流器和圆锥顽石破碎机。增加的球磨机得到了更细的磨矿产品，但顽石仍然是一个问题。

地下开采的矿石使得磨矿回路变得更复杂，几乎没有灵活性。如图 12－6 所示，每台球磨机与一个粗选系统相连，如果球磨机出现故障，相连的浮选系统就得停车。顽石破碎机处于与旋流器构成闭路的回路中，由于自磨机产出的粗粒和砂类物料，易于出现操作方面的问题。顽石破碎机易于出现除去游离金属等其他的新问题。

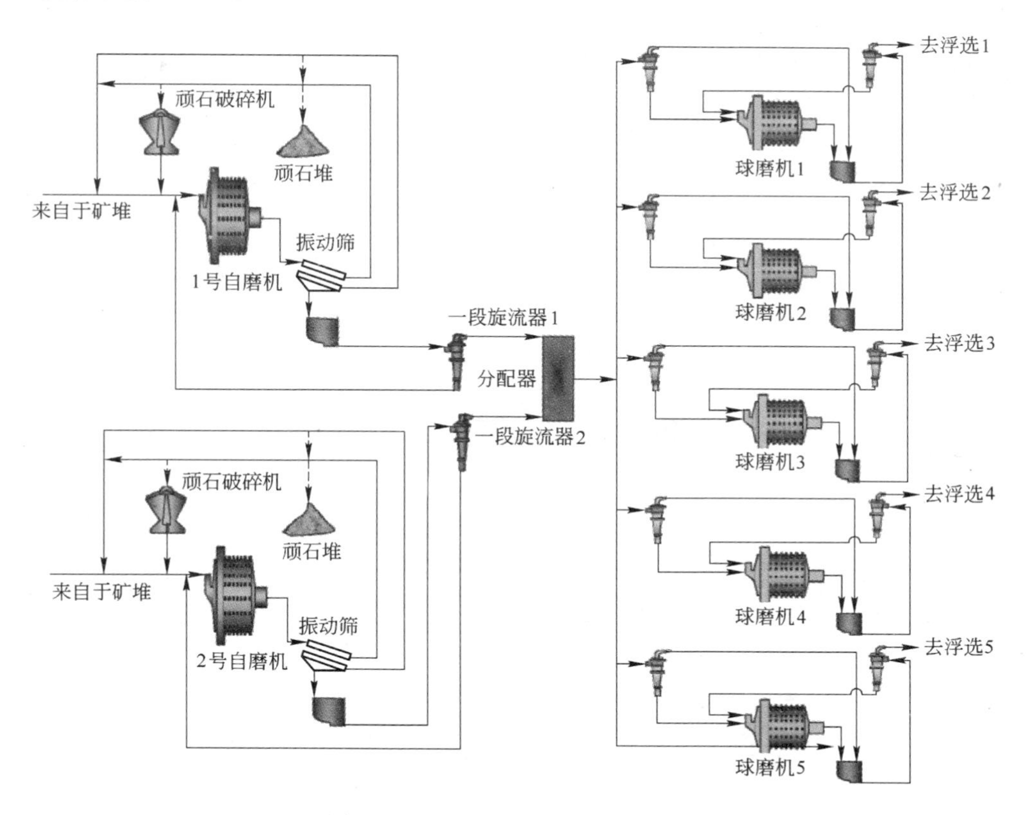

图 12－6　地下开采矿石的磨矿回路

球磨回路中的两段旋流器也存在运行的问题，当一台或几台球磨机停车，砂泵池的砂泵就没有足够的能力来输送进来的物料。此外，由于矿浆流中粗粒物料和重矿物（磁铁矿）颗粒的存在，经常导致旋流器溢流管的堵塞。表 12－1

为 Palabora 地下开采出的矿石处理回路（包括球磨机和顽石破碎机）的主要运行参数。

表 12－1　Palabora 地下开采出矿石的磨矿回路运行参数

运行参数	指标
每个回路新给矿量/t·h^{-1}	550
每台自磨机循环的顽石量/t·h^{-1}	110
第一段旋流器产品粒度 P_{80}/μm	250
最终产品粒度 P_{80}/μm	150
每台自磨机比能耗/kW·t^{-1}	11.5

12.2.2.3　目前的自磨回路

图 12－7 所示为新的自磨回路配置，和以前流程的主要差别是取消了顽石破碎机和第二段旋流器，另外，增加了一个永久性的大于 19mm 的顽石的分离设

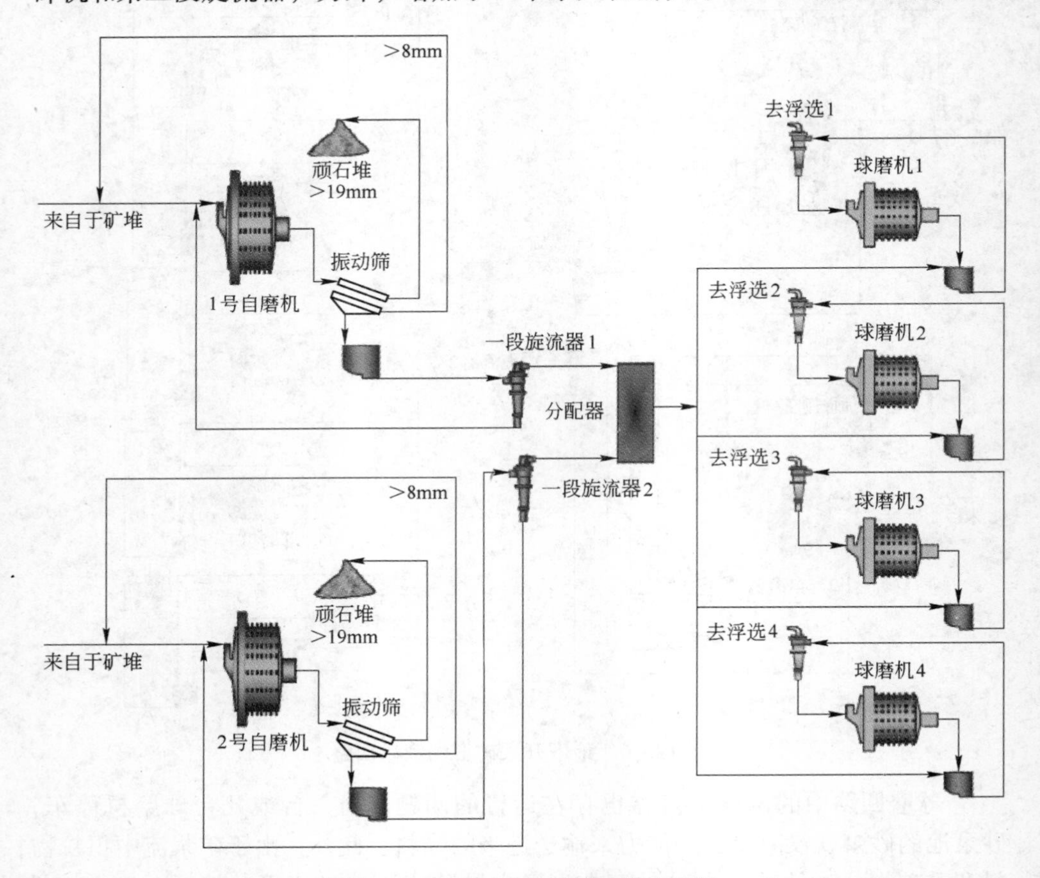

图 12－7　Palabora 改进后的磨矿流程

施。通过重新设计磨矿回路，在自磨机回路增加了给矿量控制系统，使得自磨回路变得更简单、更稳定。所需球磨机的数量也减少到4台，另一台做备用。在进行了控制试验后，处理能力增加了约10%，最终产品粒度没变化，比能耗则从11.5kW/t减少到7.5kW/t。表12－2为1号自磨机回路的运行参数的变化情况。在回路重新配置之前，进行了一次集中取样，然后采用JK SIMMet对回路进行了模拟和仿真。

表12－2 当前的和优化后的磨矿回路（1号自磨机）运行参数

运行参数	指　标
新给矿量/$t \cdot h^{-1}$	700/500
顽石循环量/$t \cdot h^{-1}$	89
分离的顽石量/$t \cdot h^{-1}$	24
第一段旋流器产品粒度 P_{80}/μm	269
去浮选的产品粒度 P_{80}/μm	140
自磨机比能耗/$kW \cdot t^{-1}$	7.5

12.2.2.4 控制系统

A Palabora原有的控制方案

两台自磨机原来安装的控制系统为基于调节控制的标准的PID控制系统，对自磨机的新给矿和给水量进行比例控制。新给矿量由控制室的操作人员控制，而磨机负荷和磨机功率保护系统可以越过操作人员自动关停磨机给矿来应对过负荷，保护磨机。

两台自磨机采用基础调节控制的运行情况如图12－8所示。当自磨机应当调节达到额定的磨机负荷时，会发生运行时间的损失，造成暂停给矿，以使充分磨矿，降低负荷。这种运行模式带来的重大动力学干扰，会几乎不衰减地传递到后续的第二段磨矿和浮选回路。

B 新采用的控制方案

新的控制方案设计了一个先进的控制模型——多变量调节控制系统，采用古典的控制技术，在现有的磨机控制PLC系统中实施。设计新的控制方案的主要目的是使自磨机的给矿量控制完全自动化，提高自磨机的利用率，使自磨机在一定的主要磨矿限定条件下运行。这些磨矿限定条件包括给矿量、有效的磨机功率、最大的磨机负荷和相应于磨矿功率峰值时的磨机负荷的估算值。

图12－9所示为采用新的控制方案后自磨机运行的性能状况。新的控制方案极大地降低了频繁的暂停给矿以使自磨机“充分磨矿”的需求，并且在控制自磨机中的多个限定条件中是非常有效的，尽管只是控制了自磨机的新给矿量。图12－10所示为在采用简单的调节控制和先进的变量控制模型条件下对自磨机功

率和自磨机负荷利用的性能比较情况。图 12－10 表明，采用先进的控制方式，控制更严谨，也更接近于限定条件的限度，自磨机的平均处理能力增加了 50t/h。

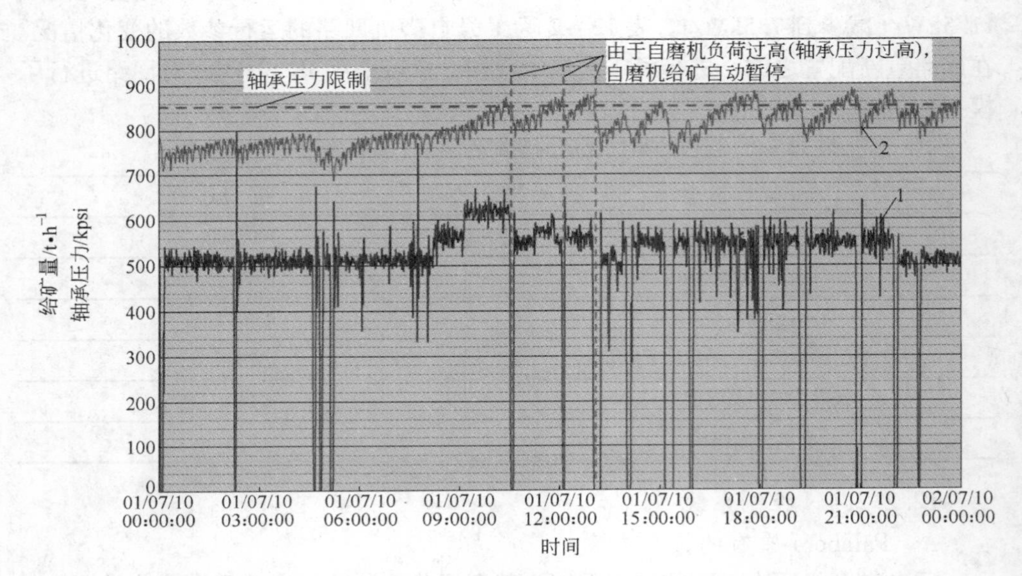

图 12－8 采用 PID 调节控制的自磨机运行状况（1psi＝6.895kPa）
1—自磨机给矿量；2—自磨机轴承压力

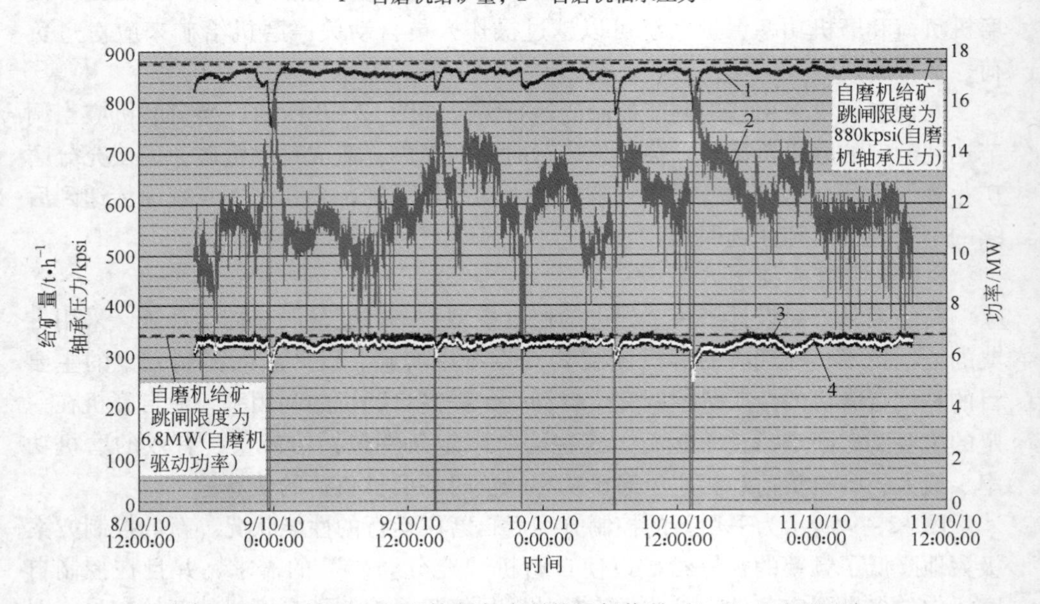

图 12－9 自磨机在新的控制方式下的运行状况（1psi＝6.895kPa）
1—轴承压力；2—给矿量；3—自磨机功率；4—自磨机功率估算值

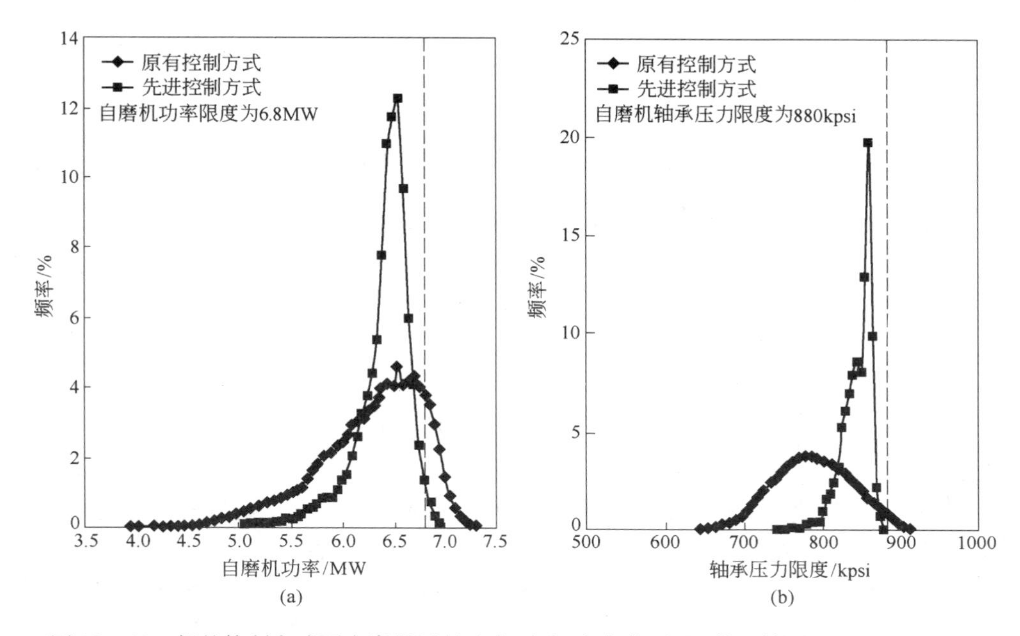

图 12－10 新的控制方式下自磨机运行功率（a）和负荷（b）的比较（1psi＝6.895kPa）

12.2.3 Palabora 自磨机回路发展综合分析

从露天开采转到地下的矿块崩落法给磨矿回路带来了许多挑战，选择性开采不再可能，且矿石类型频繁变化。在非选择性的矿块崩落法当中，富含辉绿岩矿石的自磨以及应对磨矿介质变化的灵活性不足，将是对选矿的一个挑战，在给矿粒度分布和辉绿岩含量的变化上有限的了解也限制了在向矿块崩落法开采转型过程中的处理能力。

由于在开采中不能分离出无用的废石，当重新设计或修改现有的磨矿回路时，需要考虑在磨矿之前或磨矿之后除去这些废石。Palabora 多年来做了一系列的努力应对矿石性质的变化，造成了一个复杂的磨矿回路，即使增加了一些设备，自磨机也没有达到最初的设计能力。不管怎样，浮选所需的给矿粒度还是改善了。

如上所述，要达到设计的能力需要找到另外的方案或技术，在进一步处理之前除去矿石中的废石。Palabora 正在研究挑选技术作为一种方案从回路中除去辉绿岩。

参 考 文 献

[1] CONDORI P, FISCHER D, WINNETT J, et al. From open cast to Block Cave and the effects on the autogenous milling circuit at Palabora mining copper [C] //Department of Mining Engineering University of British Columbia. SAG 2011. Vancouver, 2011: 128.

13 半自磨球磨顽石破碎（SABC）流程（Los Pelambres 铜矿）

13.1 概况

Minerals Los Pelambres[1]是一个世界级的铜钼生产矿山，位于智利 Salamanca 地区，智利首都圣地亚哥东北约 500km 处。在 20 世纪 90 年代末，Antofagasta Minerals 公司投资约 13 亿美元对智利 Minerals Los Pelambres 项目进行了开发。项目由 Bechtel 公司组织施工，在 1999 年建成，并在投产后的几个月内就超过了其设计能力 85000t/d。2001 年，扩建了顽石破碎系统，使选厂处理能力提高到 114000t/d。在 2003 ~2004 年的早些时候，发现矿石硬度随开采深度有所变化，为了维持选厂的生产能力，需要加大半自磨机的功率并相应提高粗碎破碎机的处理能力。对应这些变化需要安装第五台球磨机和建设第二个粗碎破碎站。Minerals Los Pelambres 还进行了进一步详细研究和评估。该项工作由 Bechtel 公司组织领导，由 FLSmidth 和 Siemens 进行设计，共同完成半自磨机改造增容的工作。改造增容带来的变化还包括有一个顽石破碎系统的建设，这使得选厂即使处理更硬的矿石，其处理能力也能达到 125000t/d。在最近的两年又新建了一条磨矿系列（见图 13 -1），使得选矿厂处理能力达到了 175000t/d。第三个磨矿系列的建设以 256 天的记录完成。碎磨回路形象系统图如图 13 -2 所示。

图 13 -1　磨矿厂房一角

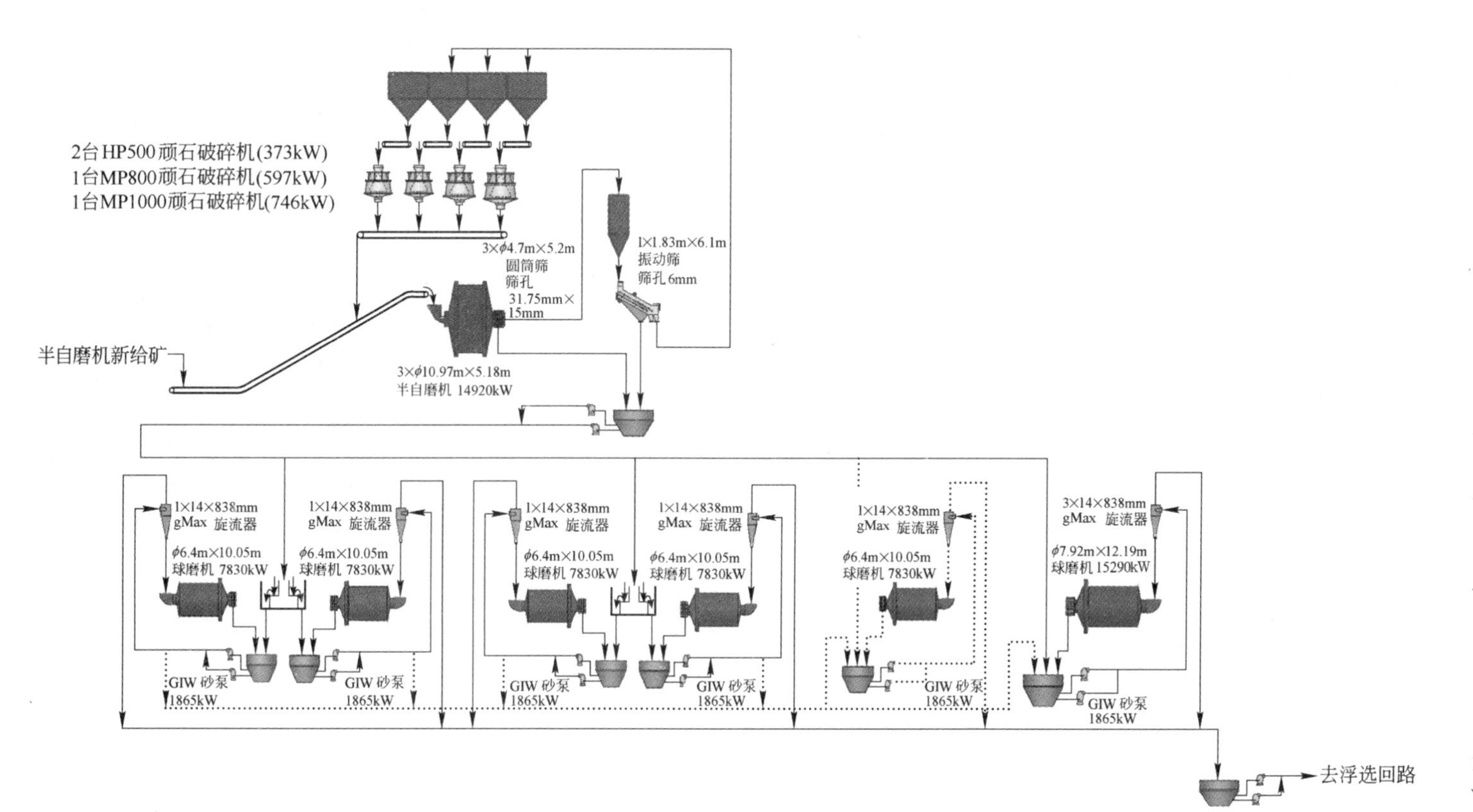

图 13-2 碎磨系统形象系统图

13.2　地质和工艺矿物学

矿体是一个巨大的铜矿床，资源储量超过 58 亿吨。斑岩侵入体和角砾岩与石英闪长岩共生。石英闪长岩是主要的基岩，有局部的斑岩化和细粒状嵌布。黄铜矿、斑铜矿、辉铜矿、黄铁矿和辉钼矿是矿床中主要的硫化矿物。矿石的给矿品位为 0.76% Cu，0.02% Mo。

根据采矿计划，矿体被划分为 13 个地质类别，从 M1（闪长岩）到 M13（角砾岩）。较硬的岩石主要是 M3 和 M4 闪长岩矿石。总体来说，地质类别将矿石划分为硬、中硬和软矿石。

13.3　流程改造和第三个磨矿系列的扩建

13.3.1　最初的流程——半自磨系列 1 和 2

最初的流程是从 El Chacary 选矿厂的生产流程发展而来。这个选矿厂于 1992 年投产，生产规模为 5300t/d，采用半自磨球磨流程，半自磨机规格为 ϕ6.7m × 2.7m，球磨机规格为 ϕ3.8m × 4.75m。采用常规浮选工艺生产出含 Cu 38% 的铜精矿，选厂总的回收率超过 92%。铜精矿运往不同的客户。

之后在 20 世纪 90 年代中期，确定了项目目标，并设计建造了一个 85000t/d 规模的选矿厂。选厂采用常规铜钼矿选别流程，包括有粗碎、半自磨—球磨、混合浮选、钼浮选、铜精矿输送管线、选矿厂内钼的回收和产品处理、港口的铜精矿脱水设施。

磨矿系统包括有 2 台 Fuller – Traylor 的 ϕ10.97m × 5.18m 半自磨机（见图 13 – 3），每台装机功率为 12678kW，包绕式电机驱动；4 台 Fuller – Traylor ϕ6.4m × 10.1m 球磨机，每台装机功率为 7084kW。半自磨机装有圆筒筛，圆筒筛内装有高压冲洗水，使圆筒筛筛上物料返回半自磨机。

两个磨矿系统设计半自磨给矿量为 3850t/h，半自磨设计给矿粒度为 200 ~ 203mm。磨矿回路按照邦德球磨功指数 12.3kW · h/st（1st = 0.907t）设计，最终旋流器溢流细度 P_{80} 为 137μm，旋流器直径 660mm。

13.3.2　顽石破碎回路

回路改进后去掉了圆筒筛内的顽石返回水枪，顽石通过皮带给入到名为“Planta Gravilla”的顽石破碎厂房。该顽石破碎厂房安装有两台圆锥破碎机，一台诺德伯格 HP500，一台诺德伯格 HP800。顽石破碎系统按最大顽石产率 20% 设计。之后又扩建了一套筛分和顽石破碎设施，包括一台 MP1000 破碎机。同时，考虑筛下物料直接给入半自磨机和球磨机的排矿泵池，又对旋流器给矿泵进行了改造升级。顽石破碎系统的形象系统图如图 13－4 所示。

图 13－3 磨矿系列 1 的 ϕ10.97m×5.18m 半自磨机

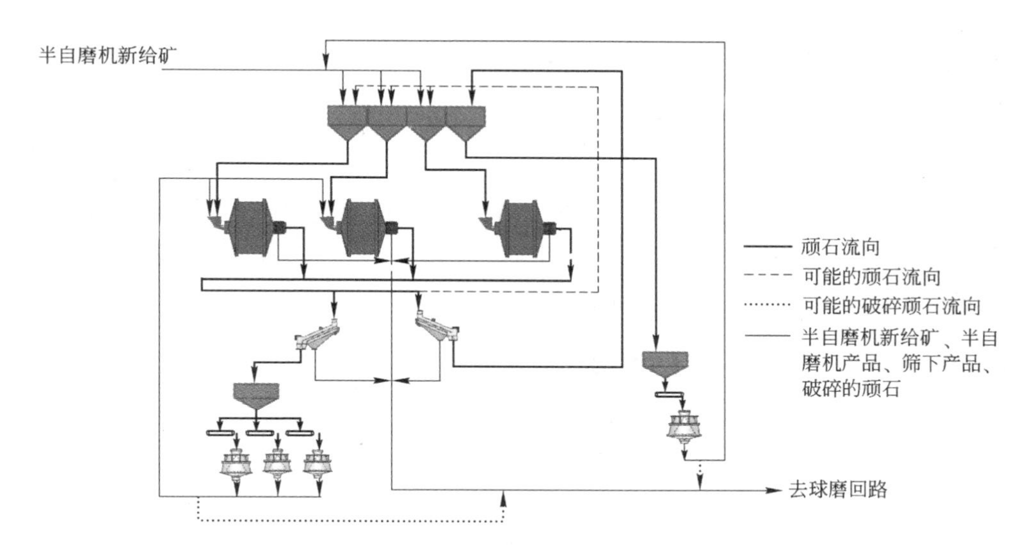

图 13－4 顽石破碎系统形象系统图

顽石破碎系统的试生产和生产转换在不到一个月内完成，处理能力很快从 115000t/d 提高到了 120000t/d。

顽石破碎系统的运行策略视所处理的矿石而定。该系统的运行有很大的灵活性，产品也能给入球磨机，然而一般情况下其他的顽石破碎产品是要返回至半自磨机的。

该顽石破碎系统另一个重要的特征是其包括有多段金属探测和去除装置，以尽可能减少碎钢球或磨损的钢球对破碎机的潜在损坏。在皮带运输系统上装有多台跨带式电磁除铁器。

13.3.3 半自磨机的扩容改造和相关变化

半自磨机电机增容改造为 15000kW，球磨机升级改造为 7755kW，同时还新建了第五台同等规格的球磨机。球磨机的功率增加到 7755kW 是通过安装了一个齿数更多的小齿轮，把球磨机的转速率从 75.5% 增加到了 79%。

旋流器分级回路设计的产品粒度较粗，P_{80} 为 250μm，是通过将原先 660mm 的旋流器更换为 gMax838mm 的旋流器（14 台/组）来实现的。旋流器给矿泵也相应进行了升级改造，以适应流量增长的变化。新的分级系统和第五台球磨机的配置，解决了当处理能力超过原来设计值时球磨回路充填率过高和过负荷的状态。

在对磨矿分级系统进行改造升级的同时，1524mm × 2794mm（60in × 110in）的粗碎破碎机也需要进行升级改造，将破碎机的转速从 121r/m 提高到 131r/m。这需要将螺旋伞齿轮和小齿轮的齿数比由 16/65 改造为 17/64，同时需要将偏心距从 44.5mm 增加到 50mm。这些改造使得破碎机的原矿处理量可以达到 140000t/d。同时还增加了一台同规格更高转速的粗碎破碎机。

13.3.4 半自磨磨矿回路 3

在最近一次扩建时增加了一台同规格的 ϕ10.97m × 5.18m 半自磨机和一台 ϕ7.93m × 12.34m 包绕式电机（15500kW）驱动的球磨机。顽石破碎系统进行了相应改进，以适应处理该磨矿系统产生的顽石的需要。第三个磨矿回路设计半自磨给矿量为 2640t/h，旋流器溢流细度 P_{80} 为 215μm。

13.4 选矿厂的生产运行情况

全厂的生产运行情况如图 13 – 5 所示。

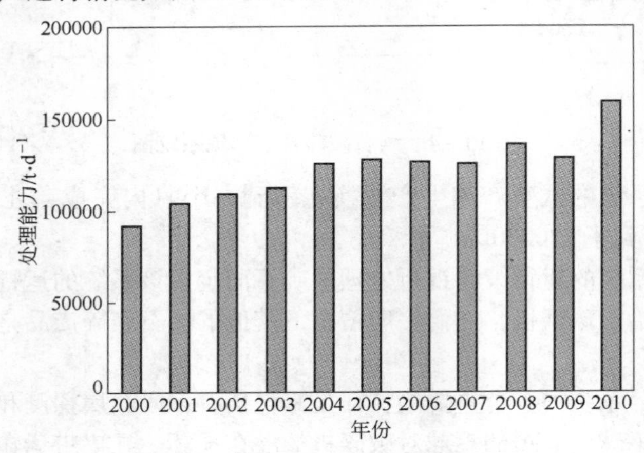

图 13 – 5 选矿厂逐年处理能力

选矿厂的处理量在日益扩大，当前处理量超过了 170000t/d。

选矿厂运转率如图 13 –6 所示。

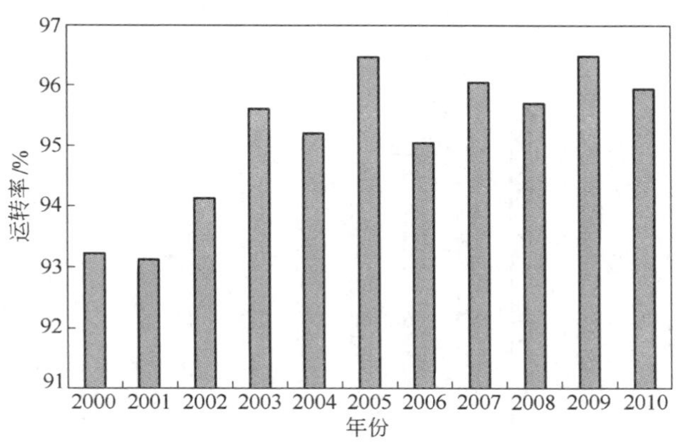

图 13 –6 选矿厂年运转率

Mineral Los Pelambres 已经和 FSE 签订了运行维护合同。包括选矿厂、尾矿设施和港口装载设施的维护。合同范围包括有从小修到大修一系列的计划检查维护，涉及一支具有各种专业技能的超过两百人的维护队伍。此外磨机衬板和破碎机衬板的维护更换也包括在合同中。

到现在合同已执行了 10 年，这使得公司间的合作越来越密切。选矿厂较高的运转率也归功于维护团队对关键设备的密切监控。

电机的扩容改造项目由 Mineral Los Pelambres 和 Bechtel 公司研发，并于2006 年在现有选矿厂实施。对半自磨机的包绕式电机进行了改造升级，并对乌金轴瓦进行了更换，对旋回破碎机的传动机构进行了改造升级。两项改造工作安全提前完成，少于分别的计划用时 72h 和 136h 完成。

精矿含铜产量如图 13 –7 所示，2010 年已接近 400kt/a。

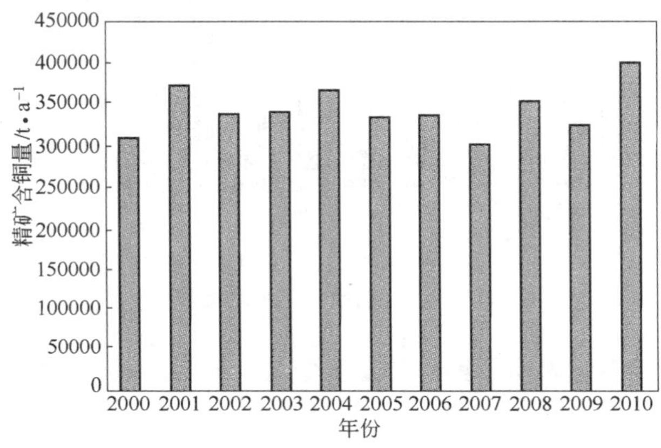

图 13 –7 精矿含铜产量

选厂给矿铜品位如图 13－8 所示，原矿铜品位逐年下降。

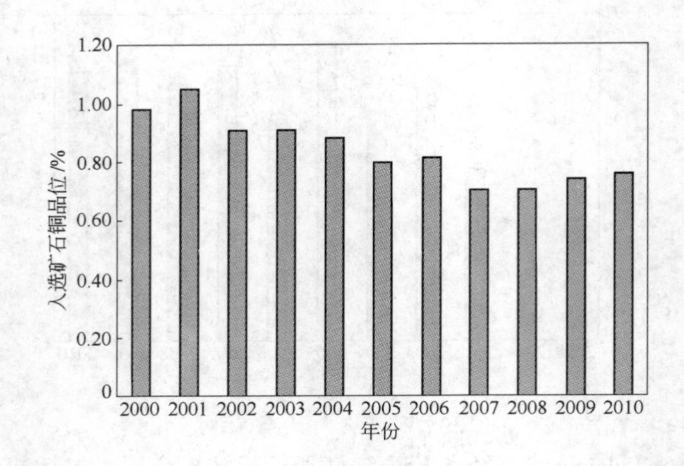

图 13－8　入选矿石年平均铜品位

最终铜精矿品位如图 13－9 所示。

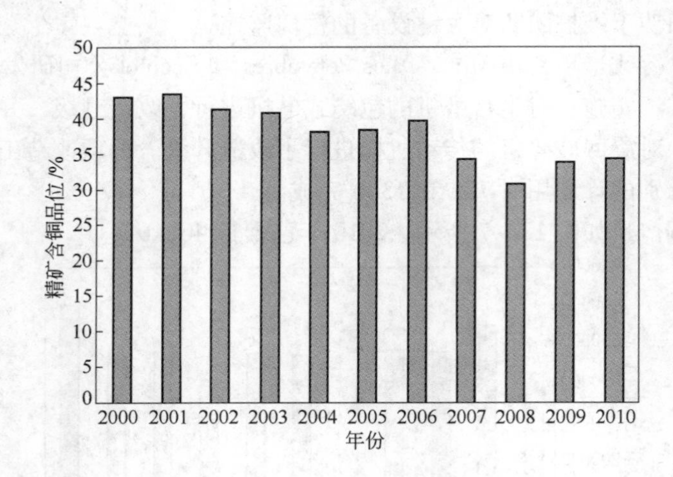

图 13－9　铜精矿年平均品位

铜精矿品位的变化是由于铜矿物发生变化，早期斑铜矿和辉铜矿为主要铜矿物，现在黄铜矿的含量逐年增加。

钼产量如图 13－10 所示。

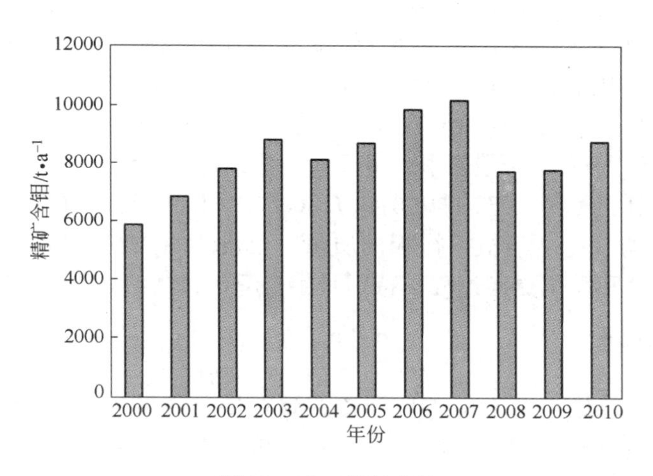

图 13－10 钼年产量

13.5 流程运行观测和主要发现

13.5.1 半自磨系列 1 和 2

如上所述，半自磨系列 1 和 2 处理能力增加很快，并在几个月内就超过了 85000t/d 的设计处理能力。

原选矿厂实际生产相对于设计的参数比较见表 13－1。

表 13－1 半自磨运行参数与设计参数的比较

参 数	设计数据	运行数据
半自磨机给矿量/$t \cdot h^{-1}$	每系列 1950	2300～2850
装球率/%	12～15	13～14
总充填率/%	25～35	22～27
磨机转速率/%	74	74～78
功率输出/kW	11409（安装功率的 90%）	9500～11500
钢球直径/mm	100	133
格子板开孔规格/mm	25	73
衬板配置（提升棒数量）/排	72	36

生产中观察到以下几点：

（1）由于给矿粒度分布的不同，两个半自磨系列的处理量相差 ±150t/h。

（2）由 Wipfrag 系统进行的给矿粒度检测结果是给矿 F_{80} 为 95mm。

（3）半自磨机给矿中小于 31.75mm 的含量对半自磨机的处理量有影响。

（4）半自磨机实际生产比功耗为 4～4.5kW · h/t，而设计比功耗为 6.6kW · h/t；

球磨机实际生产比功耗为4.8～5.9kW·h/t，设计比功耗为5.17kW·h/t。

（5）半自磨机的转速率为74%～78%。

（6）半自磨机的格子板开孔尺寸和开孔面积逐渐地增加，格子板开孔尺寸由25mm增大到73mm，开孔面积由4.39m² 增长到7.53m²。

（7）提升棒的数量由72排减少到了36排，相应的面角由8°提高到了30°。

（8）衬板的数量已经根据衬板的质量、厚度、材质衬板做了调整，以改善衬板的使用寿命和简化更换过程，特别是半自磨机衬板的块数已经大大减少了。

13.5.2　顽石破碎

顽石破碎系统最初设计允许有12%的顽石量，最终达到了20%。顽石破碎在磨矿系统的建设分为两个阶段。第一阶段是采用了3台小的顽石破碎机（见图13－11）。第二阶段包括有带式输送机、除铁器、湿筛和一台MP1000圆锥破碎机的建设。所有这些改扩建增加了磨矿系统生产的灵活性。MP1000设计紧边排矿口10～12mm，功率输出为550～650kW；去掉了半自磨机的圆筒筛和冲水系统；过大的顽石经皮带运送至顽石破碎系统。

图13－11　扩容改造前的顽石破碎系统

顽石破碎系统在2003年的5月到9月建成，顽石返回量为600～700t/h，每台半自磨机的给矿量为2300～2850t/h（顽石量达到给矿的12%）。由于顽石破碎系统的加入，选矿厂的处理量超过了120000t/d。

13.5.3　半自磨机的扩能改造

2004年，Mineral Los Pelambres对提高半自磨机的输出功率进行了研究。这是为了将来扩产的需要，也是为了处理更硬的原生矿石的需要。更硬的矿石主要是由于原生矿化作用的增加，如石英闪长岩、安山石、石英长石斑岩和热液角砾岩。为此进行了更为广泛的研究，包括一系列小型试验，如破碎功指数试验、棒磨和球磨功指数试验、磨蚀试验、JK SimMet 跌落试验和一些岩石力学参数。与此同时，2004 年 6 ~ 10 月在圣地亚哥的 CIMM 技术服务试验室进行了半工业性试验。在这些试验结果的基础上，对电机改造扩容的必要性和改造策略进行了详细的说明。图 13 – 12 所示为通过标准 SPI 功指数试验所做出的原生矿石和次生矿石硬度的变化。

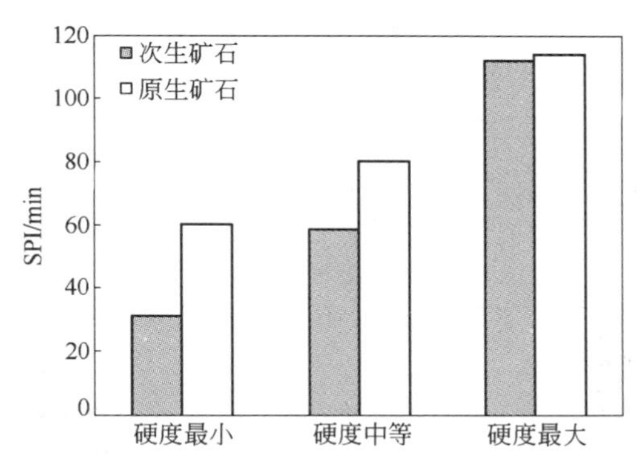

图 13 – 12　半自磨功指数随矿石类型的变化

下一步是要研究半自磨机在更高的球荷状态下需要的功率输入。为了完全评价衬板对功率输入的影响，需要计算出新衬板、半磨损衬板和完全磨损衬板条件下的功率输入。

因此，该扩容改造项目确定新装机功率为 14914kW。确定新的功率输出，由 Siemens、FLSmidth、Mineral Los Pelambres 和 Bechtel 公司共同确定了半自磨扩容所需的整个系统。同时，Siemens 公司认为需要对电机的冷却系统和用于循环换流器的变压器进行相应的升级改造，以满足 14914kW 的装机功率需要。

此外，对在更高的装球率条件下的整体结构负荷也进行了评估。最初的技术要求为 15% 的装球率，35% 的总充填率，新衬板厚度 150mm。FLSmidth 的分析证实了磨机结构（包括筒体本身、磨机端盖和耳轴）能够适应更高的装球负荷。

作为改造的一部分，要安装新的主轴承轴瓦，并升级润滑系统。新的轴瓦受力超过 12300kN，现有的轴瓦额定受力为 10700kN。润滑系统的变化包括有新的温度控制，以满足在更高压力下的控制需要。

由于需要有更高的钢球充填率，筒体提升棒需要进行重新设计。推荐的筒体提升棒如图 13 – 13 所示。此外由于新的给矿条件和更硬矿石的原因，半自磨机的钢球规格增大到 140mm。

在 ϕ10. 97m × 5. 18m 半自磨机电机扩容改造完成后，对存在的风险和性能指标进行了全面的评估，选矿厂生产运行条件总结见表 13 – 2。

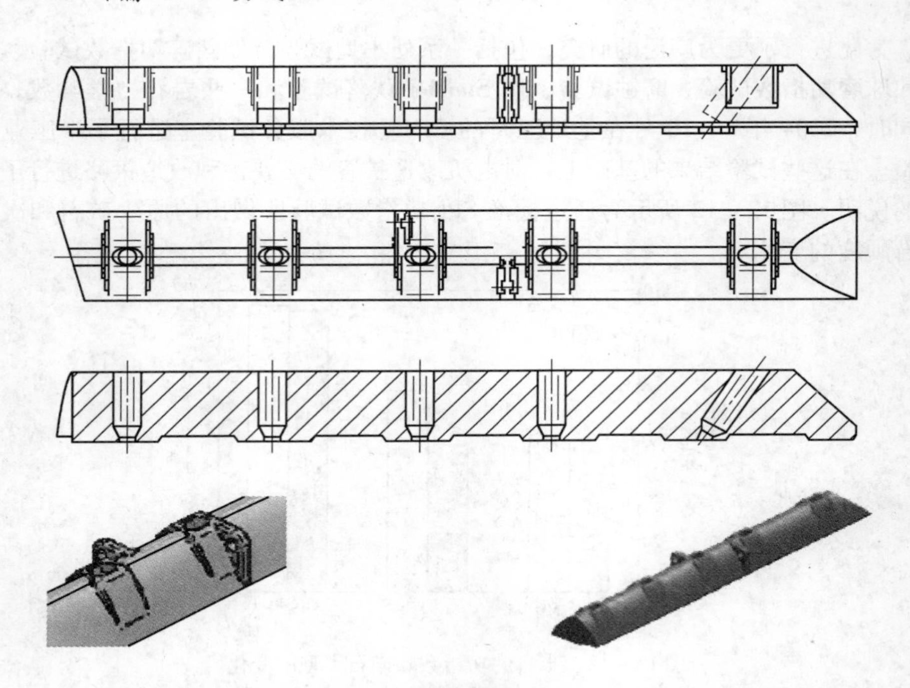

图 13－13 半自磨机筒体提升棒的设计

表 13－2 半自磨机电机扩容前后设计参数的变化

参 数	扩容前	扩容后
半自磨机安装功率/kW	12800	15000
半自磨机最大给矿粒度/mm	100	125
半自磨机最大球径/mm	130	140
磨矿回路产品细度 P_{80}/μm	260	200
球磨机循环负荷/%	360	340
半自磨机钢球消耗/$g \cdot t^{-1}$	320	340
主轴承最大承受压力/kPa	5100	6100

在 2006 年完成了半自磨机的电机扩容，并很快就达到了设计要求。仔细安排了转换过程，并做了相应改进，以使每个磨矿系列的停产时间最短。

13.5.4 半自磨系列 3

半自磨系列 3 的设计是为了将生产能力提升到 175000t/d，生产线设计安装有一台 ϕ10.97m×5.18m、装机功率为 15000kW 的包绕式电机驱动的半自磨机（见图 13－14）和一台 ϕ7.93m×12.34m、装机功率为 15.5MW 包绕式电机驱动的球磨机。由于空间等原因，磨机以背对背的形式布置，磨机上方设有起重机。

图 13 - 14 磨矿系列 3 的 ϕ10. 97m × 5. 18m 半自磨机

磨矿系列 3 也很快达到了生产能力，表 13 - 3 列出了其主要运行参数。

表 13 - 3 磨矿系列 3 的半自磨机主要运行参数

参 数	设计值	运行数据
半自磨机给矿量/$t \cdot h^{-1}$	2495	2300 ~ 2850
半自磨机给矿粒度/μm	95000	80000 ~ 115000
半自磨机给矿中小于 31. 75mm 含量/%	40	30 ~ 44
半自磨磨矿浓度/%	72	70 ~ 75
装球率/%	20	19. 5
总充填率/%	30	30
半自磨机转速率/%	76	74 ~ 77
半自磨机功率输出/kW	15000	13300 ~ 15000
钢球直径/mm	140	140
格子板开孔尺寸/mm	55	73
衬板配置（提升棒数量）/排	36	36
球磨机钢球充填率/%	35	33. 5
球磨机功率输出/kW	15500	12900
最终磨矿产品粒度 P_{80}/μm	250	210 ~ 240

半自磨机的处理量如图 13 - 15 所示。

总的来说，半自磨磨矿系列 3 很快达产，且生产运营稳定，这主要得益于从其他两个磨矿系列取得了丰富的实际生产经验。

表 13 - 4 列出了磨机格子板开孔尺寸值得注意的变化过程。随着生产的进行，对格子板开孔尺寸进行了不断的优化，当前格子板开孔尺寸是 73mm。格子板开孔尺寸的增大和优化，和其他几个铜选厂的办法类似。

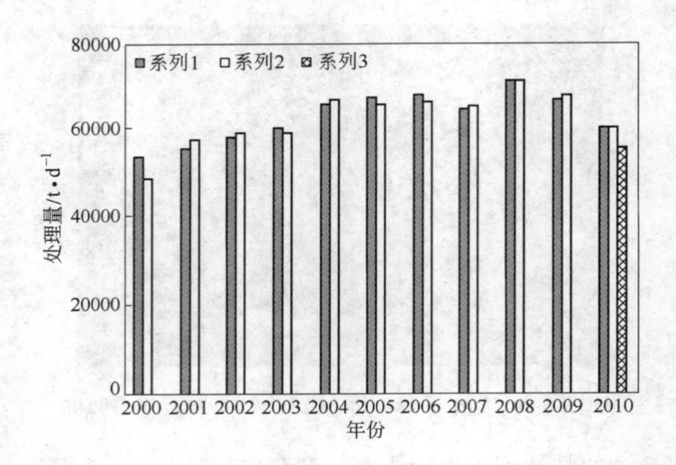

图 13－15 磨矿系列 1、2、3 的处理量

表 13－4 格子板开孔尺寸和开孔面积的变化过程

年 份	每个系列格子板的数量	格子板开孔尺寸/mm	每块格子板开孔面积/m^2	每台磨机格子板开孔面积/m^2
1999～2000	16	25	0.244	4.39
2000～2001	13	30	0.375	6.75
2002	12	40	0.405	7.29
2003	9	55	0.445	8.01
2004	11	60	0.507	9.13
2004	10	65	0.548	9.86
2005～2006	10	70	0.520	9.36
2007～2008	7	73	0.418	7.53

目前，正在考虑通过 Los Pelambres Ⅱ期的扩建来进一步提升该项目的产能。该项目正在寻找契机再兴建一个 250000t/d 的选矿厂，也表明了该铜矿巨大的世界级的资源条件。

参考文献

[1] MEADOWS D G，NARANJO G，BERNSTEIN G，et al. A review and update of the grinding circuit performance at the Los Pelambres Concentrator［C］//Department of Mining Engineering University of British Columbia. SAG 2011. Vancouver，2011：145.

14 半自磨球磨高压辊磨（SABR）流程（Empire 铁矿）

Empire 铁矿[1]属于 Cleveland – Cliffs 公司，该公司有 5 个铁矿山和选矿厂，其中，北美的 4 个矿山采用自磨回路。两个在密歇根北部：Tilden 铁矿和 Empire 铁矿；一个在明尼苏达北部：Hibbing Taconite 铁矿；一个在 Labrador：Wabush 铁矿。最初自磨机磨矿是在 Empire 铁矿发展起来的，之前进行了扩大的试验室试验、半工业试验、工业试验，1963 年开始自磨回路的投产试车。由于最初的自磨回路在 4 个矿山都采用了，根据半工业试验和工业试验的结果做了修改，使得自磨机的能力有了重大的改善。

下面是 Empire 铁矿自磨回路和回路中顽石处理部分的变化及所做的工作情况介绍。

Empire 选矿厂共有 24 个独立的自磨系列，自从 1963 年一期 6 个系列投产以后，又扩建了三次。图 14 – 1 所示为已经增加顽石破碎的自磨系列。表 14 – 1 为自磨机（第一段）和砾磨机（第二段）的规格和安装功率。

所有的自磨机排矿都是通过格子板上 63.5mm 的方形砾石窗口排出，矿浆通过双层振动筛分离。振动筛上层筛上产品粒度为 63.5 ~ 12.7mm，用于砾磨机的磨矿介质。多余的砾石在没有顽石破碎机的系列中，则和振动筛下层筛的筛上产

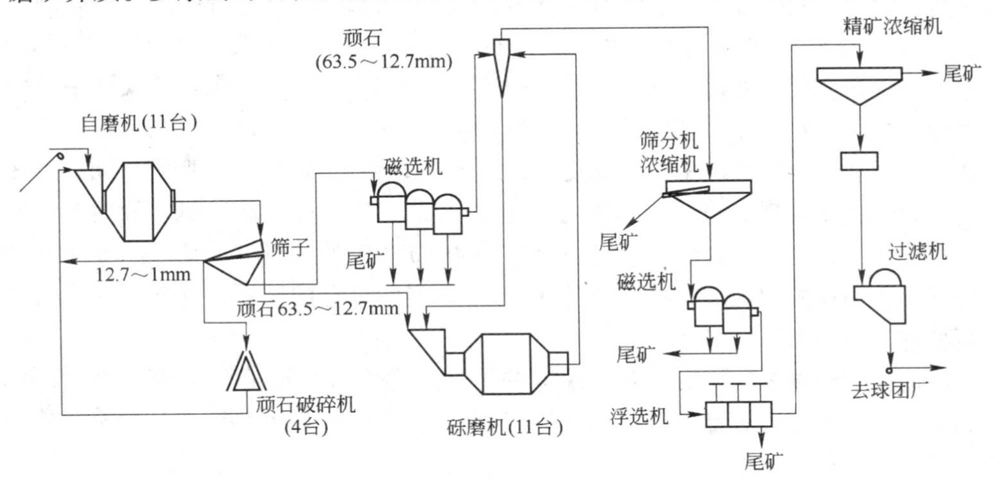

图 14 – 1　Empire 铁矿有顽石破碎的选矿流程（11 ~ 21 系列）

表 14-1 自磨机和砾磨机的规格及安装功率

设 备	规格/m×m	数量/台	功率/kW·台$^{-1}$
自磨机	φ7.32×2.44	16	1660
	φ7.32×3.81	5	2575
	φ9.75×5.03	3	6340
砾磨机	φ3.81×7.77	16	1045
	φ4.72×7.77	5	1790
	φ4.72×9.75	6	1975

品（12.7～1mm）一起返回自磨机；在有顽石破碎机的系列中，则被顽石破碎机破碎后返回自磨机。振动筛的筛下产品（小于1mm）用泵送到第一段磁选作业，抛弃约50%的产率（尾矿），磁选的精矿进入旋流器给矿泵池，用泵送到旋流器。旋流器的溢流作为磨矿回路的最终产品给到精选作业，旋流器底流自流到砾磨机，砾磨机排矿给到旋流器给矿泵池。旋流器溢流细度为90%～95%小于25μm（500目），通过粒度分析仪监控。

自从最初的流程投产以来，已经进行了大量的试验以改善磨矿效率，所做的改进包括顽石的破碎、矿石分类处理、减少顽石和高压辊磨机试验。

顽石破碎的半工业试验于20世纪70年代早期在Cleveland－Cliffs密歇根的半工业试验厂进行，采用了φ3.05m×1.22m的试验型磨机。试验表明，通过破碎临界的颗粒，处理能力可以增加30%～60%，得到的改善很大程度上是取决于所试验矿石的硬度。可以预计，所取得的最大的改善是采用功指数最高的矿石。由于在20世纪70年代所处理的矿石相对软，根本不需要顽石破碎，后来随着矿石逐渐变硬，处理量开始降低。1981年，决定进行工业试验来验证半工业试验的结果。在工业试验期间，通过破碎过量的顽石，给矿量提高了15%～25%，增加的幅度取决于矿石的硬度。由于从20世纪80年代早期到中期，铁矿石工业低迷，直到1988年才安装了一台2.13m（7ft）短头破碎机，处理Empire铁矿Ⅳ期扩建的3个自磨机系列的250～350t/h过量的顽石。1995～1996年，增加了4台小型的圆锥破碎机处理另外11个系列的过量的顽石，这些破碎机每台可处理约80～120t/h的顽石。

通过破碎过量的顽石，对于Ⅳ期的平均处理能力增加了约20%，对于其他的系列，由于小型圆锥破碎机的产品更细，平均处理能力增加了约25%，功指数越高的矿石，处理能力增幅越大。

在1991年和1992年期间，采用矿山整个服务年限内的矿样进行了两次工业试验，以确定功指数更高、嵌布粒度更细的矿石在选矿厂生产过程中的影响。在两个试验中，各自进行了两个试验周期。第一个周期，整个服务年限的矿样在整个选矿厂进行试验；第二个周期，原矿被分开，功指数高的（13～14kW · h/t）部分给到有顽石破碎的回路（Ⅳ期），功指数低的（9～10kW · h/t）部分给到其他的回路。试验的结果表明，当处理功指数高的矿石时，分别处理可以使整个回路的处理能力增加4%～6%。

多年来，Empire铁矿已经降低了用来作为磨矿介质的顽石粒度，以改善砾磨机的磨矿效率。在20世纪70年代，从最初的63.5～31.8mm改为63.5～22.2mm，但改善的效果没有文字记录。在90年代初，试验室试验表明，更小的顽石粒度能够进一步降低砾磨机的功耗。采用63.5～12.7mm的顽石进行的工业试验表明可以使砾磨机的所需能耗降低4%。此后，所有的上层筛孔都改为12.7mm开孔。

为了确定过量顽石更细的破碎效果，在Cleveland－Cliffs的Hibbing研究中心进行了半工业试验，共进行了没有破碎、常规破碎到$P_{80}=12.7$mm、常规破碎＋旋盘破碎机、常规破碎＋高压辊磨机等不同流程的试验，得到的最好的效果是采用高压辊磨机，处理能力比没有破碎的高约42%，比顽石采用常规破碎高约16%。因此，在Empire的Ⅳ期中选用了一台高压辊磨机来处理2.13m（7ft）的短头破碎机破碎后的顽石。

选用的高压辊磨机可以处理400t/h的破碎的顽石，给矿粒度$F_{80}=9.5$mm，产品粒度$P_{50}=2.5$mm，开路破碎。设备为KHD的RPSR7.0－140/80，辊径为1400mm，宽为800mm，最大比压力为6.25N/mm^2，驱动功率为2×670kW，通过行星齿轮减速机变速驱动，辊面线速度为0.9～1.8m/s。采用Solvis控制系统监控压力、间隙宽度和速度，以及检测功率、油压、润滑系统和其他运行参数。

破碎辊由4个滚柱轴承及2个自调心滚柱止推轴承支撑在机架上，一个辊是可移动的，另一个是固定的。可移动辊可向固定辊靠近或远离，以满足矿石破碎过程中辊面所需压力要求。系统中包括2个带有球形活塞的液压缸、蓄能器和其他设备。在辊的边缘装有颊板以防止矿石从辊面旁路通过，颊板可以调节以保持辊边缘之间的间隙最小。

高压辊磨机安装后的流程如图14－2所示。

最初的破碎辊采用带辊钉的拼装辊胎，辊胎采用螺栓固定在辊面上，螺栓表面采用碳化钨保护层。辊胎表面辊钉之间塞满所破碎的物料层形成了自保护表面，购买时提供的运行保证是12000h。这个使用寿命应当能够达到，但持续不断的螺栓破损导致在第一套衬板完全磨损之前就采用整胎衬板取代了拼装衬板。第二套衬板则按预期运行。

高压辊磨机于1997年8月投入试运行，当时的运转率超过了93%。给矿量

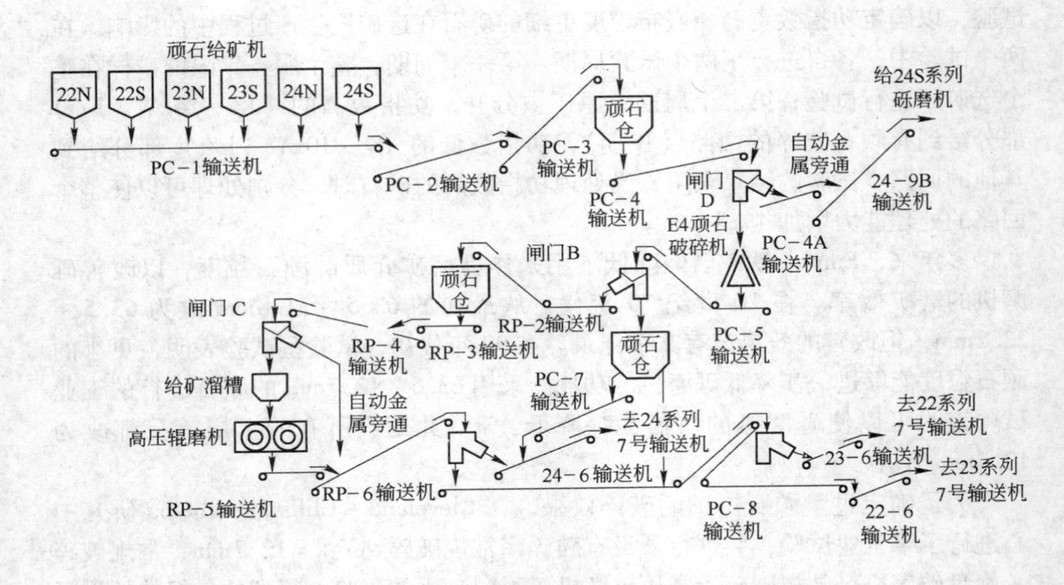

图 14－2 Empire Ⅳ期的顽石破碎和高压辊磨机流程

最大达到了325t/h，当时的限定条件不是设备本身，而是给矿量不足。由于这个原因，实际的利用率约55%。功率输入为1.7kW·h/t（保证数为2.5kW·h/t），产品粒度 P_{50} =2.5mm。Empire Ⅳ期破碎的顽石80%被高压辊磨机处理，2000年运行的数据表明，随着高压辊磨机的运行，自磨机的平均处理能力至少提高了20%，在处理一些不同类型的矿石时，甚至提高了40%。相应的自磨机的比能耗也降低了，降低的幅度大约为处理能力幅度的2/3。

详细的选矿厂取样分析结果已经表明，采用高压辊磨机除了增加处理能力之外，也使自磨机回路筛下产品的粒度分布变粗了，基本上是100%的小于1mm，小于25μm（500目）的含量降低了约5%～10%。这就使得磁粗选的性能得到了改善，特别是提高了磁性铁的回收率（尽管是品位较低）。同时也表明在该阶段整体的解理度有稍微的降低，这并不意味着最终的品位或回收率会受影响，因为后续的工艺会相应地调整。但这确实意味着增大了砾磨机回路的工作负荷，需要相应地改进工作。

采用半工业试验的高压辊磨机对Cliff的不同矿山的矿石进行的试验表明，对矿石可磨性的影响是不可预测的。与许多预期的结果相反，在可磨性上有时根本没有变化。作为在Empire推广使用高压辊磨机的研究的一部分，在Empire Ⅳ期采用破碎的顽石进行了给入高压辊磨机之前和之后的可磨性试验。结果表明这些矿石的可磨性有重大的增加，越难磨的矿石增加越明显。

随着不断的实践和改进，拼装辊胎已经被整体辊胎代替。这就消除了螺栓破损的问题。后来，又改进了物料输送系统，增加了给矿能力，提高了高压辊磨机的连续运转时间。同样，自磨机的循环负荷及高压辊磨机产品循环的改善使得设备的运转率、自磨机的处理能力和能耗降低得到了进一步的改善。

Empire自磨回路的破碎顽石的高压辊磨机的安装使得自磨机回路达到了要求的处理能力，所有制造商所提供的性能保证也全部实现。随着物料输送系统不适应所导致的限定条件的消除，系统的效益已经大为改善。

参考文献

[1] DOWLING E C，KORPI P A，MCIVOR R E，et al. Application of high pressure grinding rolls in an autogenous－pebble milling circuit［C］//Department of Mining Engineering University of British Columbia. SAG 2001. Vancouver，2001：Ⅲ－194～201.

15 半自磨破碎（SAC）流程（Lefroy 金矿）

15.1 概况

Lefroy 金矿[1]属 St. Ives 黄金矿业公司，该公司是南非金田公司的子公司。金田公司于 2001 年 12 月从 WMC 资源公司购买了 St. Ives 黄金矿业公司。购买之后就立刻开始扩大现有选矿厂的处理能力的可行性研究，以降低运行成本。在详细分析了改造现有的选矿厂的方案后就放弃了，建一个新的规模更大的选矿厂更有利。新选厂建的位置要靠近未来的主要的矿山资源，以降低运输成本。新的选厂设计要易于将来的扩建。Lefroy 选矿厂的建设和试车在主要工作开始后 12 个月内完成，投产后在很短的时间内处理能力和回收率就达到了设计的指标。设计的目标达到后，就从工艺矿物学的角度，开始对整个工艺的优化进行研究，采用先进的控制策略，使选厂的性能得到重大的改善。

St. Ives 黄金矿业公司经营着 Lefroy 选矿厂和一个堆浸系统，选矿厂每年处理约 4800kt 高品位金矿石，生产约 13.6t（48 万盎司）的金。堆浸系统每年处理 2500kt 低品位金矿石，生产约 1.275t（45000 盎司）的金。St. Ives 黄金矿业公司是澳大利亚的第三大黄金生产矿山。

Lefroy 选矿厂位于西澳 Estern Goldfields 区的 Kambalda 镇东南约 20km 的 Lefroy 湖边。在 St. Ive 的矿床中，沿着矿物的晶粒边界，金大都呈中等颗粒或自然金存在。金的合金如银金矿、金的矿物如碲金矿和黑铋金矿在大多数的地方都能观察到，尽管比例很小。矿床中的有些地方约 10% ~20% 的金呈细粒包裹在硫化矿物如黄铁矿和磁黄铁矿中。单体金由于粒度较粗易于从脉石中解理。采用重选、硫化物精矿细磨和氰化工艺即可得到较高的回收率。

粗碎机的给矿来自于各个露天采场和坑内，露天矿的矿石采用 140t 的 CAT785 自卸矿车运到破碎机的原矿垫，坑内矿石用 105t 和 120t 的侧卸卡车运到破碎机的原矿垫。过量的矿石则分开堆放，然后用前装机给到破碎机。直接的卸矿是破碎机给矿的最好方法，靠近粗矿堆有一个小的矿石垫（软矿石垫）用于堆存黏的矿石如湖底沉积物、黏的氧化矿、磨矿的顽石和选厂排出的物料。软矿石堆的物料通过一个软矿石仓和一个板式给矿机绕过粗碎机和粗矿堆给到磨机，这就减少了由于黏性矿石造成堵塞而导致的停车，保证了粗碎机的能力。软矿石仓也能用来作为备用给料，当粗矿堆料位低时使用。

粗碎机配有一台碎石机，用来破碎和清理粗碎机腔内的大块堵塞矿石。破碎的矿石经过两条带式输送机串联送到粗矿堆。在两条带式输送机的转运点上安装了一个聚乙烯管拣选器来除去长的聚乙烯（导爆）管和一个磁铁来除去游离金属物，除去的有金属线、坑内使用的长的岩钉、钻头等。

粗矿堆用金属面板盖住以降低粗矿堆的粉尘，也有助于环境和保护半自磨机的包绕式电机等一些敏感的电气设备。粗矿堆的总容量为 77000t，粗矿堆下有 3 台板式给矿机，每台 800t/h 的给矿能力，每台给矿机在受矿溜槽处都装有摄像头监控堵塞情况。磨机的给矿皮带装有一个 VisioRock 图像分析系统来监控半自磨机的给矿粒度。

磨矿采用一台半自磨机，其驱动采用一台 13000kW 的包绕式电机。半自磨机排矿通过一台 8.6m×3.7m 的振动筛分级除去过大的顽石，顽石能够在紧急情况下卸到地面上或者经过顽石破碎机后返回半自磨机，也可以是部分或全部通过顽石破碎机。顽石皮带装有磁铁和金属探测器来防止游离金属进入顽石破碎机。半自磨机排矿筛的筛下产品给到一组 10 台直径 508mm 的 Krebs 的 gMax 型旋流器分级，旋流器底流的约 30% 被给到两个单独平行的重选回路。所有的旋流器底流汇集到磨机的给矿。重选回路包括两个平行的 SB2500 Falcon 选矿机、两个平行的 IPJ2400 压力跳汰机回收硫化物，1 台 SB1350 Falcon 选矿机来精选 IPJ 的精矿，1 台 VTM－500 立磨机对跳汰的精矿进行再磨以解理硫化物中的细粒包裹金。重力选矿机的单体金给到一台 ILR3000BA 集中浸出反应器中集中氰化。重选回路所有的尾矿都汇集到半自磨机的给矿箱。选矿厂碎磨回路的详细配置如图 15－1 所示。

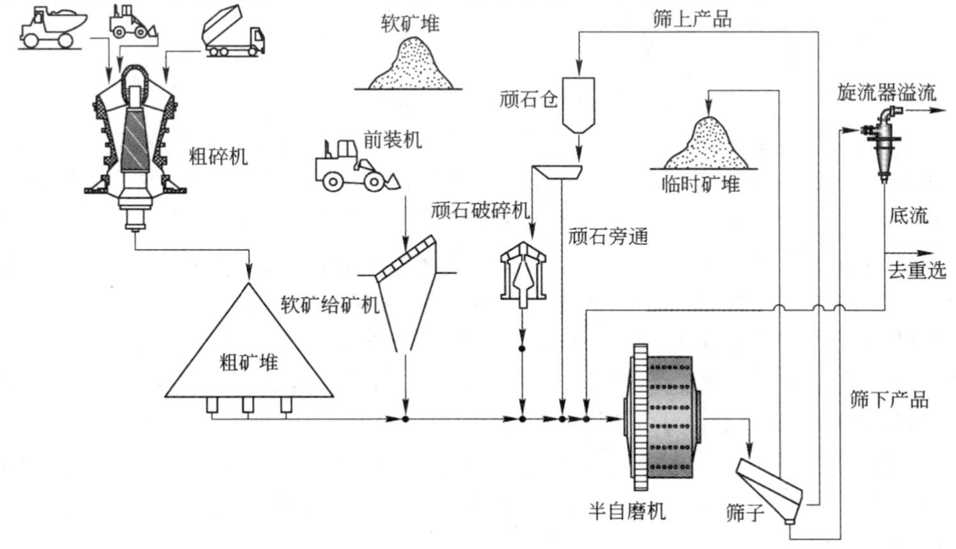

图 15－1　Lefroy 选矿厂碎磨流程

15.2　选择单段半自磨机回路的决策

预可行性研究中对于现有选矿厂的扩建和建一个新的选矿厂提出了几种可能的工艺流程方案，每一种方案的投资和运行成本都按 ±30% 的准确度来确定。结果，单段半自磨机方案优于其他方案，尽管在工业上有它的缺点。在建设 Lefroy 金选厂之前，St. Ives 黄金公司有过一个 3100kt/a 的选矿厂，现在已经停产了，该选厂采用的是 SABC 流程，其第二段破碎的平均给矿粒度 F_{80} 为 40mm。为了得到磨矿回路中的 JK SimMet 模型所需的基础数据，在该选厂进行了两天的粗粒矿石试验，采用现有选厂磨矿回路的 JK SimMet 模型来评估工艺流程方案。评估的工艺流程方案如下：

（1）在现有选厂的前端安装一个平行的磨矿回路；

（2）在现有选厂的前端用一个更大的单段半自磨机取代 SABC 回路；

（3）建一个新的选矿厂，采用三段破碎 + 常规磨矿流程；

（4）建一个新的选矿厂，采用 SABC 流程，处理能力达到 4500kt/a；

（5）建一个新的选厂，采用一台直径 10.72m 单段半自磨机 + 顽石破碎。

方案 1 和方案 2 需要采用二段或三段破碎作业，把磨机的给矿破碎得更细；除方案 3 外，其他的方案则需要顽石破碎或在半自磨机之前增加预先筛分。在这些方案中做出最终选择时需要考虑下列因素：

（1）每个方案增加的经济效益（净现值和内部收益率）；

（2）技术风险；

（3）与所处理矿石资源的距离；

（4）可操作性和可维护性；

（5）将来扩建的可能性；

（6）操作人员对这些工艺的熟悉程度和经验。

对照这些考虑的因素，方案 1 和方案 2 不是很好的方案，从将来的采场到现有老选厂的距离的影响在这些方案中是很大的。对于方案 5，最初没有考虑将其列到最终的比较方案中，因为其已知的缺点和技术风险，尽管其满足所有的上述因素。对方案 3 和方案 4 进行过详细的方案比较和分析，比较的结果相近，根据经济分析的数据（净现值和内部收益率）建议放弃方案 3，选择方案 4。考虑了所有的因素并赋以相应的权重分析之后，选择方案 4 做了详细的可行性研究，但做完后却发现方案 4 的运营成本达不到预期的结果。为此，又重新考虑了方案 5。最终选择方案 5 是基于下列原因：

（1）新的半自磨机制造没有滞后问题，公司已经预订了一台新的 11m（36ft）半自磨机，是矿山原来的所有者为矿山扩建于 1997 年订的货，所以，可以加快工程建设进度；

（2）投资低；

（3）根据在现有老选厂进行的粗粒矿石试验结果，这台 11m（36ft）半自磨机实际上是从老选厂的 7.3m（24ft）半自磨机按比例放大的，足以减轻所有的技术风险；

（4）一台半自磨机意味着只有一台主要的设备运行和维护；

（5）给将来的扩建留出了很大的空间。

考虑到将来矿山的开发，在设计上，Lefroy 选矿厂做了常规的邦德球磨和棒磨功指数以及 JKSAG 破碎系数的试验，JKSAG 破碎系数是利用改进后的落重试验（SMCC 方法）确定的，使用磨矿回路的 JK SimMet 模型来模拟进行分析。各种系数见表 15－1。

表 15－1　Lefroy 选矿厂设计数据

项　　目	参　　数
半自磨机规格（直径×EGL）/mm	10.72×5.48
磨机转速率/%	60～80
安装功率/最大功率/kW	13000/13500
装球率/总的充填率/%	8.5/25
补加球规格/mm	125
砾石窗口规格/mm	70
格子板开孔规格	无
总开孔面积/%	9.8
砾石窗开孔面积占总开孔面积比例/%	100
给矿粒度 F_{80}/mm	110
给矿量/$t \cdot h^{-1}$	551
顽石产率（占新给矿的）/%	25
旋流器溢流浓度/%	43
产品粒度 P_{80}/μm	125
旋流器循环负荷/%	300
旋流器给矿浓度/%	63.20
旋流器给矿压力/kPa	60
球磨功指数/$kW \cdot h \cdot t^{-1}$	16
棒磨功指数/$kW \cdot h \cdot t^{-1}$	21

续表 15 - 1

项　目	参　数
A	81
b	0.31
$A \times b$	25.11
ta	0.24

15.3 主要风险及其在半自磨机运行中的影响

主要风险有：

（1）工艺不稳定性 。所有的顽石（破碎的或没破碎的）、旋流器底流、重选回路的尾矿、所有磨矿和重选区域的跑冒物料、地面冲洗水以及破碎和粗矿堆下面的污水泵排料都汇集到半自磨机的给矿。污水泵的开停车以及一个或多个再循环负荷的波动都会导致工艺的不稳定性，给矿粒度和硬度的变化也能产生或恶化存在的问题，给矿粒度 F_{80}、矿石硬度、给矿量和充球率对半自磨机在开路条件下的运行性能都有影响，这些因素的干扰，对于单段的半自磨回路来说，只会使其恶化。这些因素潜在的影响在设计阶段是很明显的，一个生来就不稳定的回路（如处理能力和磨矿产品粒度）会对下游的工艺造成有害的影响（如回收率）从而影响到现金流；对主要的工艺设备性能也有负面的影响，如旋流器给矿泵、带式输送机、顽石破碎机、主要的驱动装置和除屑筛；也会提高半自磨机的维护费用。在生产实践中，在破碎机之前没有混矿，在破碎回路和粗矿堆有小程度的混合。某种程度的混合，特别是考虑给矿粒度，可以通过给矿机实现，但这些因素的影响均不能替代原矿垫上的混矿效果。是否需要混矿取决于经济上是否合适，矿石倒运的成本很容易量化，无法量化的是未混合的矿石进入下游工艺处理后经济上是否合适。这需要长期辛苦的工作来得到相关的数据，找出最重要的变量，来说明不混矿对选矿厂工艺指标的影响。

图 15 - 2 所示为 St. Ives 矿石的硬度分布，通过 JKSAG 系数 $A \times b$ 测得。图 15 - 2 特意突出了矿石硬度从极软变化到极硬的态势，矿石硬度在很短的时间内的变化表明，对操作者来说，要满足生产指标的要求是种挑战。设计阶段不再考虑混矿，要使矿石硬度变化的有害影响最小化，半自磨机在设计中做了如下考虑：

1）根据矿石硬度和给矿粒度的变化来调整充球率，以减少其负面影响；

2）调整半自磨机的操作条件（如转速）和改变总的充填率来调整球矿比；

3）顽石破碎；

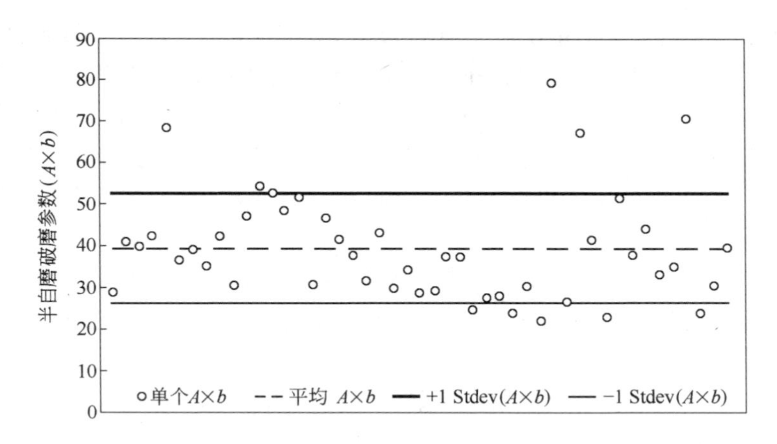

图 15－2　St. Ives 矿石的破磨参数（$A\times b$）分布

4）过程控制：由于所有的循环负荷返回半自磨机，给矿特性的波动对磨机负荷、顽石量、循环负荷、旋流器溢流浓度、最终产品粒度以及分级效率等都有影响，因而采用一个好的控制策略以使这些变化的负面影响最小化是最基本的。

（2）另一个主要风险就是磨矿过程中的浆池。其对磨机负荷的稳定性、功率输出和磨矿粒度都是潜在的有害影响，如果在运行中，操作条件设置不合适或者矿浆提升器设计不正确，就会使磨机中形成浆池。设计集中在两种不同类型的矿浆提升器上：辐射状矿浆提升器和螺旋状矿浆提升器。一些大规模开路的半自磨机采用螺旋状矿浆提升器，据说效果很满意。从设计的观点来看，两种方案都有缺点，螺旋状矿浆提升器需要单向的衬板和提升棒，尽管其矿浆排出特性更好，但由于其单向旋转，衬板的消耗更高。螺旋状矿浆提升器不允许半自磨机在有负荷情况下的双向试车，从将来工程保险的观点来讲，这是一个值得注意的问题。如果有足够的容积能力（深度），辐射状矿浆提升器也能很好地把矿浆排出，由于其具有适应半自磨机双向转动的特点，因而磨机衬板和提升棒的寿命会更长。

（3）缺少熟悉单段半自磨机运行的操作人员和技术人员。提前对选矿厂操作人员进行集中培训来克服这个风险。

（4）Lefroy 没有浸出给矿浓缩机，磨矿粒度和浓度根据操作条件通常逆向相关，要维持这两个参数的目标值需要很好的操作经验，最好是通过过程控制系统。磨矿粒度太粗不利于回收率，而矿浆浓度太低会减少在浸出槽内的停留时间，同样会损失回收率。这个风险通过采用一个好的过程控制策略消除了。

15.4　试车

湿式试车采用全自磨（FAG）模式启动，然后钢球添加通过三个步骤：4.2%，6.2%，然后再达到8.0%（见表15－2）。处理能力随着充球率的增加而增加，在8.0%的充球率情况下，处理能力达到546t/h，略低于设计的551t/h。如表15－2所示，到这个阶段，排矿格子板没有更换。顽石产率，不管是占新给矿的比例还是绝对量，都随着充球率的增加而降低。在FAG模式下，顽石产率非常高，常超过100%。当达到8.0%的充球率后，顽石的循环量占新给矿的比例为47%，为269t/h。这仍然远高于设计值，对于顽石破碎机来讲，长时间这样运行是不行的，而且循环量常超过60%，也影响顽石输送能力，在周围造成溢溅。由于顽石产量超过顽石破碎机的处理能力，必须经常旁通过去。半自磨机的转速不能超过9.3r/min，否则会进一步增大顽石产率。太高的顽石产率造成半自磨机排矿筛阻塞，筛面失灵，也导致大量的过大颗粒旁路到旋流器给矿漏斗，阻塞了旋流器给矿管和砂泵，导致长时间回路停车。由于这些原因，半自磨机不能按设计的10.4r/min（转速率80%）转速试车，除非顽石的产率能够可控。高的充球率可使顽石产率更可控，但顽石产率高的真正原因是排矿格子板的开孔面积，特别是砾石窗部分占开孔总面积的比例太大。随后，总的开孔面积和砾石窗部分分别分阶段降低到7.4%和20%，在此条件下，顽石产率降低到28%，半自磨机的处理能力超过了600t/h。

表15－2 试车情况和格子板的优化

时 间	2005－12－09	2005－12－17	2005－12－22	2005－12－23	2006－01－04	2006－01－26	2006－02－01	2006－02－07	2006－03－16	2006－08－01
充球率/%	0	0	4.2	4.2	8.0	8.0	8.0	8.0	8.0	8.0
总充填率/%	20	20	21	21	28	28	28	28	29	28
负荷/t	230	280	342	374	546	493	480	546	529	517
球矿比（球/矿）	0	0	0.20	0.20	0.29	0.29	0.29	0.29	0.28	0.29
处理能力/$t \cdot h^{-1}$	161	276	341	348	438	456	350	577	526	615
顽石产率/%	120	104	55	56	51	52	70	40	34	23
顽石量/$t \cdot h^{-1}$	193	287	188	195	223	237	245	231	179	141
功率/kW	3780	4138	5556	5829	8470	7246	9100	10438	9200	8875
转速/$r \cdot min^{-1}$	8.0	8.2	8.5	9.4	7.7	7.6	8.2	8.9	8.0	8.3
临界转速率/%	61.6	63.1	65.4	72.4	59.3	58.5	63.1	68.5	61.6	63.9
总开孔面积/%	7.16	7.2	7.2	7.2	7.2	7.2	6.3	5.8	5.7	5.7
砾石窗与开孔面积的比值/%	1.0	1.0	1.0	1.0	1.0	1.0	0.73	0.57	0.41	0.41

15.5　各种因素对工艺过程的影响

15.5.1　矿浆提升器

在仔细考虑之后，采用了深度 430mm 的辐射状矿浆提升器，到目前为止，经多次检查，没有发现浆池的出现，辐射状矿浆提升器是合适的。为测量和了解浆池的范围，所进行的突然停车检查表明，半自磨机通常是在浆池形成的临界状态上或低于此临界状态的情况下运行。事实上，突然停止一个单段半自磨机的闭合回路，而没有造成磨机负荷和矿浆液位的扰动，是非常困难的。然而所做的观测清楚地给出了磨机是如何在浆池的条件下运行的，到现在浆池没有成为一个严重的问题，一个重要的因素可能是旋流器排出的循环负荷量的影响，到现在，在所有的已经经历过的条件下，循环负荷没有超过 250%。

15.5.2　半自磨机性能

图 15－3 所示为半自磨机从试车到 2006 年 4 月第一次更换衬板期间的处理能力变化情况，图中第一段为上升期，是试车阶段，特别是由于磨机排矿格子板的原因，没有达到设计能力；当问题解决后，处理能力则超过了设计值，且一直维持直到衬板磨损到一定程度；第三阶段出现了处理能力下降，主要原因是磨机衬板磨损、破碎机衬板磨损后排矿粒度变粗以及矿石硬度变硬所致。

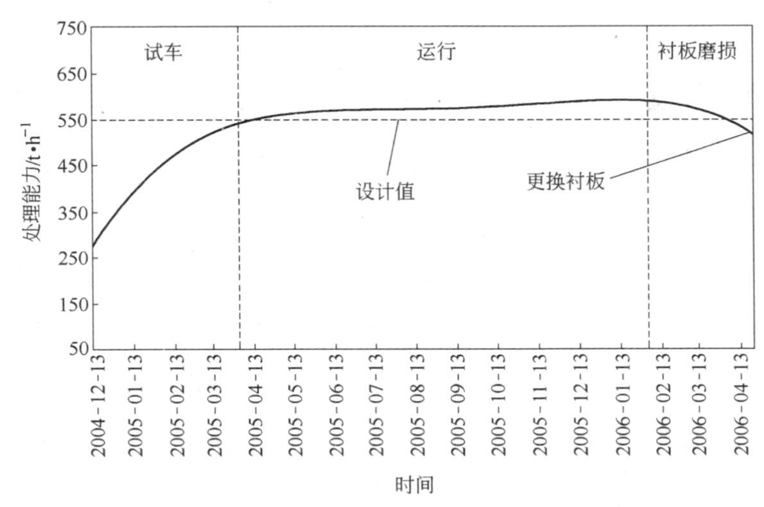

图 15－3　半自磨机自试车以来的处理能力变化情况

15.5.3　半自磨机衬板

半自磨机衬板除了给矿端的中部和外圈衬板外，其余的都很好。给矿端衬板在处理了2100kt矿石后必须更换。给矿端的提升棒形状做了改进，增加了高度，采用了面角。第二套衬板安装后一直用到磨机整体换衬板。筒体衬板、排矿端衬板和格子板到更换时共运行了15个月，处理了5600kt矿石。给矿端衬板和提升棒的形状要重新改进，目标是要使所有的内部衬板一起更换。延长衬板寿命的两个主要因素是球的充填率相对小和磨机在相对高的矿球比下运行。这台半自磨机通常在约8%的充球率和28%的总充填率情况下运行。

15.5.4 半自磨机排矿筛

半自磨机的排矿筛由Shenck公司提供，在筛面上，前三排是防冲击板，其余的是筛板。筛板是柔性自清洁型。防冲击板和前四排筛板由于受冲击和磨损严重而过早损坏，导致大量的顽石进入筛下漏斗，阻塞了旋流器给矿泵和管路。对防冲击板和筛板的改进极大地改善了使用寿命，消除了非计划停车。

15.5.5 给矿粒度的影响

与硬矿石相比，软矿石的粗粒给矿对半自磨机性能的影响不大，但其有其他的影响。大的黏性矿石易在溜槽中形成桥拱，堵塞溜槽而导致停车。因此，把矿石破得更细是很有必要的，特别是硬矿石。图15-4所示为给矿粒度对半自磨机处理能力的影响。

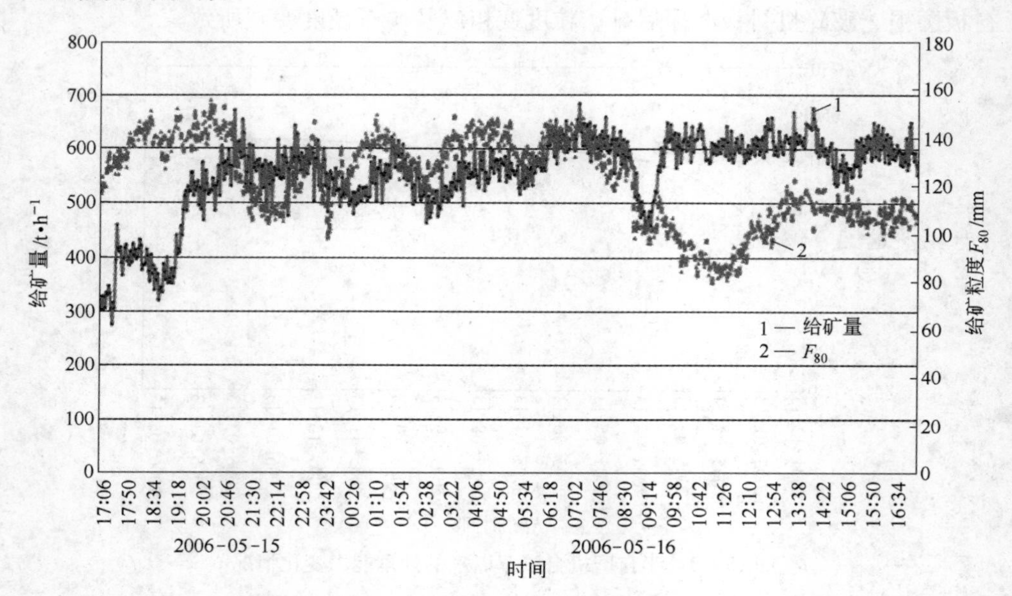

图15-4 给矿粒度对半自磨机处理能力的影响

在图15-4中的整个时间段内，顽石破碎机连续运转，矿石类型没有变化。

因此，在半自磨机处理能力上的影响完全是由于给矿粒度的变化所造成，这段时间内，平均给矿粒度 F_{80} 为 131mm，细粒给矿的 F_{80} 为 103mm，给矿粒度 F_{80} 从 131mm 减小到 103mm，半自磨机处理能力从 533t/h 增加到 599t/h。

15.5.6　顽石破碎的影响

图 15－5 所示为顽石破碎对半自磨机性能的影响。顽石破碎机没有运行时，半自磨机不能够维持高的处理能力，即使此前为应对硬矿石的影响，充球率已经达到了 11%。这段时间半自磨机运行的特点是由于顽石的返回，给矿速率摆动很大，磨机负荷摆动也很大。很明显，随着顽石破碎的启动，半自磨机变得稳定多了。曲线所示的整个时间，半自磨机均处于自动控制状态，根据控制策略，对半自磨机重量减小的响应是增加给矿速率，此时半自磨机转速已处于允许的最大值，因此，无法再增加自磨机转速。随着顽石破碎机的启动，返回半自磨机的顽石量开始减小。通过降低顽石产率和磨机负荷，也创造了进一步增加处理能力（见图 15－6）的空间。在没有顽石破碎的情况下，平均处理能力为 482t/h，平均顽石产率为 32%，且波动很大。启动顽石破碎机后，半自磨机的平均处理能力为 584t/h，平均顽石产率为 27%。

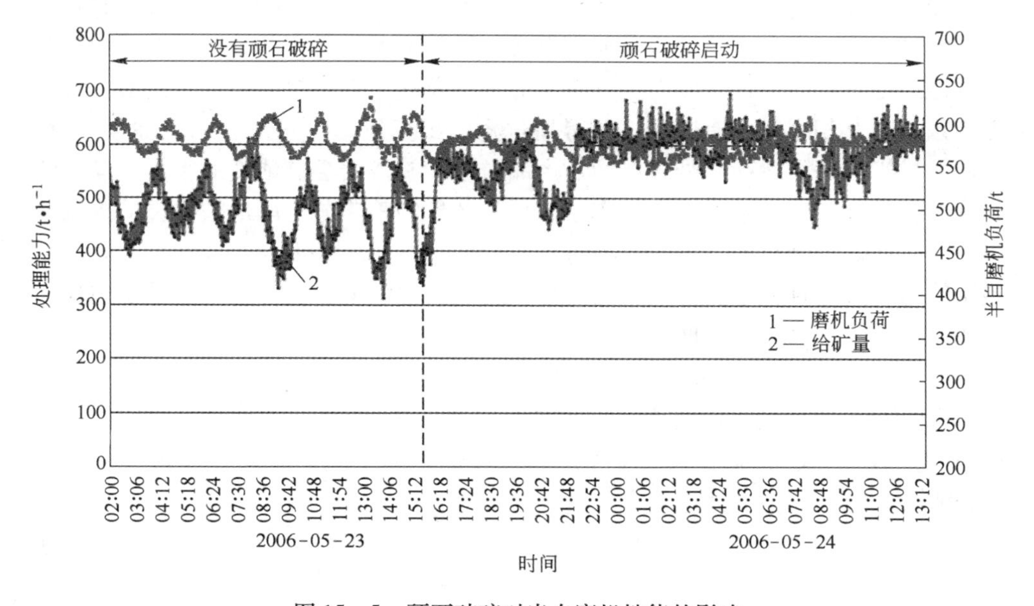

图 15－5　顽石破碎对半自磨机性能的影响

15.5.7　过程控制

最初，在试车时设定的半自磨机控制是最基础的，没有考虑过程变量之间的

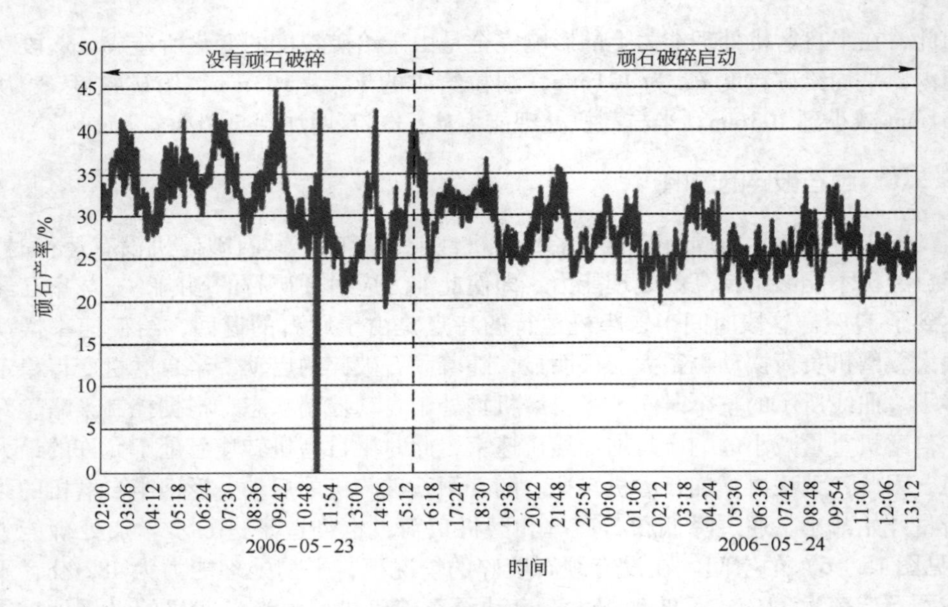

图 15-6 顽石破碎对顽石产率的影响

相互作用和在过程中的影响，半自磨机的运行需要控制室操作人员的仔细监控。从控制的观点，这种方式效率是非常低的。磨矿回路的各个部分相互之间无法很好地连通控制。给矿机、顽石破碎机、分级回路和半自磨机都是设定的各自独立控制系统，互相之间没有联系，要得到过程输出变量的一致性和稳定性很困难。这就造成半自磨机负荷、处理能力、产品粒度和旋流器溢流浓度的很大波动，给后续过程带来不利的结果。在试车后，最初的控制策略分阶段地被先进的控制策略—— Manta 控制技术（Manta Controls' cube control technology）取代，实施后的控制策略极大地降低了操作人员对磨矿回路监控的强度，使得他们注重于选矿厂其他更重要的事情。磨矿回路的控制目标是：

（1）产品粒度小于 125μm；

（2）旋流器溢流浓度为 45% ~50%；

（3）在保证旋流器溢流浓度和产品粒度的前提下，使处理能力最大，但最大的能力受制于下游的处理能力限制。

此外，因为 Manta 控制技术没有这些内容，由负责磨矿的工程师设定了下列控制目标：

（1）根据不同的矿石类型优化和控制矿球比；

（2）优化磨矿粒度，这就意味着对较粗的软矿石或者进行破碎，或者部分旁通或全部旁通过顽石破碎机；

（3）在维持关键分级指标（P_{80}和溢流浓度）的前提下，改善分级效率。

目前，所有的关键操作设定点都由工艺工程师确定。过程控制的下一步是实施一个更先进的控制策略，能够连续优化这些设定点。

在实施了改进的溢流浓度控制后，除屑筛上的溅溢已经消除，下游的工艺（浸出和吸附）过程非常好，总的回收率得到改善。

目前，旋流器溢流浓度和磨矿产品粒度 P_{80} 通过旋流器压力和给矿浓度进行控制。为了更好地控制产品粒度，需要正确地设定和严格控制旋流器压力和给矿浓度。旋流器溢流浓度和磨矿产品粒度 P_{80} 之间是逆相关的关系（见图 15－7），利用这种关系控制旋流器压力和给矿浓度，可以使产品粒度控制在设定范围内，而不必要去严格地控制磨矿粒度，因为回收率对于磨矿产品粒度不敏感。新的控制极大地改善了旋流器压力和给矿浓度，这也使得可以得到更高的旋流器溢流浓度。

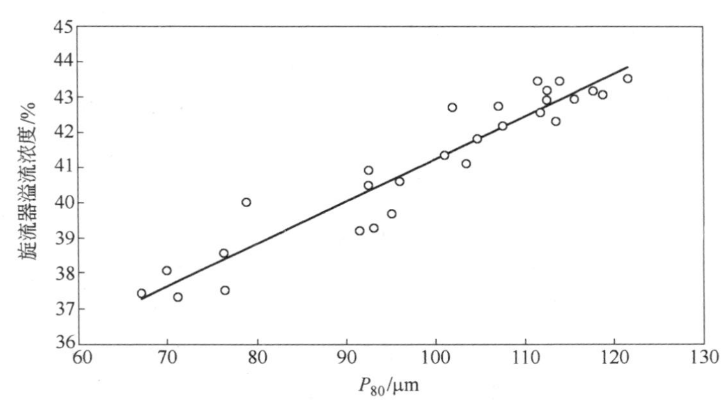

图 15－7　产品粒度 P_{80} 和旋流器溢流浓度的相关性

（2006 年 1 月 15 日测定）

15.5.8　试车、运行结论

Lefroy 选矿厂的单段半自磨机试车很成功，在试车后，所有的设计指标在短时间内达到设计值，并且运行很好。目前，处理能力已经超过设计值，磨矿产品粒度随操作条件而变化，但一直在设计的范围内。

参考文献

[1] ATASOY Y, PRICE J. Commissioning and optimisation of a single stage SAG mill grinding circuit at Lefroy Gold Plant – St. Ives Gold Mine – Kambalda/Australia [C] //Department of Mining Engineering University of British Columbia. SAG 2006. Vancouver, 2006: Ⅰ－51～68.

16 自磨（AG）流程
（Alrosa’s 金刚石矿）

Alrosa’s 金刚石矿[1] 位于俄罗斯西伯利亚的雅库特共和国的 Aikhal 地区，该金刚石矿所采用的自磨机工艺上的要求是磨机的给矿粒度为 1.2m，为了减少破磨过程中金刚石的破裂，磨机衬板和格子板要采用橡胶材质。为满足这些要求，磨机的设计当中有许多新颖的特点：从特别大的给矿溜槽以适应 1.2m 直径的给矿，到给矿端和排矿端采用不同规格的轴承，到部件分块以使几乎所有的部件都能够采用铁路运输（部分过大的部件采用空运），时间安排上必须使运输在河流封冻之前完成，即铁路运输后移到驳船上运到现场，每个环节绝对不能出差错。

金刚石主要分布在世界各地的金伯利岩矿床中，大多数是在南部非洲、巴西、澳大利亚西部、加拿大和西伯利亚。含金刚石的金伯利岩出现于火山筒中，筒的范围从直径几米到几千米。金伯利岩的形成在地球中很深，在 100～150km 之间。一般认为，在地球深部金刚石呈晶体化，在火山筒中以金伯利岩和金云火山岩被带到表面。输送金伯利岩和金云火山岩的火山筒也是金刚石冲积矿床的成因之一，在靠近金刚石矿的许多河床和湖中都发现了金刚石的冲积矿床。

俄罗斯联邦的雅库特共和国的金刚石矿位于西伯利亚平台的东北部，已经发现了 600 多个金伯利岩矿床，大部分是火山筒。这些矿床集中在 18 个金伯利岩区域，形成了 7 个金刚石成矿带。

采矿为露天和地下两种采矿工艺，根据采用的采矿和回收工艺，金刚石能够以最大的颗粒回收，但一些大的金刚石可能被打碎或破碎，对这种金刚石矿采矿理想的方法是把金刚石在没有打碎的情况下解理出来。为此，金刚石的开采和回收的所有方面都围绕这个目的进行设计、考虑，工艺流程中排除了所有可能造成金刚石损坏的环节，取消了原设计上的破碎机。这样，原矿在采场破碎到直径 1.2m 以下，直接给到磨矿机。

对于磨机的设计要求是设计一台自磨机，能够处理 1.2m 的给矿粒度，给矿溜槽能够满足 1.2m 的给矿粒度且不会堵塞、采用橡胶衬板和橡胶的格子板以避免金刚石的损坏，在 10～12 个月内交货到西伯利亚现场，采用俄罗斯标准进行设计。

磨机规格由业主根据现有的运行情况确定，由俄罗斯人现场安装自磨机。Alrosa's 的要求见表 16－1。

表 16－1 Alrosa's 对磨机的设计要求

性能		参数
给矿物料的特性	最大给矿粒度/mm	1200
	大于 400mm 的含量比例/%	25
	矿石中水分（冰）/%	4～15
	给到磨机中矿石温度/℃	35～－40
	松散密度/t·m^{-3}	1.6
工艺参数和磨机规格	磨机直径/m	10～10.4
	磨机功率/kW	5595
	磨机长度/m	4
	磨机工艺	湿式
	临界转速率/%	72～75
	处理能力/t·h^{-1}	600～700
	最大产品粒度/mm	50

Alrosa's 金刚石矿采用的自磨机如图 16－1 所示。

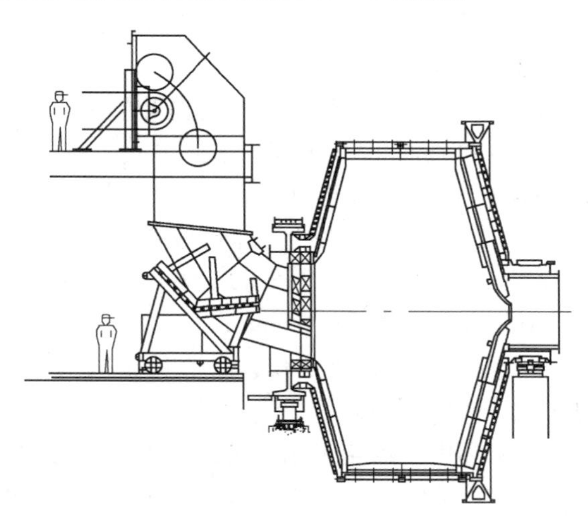

图 16－1 Alrosa's 金刚石矿采用的自磨机

在设计评估时，对设计影响大的是大块的给矿粒度，需要设计一个很大的给矿嘴。给矿嘴的开口要足够大，坡度要合适，能够接受最大的块度又不会造成物料堵塞。在给矿端需要大的开口，相对于磨机的有效磨矿容积减小，所要求的橡胶衬板又加重了这种情况。为了达到相应的磨矿容积，必须增加磨机的长度，要超过 Alrosa's 所要求的长度。

一旦磨机的结构确定，随后的问题是选择合适的磨机轴承。在给矿端，选择了轴颈支撑的滑块轴承，可适应于很大的磨机开口。在排矿端，选择了标准的带止推轴肩的滑动轴承，使磨机轴向固定。

给矿端的滑块轴承是动压的，而排矿端的轴承是静压的，对两种轴承类型所需要的油流分析后认为可以采用一个普通的润滑系统，选择了一个标准的静压润滑系统，可以满足两种轴承形式。需要改动的是动压滑块轴承要增加一个高压泵，在启动之前磨机必须浮在油膜上。

过大块对给矿嘴的影响是一个主要问题，研究开发了一系列的减震垫使给矿嘴和下面的支撑结构隔离。

磨机驱动采用 5600kW、转速 1000r/min 的带有液体变阻器的绕线式电动机，通过单级齿轮减速器和弹性联轴节，采用常规的齿轮驱动方式驱动，同时带有微拖装置。

磨机采用放在独立控制板中的彩色触摸屏式操作界面就地控制，PLC 程序控制系统包括：耳轴承润滑系统的自动控制、齿轮喷雾系统的自动控制、磨机电动机的自动控制、所有设备的电阻温度计（RTD）的检测。

为了最大可能地减少金刚石的破碎，磨机安装了橡胶衬板和橡胶格子板。而橡胶衬板在自磨机和半自磨机中应用，也是第一次为大于 1.2m 的给矿物料设计衬板和排矿格子板，衬板是采用高/低提升棒形式。

给矿端衬板为 32 排，内侧和外侧装有橡胶提升棒 CF 250 ~ 400，外侧板是 160/120mm 的阶梯状，内侧板厚 120mm。

磨机筒体衬板为 64 排，高/低配置地衬有橡胶的提升棒，高的提升棒 $H=$ 400mm，低的提升棒 $H=250$mm，中间的筒体衬板厚 140mm。

排矿端衬板为 32 排，衬有橡胶提升棒 CF 250 ~ 400。

排矿格子板：外端的格子板厚 110mm，内端的板厚 110mm。格子板有 25mm × 75mm 和 30mm × 90mm 的锥形槽孔，以避免堵塞。格子板是用钢结构架外加硫化橡胶。这种设计使格子板柔软，避免了堵塞且使用寿命最长。

矿浆排出器、中心锥和中心板均采用钢结构，外包耐磨橡胶。

如预期的那样，1m^3 的给矿块度进入磨机，造成磨机衬板的加速磨损，大部分的衬板磨损是由切削和碎片而不是磨耗造成的。最初的衬板的使用寿命（运行小时数）见表 16 - 2。

按常规的标准，表 16 - 2 中的衬板使用寿命是短的，按现场使用的条件，则是正常的。选厂的主要目的是使更换新衬板所需的停车时间降到最小，因此，几个能够延长衬板寿命的方式被放弃了。例如，筒体衬板开始已经达到 2600h，现在运行 1300h 就更换。磨机运行到高提升棒磨到筒体衬板的水平（这个约需 1300h）即换掉所有的衬板，重新安装衬板和新的高提升棒，选用用过的提升棒作为低提升棒，这样新的高提升棒的耐磨寿命大约为 2500 ~ 2600h。

表 16 – 2 最初的衬板的使用寿命 (h)

位 置	给矿端	筒体	排矿端
提升棒	2500	2600	2500
衬板	7500	11000	5000

对新的衬板形状和类型进行了连续的试验，称做 XHD（Extra Heavy Duty）的衬板已经研制出来并且采用。这种衬板 2001 年初已经采用，并且表现出了很好的效果。当时估计筒体的衬板将超过 3000h，目标是 4000 ~ 5000h。而 XHD 衬板稍微减少了磨机的容积，但这不是一个操作问题，因为目的是增加磨机运转率。

对于设备订货的合同要求是在合同生效后 11 个月即 1998 年 10 月 5 日以 CIF 在彼得堡大街交货。合同生效 6 个月后，为了使设备有足够的时间运到西伯利亚，并且在 9 ~ 10 月 Lena 河冰冻之前用船运到现场附近，用户要求所有的设备最晚 8 月 23 日之前交到彼得堡大街。10.36m × 3.96m 的自磨机 10 个月交到彼得堡大街，需要很强的合同执行力，特别是熟练的货运代理商来安排船、货车和飞机及其通关。此外，要满足交货日期，合同需要符合俄罗斯联邦规程以得到进口许可。从 Geoexpert 和 Gosgortechnadzor 得到注册证书以保证符合俄罗斯联邦法律。这是一个相当麻烦的过程，又是要求的程序，制造和质量监督是由两个不同俄罗斯机构来负责。

所有的设备除给矿端的耳轴之外，必须设计得适合于铁路运输。耳轴必须做成整体的，直径为 5.5m，铁路无法运输，只能从彼得堡空运到西伯利亚。运程的最后一段是通过船运和卡车运输，现场没有铁路。在美国和加拿大制造的部件采用租船方式运到彼得堡，以满足修改后的交货期。在欧洲制造的部件用卡车和船运到彼得堡。运输时间和路线经常变化，在几种情况下，设备必须运到北欧的不同城市，然后花费更大的代价船运到彼得堡。

磨机在 1998 年 10 月 14 日开始安装，1998 年 12 月 28 日无负荷启动，1999 年 1 月 14 日正常运行。为了在西伯利亚隆冬季节这样短的时间内安装和试车，需要许多准备工作。磨机的部件和所有的辅助设备必须组合良好，用户购买了特有的安装工具以消除安装中的问题，Svedala 派出了非常有经验的试车工程师现场监督，Svedala 俄罗斯公司的当地工程师协助他们，特别是在通信上。为满足雄心勃勃的安装和试车计划，现场工作每周 7 天，每天 3 班（8h/班），每组 12 ~ 24 个技术工人。

磨机运行的平均处理能力达到600t/h，范围为300～700t/h。从机械上讲，磨机已经运行且相当地好，当然，也经历过一次齿式联轴节的故障。磨机运行8个月后，低速齿式联轴节（在减速机低速轴和小齿轮之间）突然出现故障，故障的原因是齿式联轴节靠小齿轮一边的齿断了。随后从制造厂订了一套同型号的新的齿式联轴节，一个月后到货装上。联轴节在计划年度维修停车的时刻出现了故障，因此没有引起任何问题。研究了联轴节故障的原因后，发现是润滑不当引起的。在安装新的联轴节时，由小齿轮轴承制造商对磨机的驱动系统进行了重新定位和振动检查，发现与小齿轮相关的减速机和电动机之间有点轻微偏离，但与联轴节的故障没有关系。

对电动机、减速箱、小齿轮轴承和磨机进行了振动分析，以确定是否大块地给矿，如$1m^3$的规格，引起了过大的驱动振动以及是否由此引起了联轴节的故障。收集到的振动数据表明振动没有达到临界的水平，但不管怎样，为了防止任何的过度的振动，在2000年7月制造安装了一个特别设计的方格联轴节。安装后运行很好。在现场对联轴节故障进行调查时，也对整个传动系统进行了检查，以发现由于突然的故障引发的任何损坏的迹象，但没有发现。

新的齿式联轴节安装后几个月，在一次例行的驱动磨机部件检查中，发现减速机高速的齿有不寻常的磨损，又订了一个新的高速轴装上，磨机正常运行。

减速机轴上齿的不寻常磨损的原因可能是由于少量的内部偏移造成的，显然是联轴节故障的原因。对磨机驱动部分在例行检查的基础上检查后，没有再出现类似的问题。

在偏远的地区做选矿和类似的工业项目是相当正常的，很好地准备、了解当地的政治和社会习俗，好的合同和熟练的人员是成功的关键。在这个项目中，从合同生效到成功运行只用了15个月。

参考文献

[1] DUBIANSKY J, ULRICH P. Logistics of designing, transporting and installing a large autogenous mill in a Siberian diamond mine [C]//Department of Mining Engineering University of British Columbia. SAG 2001. Vancouver, 2001: Ⅱ-217～226.

17 半自磨（SAG）流程
（Yanacocha 金矿）

17.1 概况

Yanacocha 金矿[1]位于秘鲁北部。选矿厂于 2008 年 3 月试车，采用一台型号为 ϕ9.75m×9.75m（有效长度）、安装功率为 16500kW 的半自磨机进行单段磨矿，每年处理 5Mt 高品位金/银氧化矿。通过对控制系统、给料粒度分布、磨矿介质、磨机衬板、格子板及矿浆提升器等方面的优化，使磨矿处理能力高于设计能力 15%～30%，但是产品粒度 P_{80} 比设计要粗。为了优化设计，对整个磨矿回路进行了考查，并对历史运营数据和考查数据进行了分析，通过分析数据评估磨矿回路改进的可能性及明确可选的实施措施。通过大量的改进，使半自磨机的运行类似于大型球磨机，从而获得了较细的磨矿产品，其磨矿细度已接近设计值。

Mineral Yanacocha SRL 公司（以下简称 MYSRL 公司）从 1993 年开始在秘鲁从事矿业业务，截至 2011 年已产黄金超过 850t（3000 万盎司）。矿区位于利马北部 600km，距离 Cajamarca 城市 20km，东西长 16km，南北宽 8km，海拔 3200～4100m。图 17－1 所示为 MYSRL 公司及选矿厂的地理位置图。

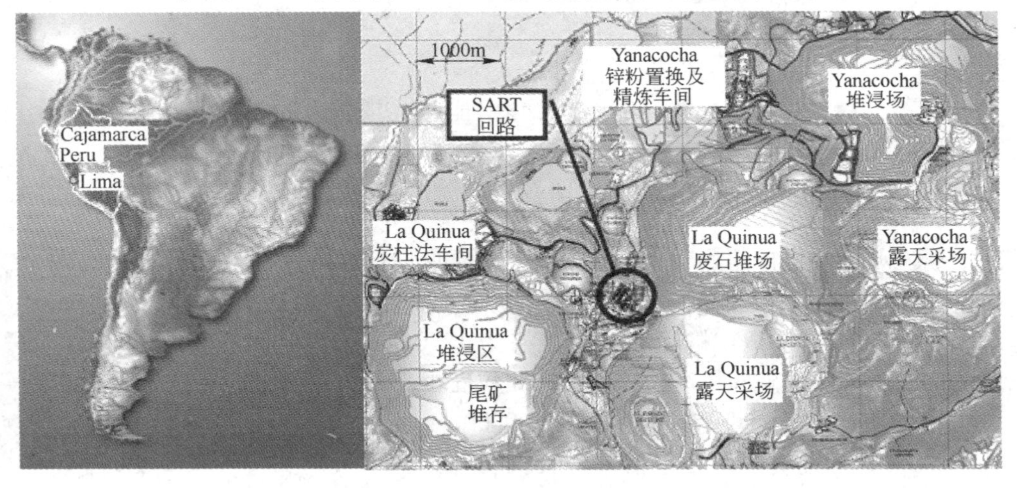

图 17－1 MYSRL 矿区及选厂位置

Newmont 矿业公司拥有 MYSRL 公司 51.35% 的股份，Buenaventura 矿业公司拥有 43.65% 的股份，国际金融公司拥有 5% 的股份。MYSRL 公司采用氰化堆浸—炭柱法和 Merrill Crowe 工艺（锌粉置换法）处理氧化矿和混合矿的最大处理量曾达到 130Mt/a。近期该选厂已在处理高品位矿石，采用堆浸炭柱法和锌粉置换法从贵液中回收金。

Yanacocha 选矿厂（以下简称 YGM 选厂）于 2008 年 3 月开始运营。工艺流程包括了一个“SART”（sulphidisation，acidification，recycling and thickening——硫化、酸化、循环、浓缩）回路，该回路于 2008 年 12 月试车，只有当处理含铜金矿石时才运行。

YGM 选厂处理高品位金矿时金的回收率高于堆浸。经过两年的生产运行，选厂很快超过了设计能力（5Mt/a）10% ~ 20%，但产品粒度 P_{80} 比设计要粗。由于磨矿产品粒度粗对回收率的影响可以忽略，使得可处理更多的高品位矿石。图 17 - 2 所示为 YGM 选厂的设计能力和实际能力比较。

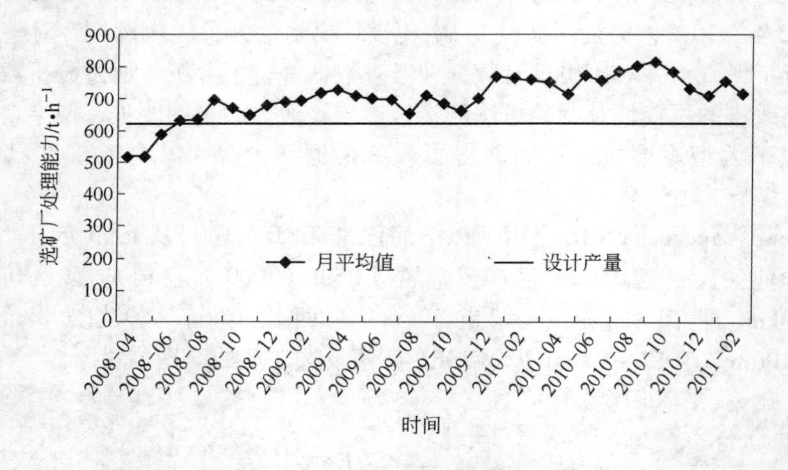

图 17 - 2 YGM 选厂的设计能力和实际能力比较

17.2 Yanacocha 选厂运营情况

原矿堆存在破碎厂房附近，并根据工艺要求进行混矿。YGM 破碎厂房有两个平行系列，每个系列都有一个单卡车卸矿仓、一台板式给矿机、一台 2845mm × 762mm（112in × 30in）格筛和一台规格为 1270mm × 1524mm（50in × 60in）的 C160 Jacques 颚式破碎机。破碎回路产品粒度小于 150mm，通过带式输送机送到半自磨给料矿堆，矿堆有效储存容量为 9000t。

YGM 选厂的磨矿回路包括 1 台装机功率为 16500kW 的 ϕ9.75m × 9.75m 半自磨机，一组 10 - ϕ650mm 的水力旋流器。半自磨机的排矿给到筛孔 12.7mm ×

31.8mm 的圆筒筛。筛上产品通过带式输送机返回半自磨机，回路没有顽石破碎。半自磨机设计处理能力为 620t/h，磨矿产品粒度 P_{80} 为 75μm。表 17 - 1 总结了 YGM 破碎和磨矿回路的设计参数。从试车至今，还没有达到设计 P_{80} = 75μm 的产品细度。

表 17 - 1　YGM 破碎和磨矿回路的设计参数

参　数		指　标
粗碎	球磨功指数/kW · h · t^{-1}	15.7 ~ 19.2
	邦德研磨指数/g	0.467 ~ 0.555
	运转率/%	75
	设计处理能力/t · h^{-1}	1500
	最大给料粒度/mm	750
	P_{80}/mm	180
	窄边排矿口 CSS/mm	165
半自磨机	运转率/%	92
	设计处理能力/t · h^{-1}	620
	磨矿回路产品 P_{80}/μm	75
	顽石产率/t · h^{-1}	186
	循环负荷（不包括顽石）/%	275
	半自磨机安装功率/kW	16500
	临界转速率 ~ 正常/%	60 ~ 80
	钢球充填率/%	最大 15

旋流器溢流在进氰化浸出前进行浓缩，浸出后通过逆流洗涤（CCD）回路产出含贵金属的贵液，CCD 浓缩机的尾矿排至靠近 La Quinua 的尾矿设施。CCD 回路产出的含高浓度的铜和银的贵液送至 SART/AVR 车间，在炭柱法回收金之前除去铜和银。来自于氧化矿石浸出的干净的贵液则绕过 SART 直接进入炭柱法回路回收金。

选矿厂使用的炭柱法（CIC）回收车间是相邻的 La Quinua 堆浸工艺的一部分，现在选矿厂的贵液置换量是 2008 年之前低品位堆浸溶液处理能力的 25%。La Quinua 工艺设施包含两个炭柱法回收车间，选厂贵液在其中的一个中进行处理，第二个炭柱法回收车间产生的贫液被用于磨矿工艺。CCD 工艺洗涤水的氰化物和金属量低于处理贵液的第一个炭柱法回收车间的贫液，用来作为浸堆的贫液，这样使得 CCD 回路产生的尾矿中的弱酸可分解氰化物（weakacid dissociable cyanide，WAD - CN）含量低，是选矿厂和 Yanacocha 矿的设计符合国际氰化物规则的一个基本特点。

在 La Quinua 的炭柱法回路中金和银被吸附到炭上后，在传统的高压容器里解吸，然后高品位的解吸液用泵送到 Yanacocha 北面的锌粉置换回路，用锌粉置换后在 Yanacocha 的冶炼厂被熔炼成金锭。

17.3 Yanacocha 选矿厂的设计考虑

Yanacocha 选厂是按照下列标准设计和建设的：

（1）处理高品位的金（2～6g/t）、银（0～100g/t）氧化矿石和混合矿石。

（2）YGM 的工艺应当提高金的回收率。在常规堆浸条件下，处理氧化矿和混合矿，金、银的回收率平均分别约为 55% 和 12%。YGM 的工艺处理同样的原料，金、银的回收率分别应达到 82% 和 65%。

（3）YGM 的工艺能在短时间内达到回收率指标，堆浸回收金则一般需要 60 天才能开始，并且需要连续几年才能达到最终回收率。YGM 的工艺大约需要 24h 就能达到最终回收率。

（4）YGM 的工艺把 SART 回路和 AVR（acidification - volatilization - recycling——酸化—挥发—回收）回路组合在一起处理来自于硫化矿和混合矿混合后的矿石（在 MYSRL 被称为“深度混合矿”）中的金和银。“深度混合矿石”由于含有铜和黄铁矿，回收率低，药剂用量高，用堆浸方法处理是不经济的。另外，混合矿石含有氰化物可溶性铜，会消耗更多的氰化物，在浸出过程中要得到好的金、银浸出率需要更高的自由氰根浓度。

17.4 Yanacocha 选矿厂的不断改进

17.4.1 处理能力与磨矿细度

YGM 选矿厂设计处理能力为 620t/h，产品粒度 $P_{80}=75\mu m$。投产 4 个月，除了产品粒度以外，其他指标就达到并超过了设计目标。磨矿细度，由于磨矿配置、矿石硬度特性、磨矿介质规格和排矿格子板与分级效率的相互影响的综合作用，则始终没有达到设计目标。

图 17-3 所示为 YGM 选矿厂处理能力和最终磨矿产品粒度的情况。

图 17-3 中的数据表明，平均处理能力为 717t/h，最终磨矿产品粒度 P_{80} 为 148μm，运行功指数为 23.0kW·h/t，比设计的 21.3kW·h/t 高出了 8%。半自磨机在设计的运行功指数或低于设计的运行功指数下运行了很长时间，尤其是从 2010 年 1 月到 2010 年 11 月期间，以牺牲磨矿产品粒度为代价换取了更高的处理能力。而根据运行功指数计算的磨矿粒度 $P_{80}=75\mu m$ 时的结果表明，选矿厂处理能力应该为实际处理能力的 76%～87%（平均 81%）。应当注意到不考虑处理能力，要得到和设计粒度相近的产品是不可能的。

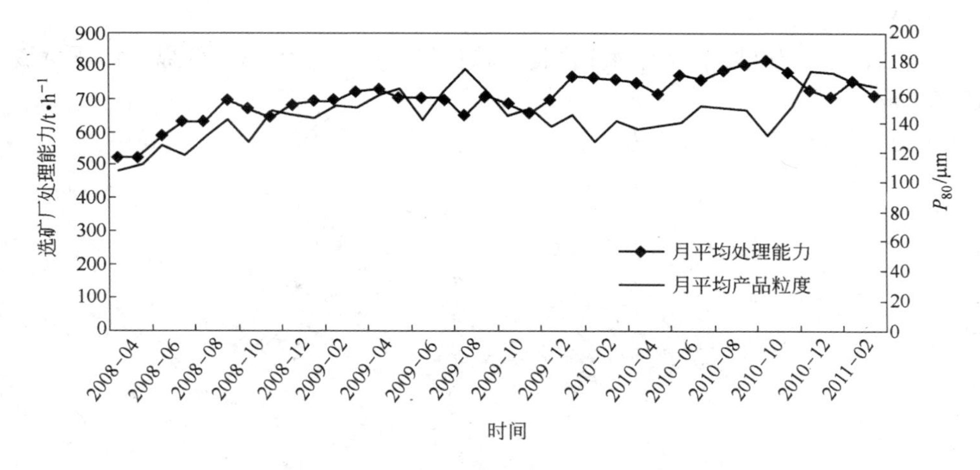

图 17－3　选矿厂处理能力和产品粒度 P_{80}

17.4.2　回收率、磨矿粒度和操作变量

总的来说，还没有很强烈的经济刺激要求半自磨机生产更细的磨矿产品。实验室的磨矿细度对应回收率的结果表明，当磨矿细度 P_{80} 从 150μm 降低到 75μm，金的回收率提高 1.3%，银的回收率提高 7.1%。由于磨矿细度的变化对回收率的影响不敏感，增加金属产量基本上与增加处理能力呈线型比例关系。虽然这种关系对于银来说不是十分地准确，但其还不足以成为追求更好磨矿细度的经济动力。当然，也有短时间内矿石性质不同，当磨矿的 P_{80} 在 75～150μm 之间时，金的回收率增加了 3% 以上，因此，不能达到更细的磨矿细度有时是不利的。

此外，围绕逆流洗涤工艺的操作问题也需要更好的最终产品粒度。Yanacocha 的矿石中 80% 以上是石英，沉降速度极高，沉降后的矿浆浓度很高。较粗的磨矿粒度导致了浓缩机的操作问题，浓缩机池底形成的“沙洲”使得浓缩机耙体转矩升高，进而停机，人工清理浓缩机池底。同时粗粒度还造成逆流洗涤工艺混合效果不好，短路和洗涤效率低的问题，导致部分金损失在尾矿中。

17.4.3　磨机衬板

在 MYSRL，衬板的设计从投产以来就作为不断改进内容的一部分，改进的过程如下。

第一套衬板设计如图 17－4 所示，具体为：

（1）磨机的圆周上共有 54 排提升棒。传统的磨机提升棒的间隔是基于磨机直径的 2 倍（以英尺计），即一个直径 32ft（9.75m）的磨机有 64 排提升棒。选择 54 排的设计是一个宽间隔的设计，相当于 1.69×磨机直径（英尺）。

（2）提升棒的面角为20°。

（3）高/低提升棒依次交替。高提升棒比衬板高出250mm，低提升棒比衬板高150mm。

（4）提升棒和衬板整体为“礼帽”形式，衬板厚102mm。

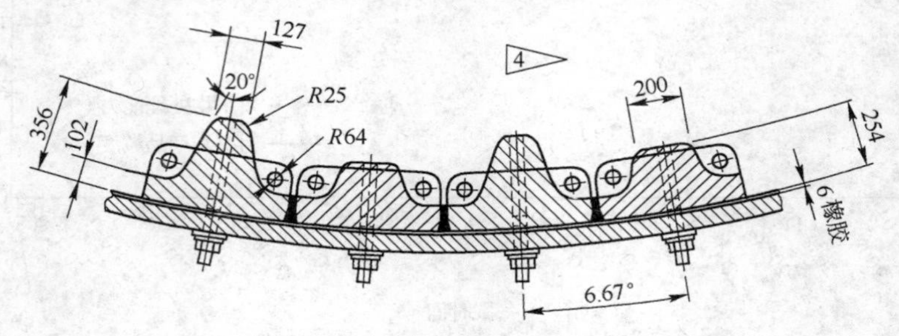

图17－4 第一套衬板设计（2008年3月）

第二套衬板设计如图17－5所示，具体为：

（1）磨机的圆周上共有54排提升棒。

（2）在一块单一的衬板上试验了同时采用25°和30°两种提升棒面角，为以后的提升棒设计提供了数据。

（3）高/低提升棒依次交替。高提升棒比衬板高出210mm，低提升棒比衬板高170mm。

（4）把提升棒和衬板分开，衬板厚130mm，目的是使每块衬板配合2～3个提升棒。

（5）提升棒高度在磨机长度的前1/4是最高的，之后的变矮，磨机长度的最后1/4采用圆形“礼帽”提升棒，以满足磨机运行中所发现的不同位置的磨损要求，并且增加排矿端类似于球磨机中的泻落运动，提高磨矿细度，避免介质破损，减少钢球碎屑对格子板的堵塞。

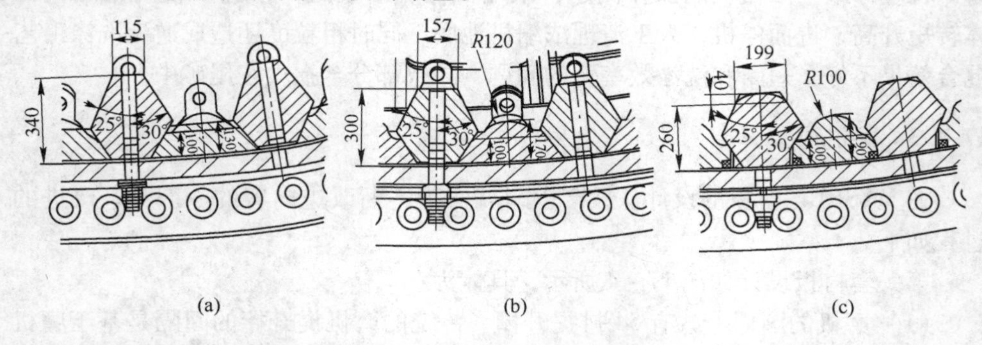

图17－5 2008年7月设计的第二套磨机提升棒（安装于2009年7月）

（a）断面 $E—E$（3∶1）；（b）大样－D（3∶1）；（c）断面 $F—F$（3∶1）

第三套衬板设计如图 17－6 所示，具体为：

（1）磨机的圆周上总共有 36 排提升棒，相隔非常宽。

（2）提升棒面角为 30°。

（3）给矿端和给矿端筒体中部的提升棒采用高/高提升棒配置，提升棒比衬板高 230mm。

（4）排矿端和排矿端筒体中部的提升棒采用高/高提升棒配置，提升棒比衬板高 200mm。

（5）提升棒和衬板整体为“礼帽”形式，衬板厚 120mm。

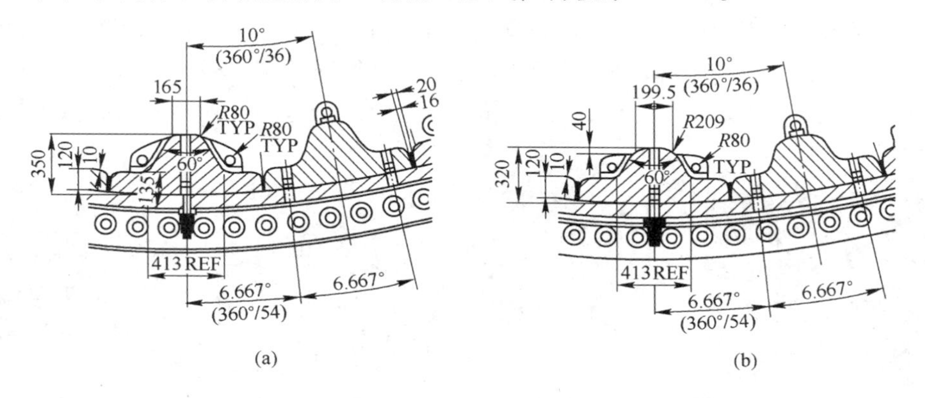

图 17－6　目前的磨机提升棒（2010 年 12 月设计）

（a）断面 $E—E$（2:1）；（b）断面 $F—F$（2:1）

设计操作条件的总结见表 17－2。

表 17－2　不同设计衬板的操作条件

参　数	第一套	第二套	第三套
磨机转速率/%	60	68～70	74～76
钢球充填率/%	13～15	16～20	18～20
总充填率/%	18～25	20～23	20～25
最大球尺寸/mm	105	105	105

17.4.4　排矿格子板

选矿厂投产后不久，磨机运行中就出现了许多问题，包括格子板严重堵塞，导致严重的处理能力降低和磨机过负荷。采取的短期措施是每 10～20 天就要停车人工清除格子板条缝中堵塞的碎球屑，如图 17－7 所示，同时，开始进行新的格子板的设计和制作，试验了 4 种不同的采用更小的矩形条缝的钢格子板和金属/橡胶复合格子板以确定格子板条缝的形状（扁菱形，带离隙角）。同时也通过

图 17－7 从排矿格子板清除钢球碎屑

进行磨机操作条件（降低转速、减小噪声）的优化，改进球的质量来降低球的破损率。2009 年 2 月，安装了 4 种不同条孔形状的格子板（见图 17－8），其中三种是金属的，一种是橡胶/金属复合材料的。

格子板试验的结果证实了钢制格子板条孔堵塞更严重，不考虑条孔的设计和离隙角因素，开孔面积的 90% 被堵塞，而柔性的橡胶格子板堵塞并不严重。为了使其使用寿命延长至 5～6 个月与筒体提升棒的使用寿命相当，以便同时停车更换，对橡胶格子板进行了几次改进。表 17－3 为橡胶格子板的设计参数。图 17－9 所示为橡胶格子板的设计变化。

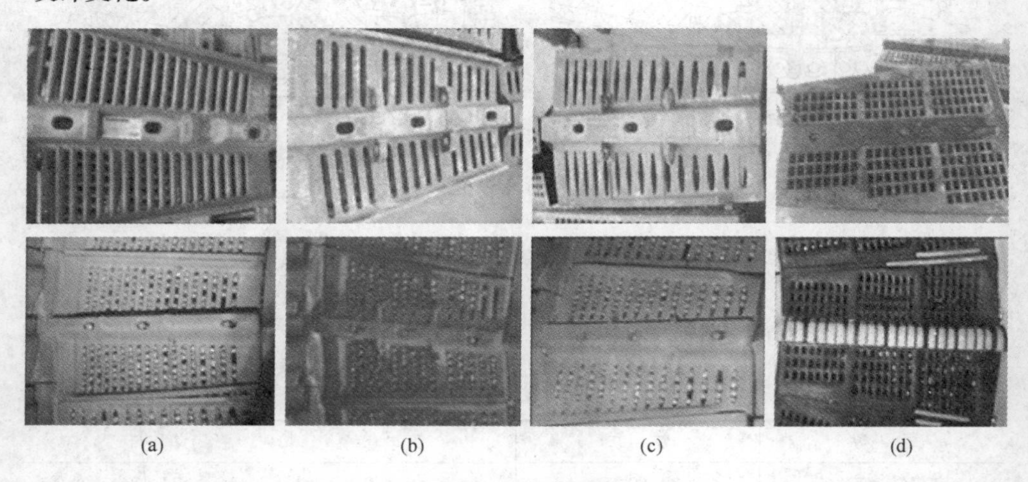

(a) (b) (c) (d)

图 17－8 不同的格子板使用前后照片

（a）～（c）金属格子板；（d）橡胶/金属复合材料

表 17－3 橡胶格子板设计参数

序 号	格子板总面积/m²	条孔数量	条孔规格/mm×mm	开孔面积		使用时间/d	磨损速率/mm·d⁻¹
				m²	%		
格子板 1	1.66	190	25×50	0.238		14.34	75
格子板 2	1.66	190	25×50	0.238		14.34	86
格子板 3	1.66	172	25×50	0.215		12.95	118
格子板 4	1.66	126	25×50	0.158		9.52	155
格子板 5	1.66	70＋28	25×50/80×50	0.200		12.05	165

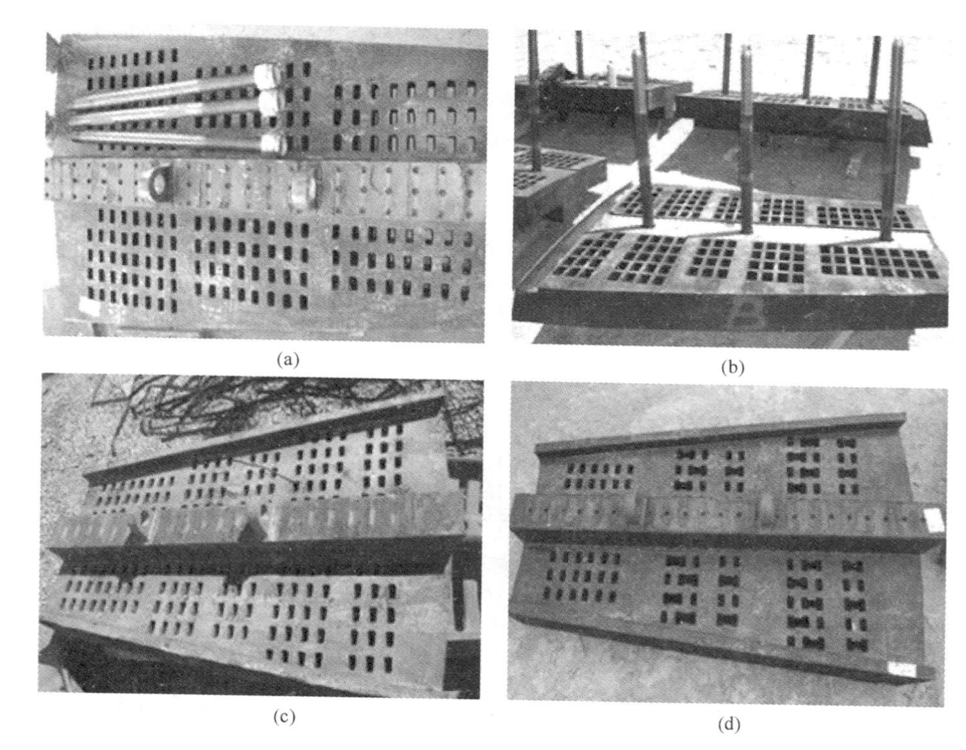

(a) (b) (c) (d)

图 17－9 不同的橡胶格子板设计
（a）橡胶格子板 2；（b）橡胶格子板 3；（c）橡胶格子板 4；（d）橡胶格子板 5

橡胶/金属复合格子板的其他优点包括：

（1）每块格子板的平均安装时间为 15min，比金属格子板的安装时间减少了 50%。

（2）橡胶格子板的质量比金属格子板减少了 45%。

（3）条孔畅通，使得磨机处理能力提高。

（4）不再需要停车清理格子板，每月节省了 20h 的停车清理时间。

（5）橡胶格子板不像金属格子板需要焊接，更易更换。

17.5 磨矿回路运行考查

在 2010 年中期，Yanacocha 和 Metso 共同对单段半自磨回路进行了考查。考查的目的是确定影响减小磨矿产品粒度的因素，同时保持处理能力不变。

在 2010 年 5 月 12 日和 6 月 9 日对磨矿回路进行了全面考查。采取的样品在实验室进行了破碎试验以确定矿石的特性，对所得数据进行分析后，用来建立半自磨回路模型。建立的这些模型用来进行模拟试验，评估可能的回路改进，确定运行策略。其他的信息如过去的运行数据、2010 年 2 月以来的班记录等也收集后进行分析。对目前的操作条件进行了试验研究，采用的矿石分别来自于 Yanacocha 矿和 Chaquicocha 露天矿，这是当时主要的矿石来源。从 2010 年 12 月至今，主要的矿石来自于 El Tapado 矿，该矿的矿石比 Yanacocha 矿和 Chaquicocha 矿的矿石更硬，磨蚀性更强，如图 17 - 10 所示。

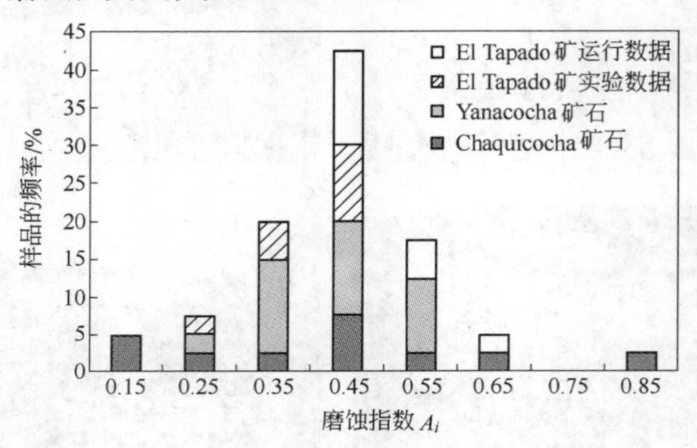

图 17 - 10 YGM 给矿矿石的磨蚀指数

17.5.1 矿石性质

磨矿回路考查期间采取的矿样被送到位于巴西 Sorocaba 的美卓技术中心进行破碎磨矿特性试验，试验内容包括：集中载荷试验（point load test，PLT）、SMC 试验、邦德球磨功指数试验、研磨指数试验。

集中载荷指数 I_{S50} 能够用来估算矿石的非限定抗压强度（unconfined compressive strength，UCS）：用 I_{S50} 值乘以已知矿石类型的校正系数。如果校正系数未知，可以假定 24 或 25 的乘数。例如，集中载荷指数 I_{S50} 值是 2MPa，则估算 UCS 等于 50MPa。半自磨机给矿样品的平均 I_{S50} 是 2. 62MPa（估算 UCS 为 64MPa），标准偏差为 0. 90MPa。总之，UCS 计算的 Yanacocha 矿样品属于软矿石（矿石的 UCS 值大于 75MPa 被认为是硬矿石）。

SMC 试验结果见表 17 - 4。A、b 和 t_a 参数是根据 SMC 试验结果和已知数据库估算的。DW_i 值是 3. 47kW · h/m^3，对应 $A \times b$ 值为 72. 9，表明这是一种抗冲击破碎能力低的软矿石。参数 t_a 代表抗磨蚀性，矿石的 t_a 值为 0. 75。根据表17 - 5，半自磨给矿样品试验的 $A \times b$ 和 t_a 值数据都表明此矿石是典型的软矿石。

表 17 - 4 SMC 试验结果

样 品	DW_i		M_{ia}	M_{ih}	M_{ic}	A	b	SG	t_a
	kW · h · m^{-3}	DW_i/%	/kW · h · t^{-1}	/kW · h · t^{-1}	/kW · h · t^{-1}				
半自磨给矿	3. 47	21. 0	12. 3	8. 0	4. 1	82. 8	0. 88	2. 52	0. 75

表 17-5 根据 $A \times b$ 值定性划分矿石的抗冲击破碎性能

属性	非常硬	硬	中硬	中	中软	软	非常软
$A \times b$	<30	30 ~ 38	38 ~ 43	43 ~ 56	56 ~ 67	67 ~ 127	>127
t_a	<0.24	0.24 ~ 0.35	0.35 ~ 0.41	0.41 ~ 0.54	0.54 ~ 0.65	0.65 ~ 1.38	>1.38

在考查期间，对半自磨机的给矿也取样进行了邦德磨蚀指数和邦德球磨功指数试验。半自磨机给矿的邦德磨蚀指数是 0.528g，表明矿样为耐磨蚀矿石。样品的邦德球磨功指数对小于 212μm 的磨矿产品为 16.52kW · h/t，对小于 106μm 的磨矿产品为 17.53kW · h/t。

在此次考查中，处理 Yanacocha 和 Chaquicocha 的混合矿样得到的邦德球磨功指数跟这两种矿单独处理的数据做了比较。两种矿石类型的邦德球磨功指数如图 17-11 所示。Yanacocha 矿石的平均邦德球磨功指数为 16.5kW · h/t，Chaquicocha 矿石的平均邦德球磨功指数为 14.9kW · h/t。Yanacocha 矿石的高邦德球磨功指数值的频率大于 Chaquicocha 矿石，表明 Yanacocha 矿石中含有更硬物料的比例大于 Chaquicocha 矿石。当然，结果表明两种矿石类型都是软矿石，而且结果与磨矿样品考查的结果一致。

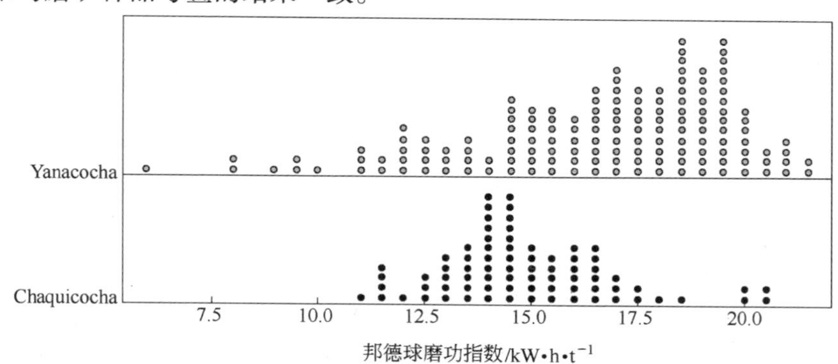

图 17-11 Yanacocha 矿石和 Chaquicocha 矿石的邦德球磨功指数

总之，所做的邦德球磨功指数和磨蚀指数结果以及 SMC 试验和集中载荷试验结果都一致表明这些矿石属于软矿石。考查结果表明混合矿样和两种矿样的历史结果是一致的。

17.5.2 回路考查

最初的回路运行考查为改进提供了机会，例如排矿端板的设计。排矿端板的高度从 228mm 增加到 300mm，以改善矿浆排出和减少格子板的堵塞。

17.5.3 磨矿回路考查

2010 年 5 月 12 日和 6 月 9 日，Metso 公司和 Yanacocha 矿的人员进行了完全的半自磨回路考查，对旋流器的溢流和底流，以 1h 为周期，每 15min 一次进行了取样。旋流器给矿的样品在考查开始和结束时取之于一台封闭的旋流器。在考查期间，半自磨回路运行稳定。在矿浆取样结束时，半自磨机和所有的带式输送机一起突然停车，从半自磨机的给矿和顽石皮带上采取代表性的样品，同时测量矿浆液位。在测量球荷和球大小分布之前，磨机矿浆被排空。YGM 的磨矿流程和取样点如图 17－12 所示。

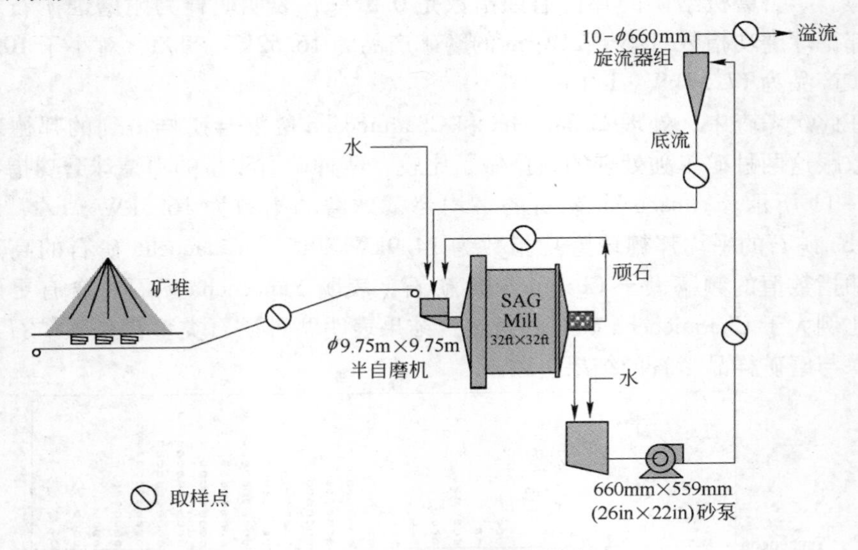

图 17－12 磨矿流程和取样点

考查期间磨矿回路的平均操作条件见表 17－6，第二次考查时的处理能力远高于第一次考查时的处理能力，且产品粒度相同。在第一次考查期间由于矿浆流的制约，不可能把回路的给矿能力增加到更高的程度。第二次考查时总充填率、充球率、功率和磨矿浓度都要比第一次考查时高。

表 17－6 考查操作条件

变 量	第一次考查	第二次考查
新给矿最大粒度/mm	165	171
新给矿 F_{80}/mm	79.1	72.4
旋流器 F_{80}/μm	699	560
旋流器 P_{80}/μm	152	154
磨矿浓度/%	73.0	80.4
循环负荷/%	274	169
旋流器给矿浓度/%	60.0	56.9

续表 17－6

变　　量	第一次考查	第二次考查
旋流器溢流浓度/%	32.8	39.1
旋流器底流浓度/%	70.9	78.0
旋流器压力/kPa	95.6	95.2
旋流器运行数量/台	5	5
处理能力/t·h^{-1}	620	779
顽石循环量/t·h^{-1}	31.4	22.0
SAG 输出功率/kW	12286	13992
SAG 功率利用率/%	74.6	84.8
SAG 电机电流/A	2040	2316
SAG 转速/r·min^{-1}	8.9	8.7
转速率/%	65.2	63.7
总充填率/%	17.9	22.9
充球率/%	16.5	19.1
充球最大规格/mm	101.6	101.6
平均轴承压力/kPa	8988	9412

注：旋流器运行的台数来自于考查的平衡计算，并非选矿厂控制系统数据。

图 17－13～图 17－15 所示为两次考查期间磨机运行的差别，第一次考查时的磨机功率、轴承压力和功率输出都非常低，而循环负荷（根据 PI 数据计算）和顽石排出量都很高。格子板堵塞在第一次考查期间非常严重，被认为是造成两次考查结果不同的主要因素。

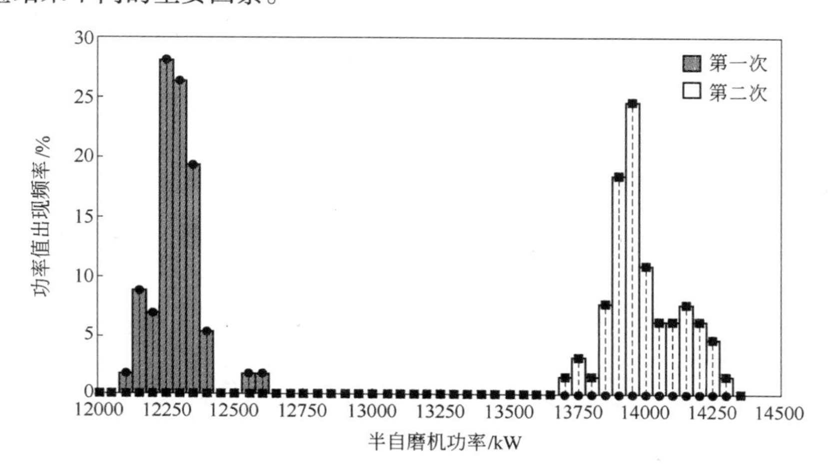

图 17－13　磨机功率考查比较

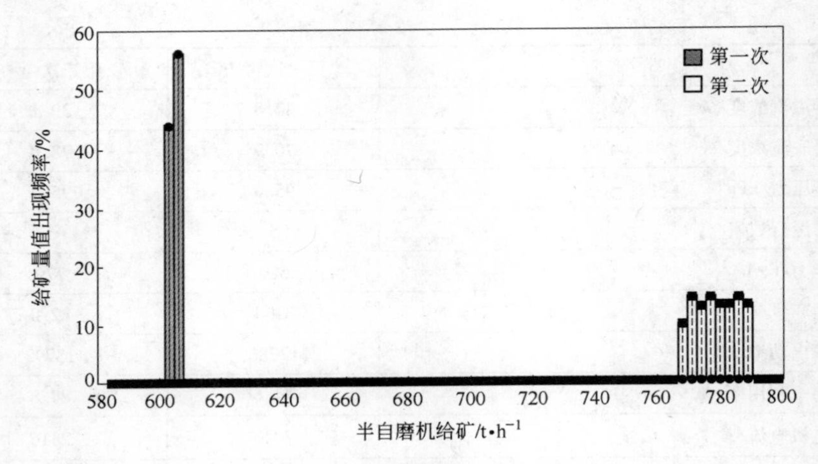

图 17－14　半自磨机处理能力考查比较

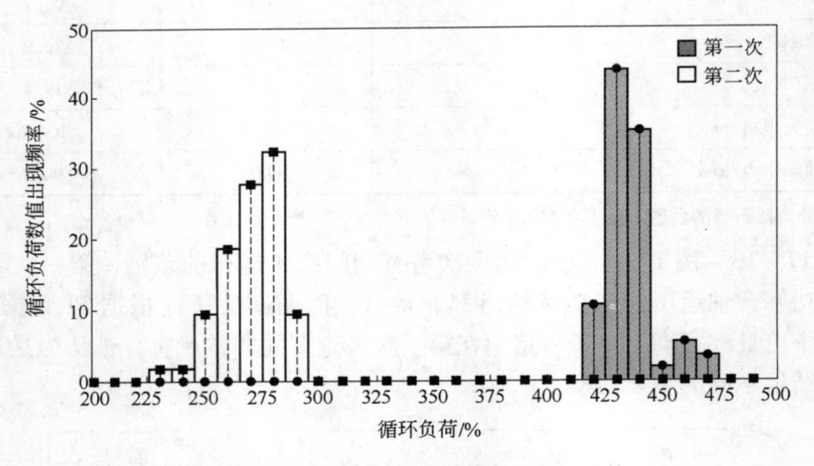

图 17－15　循环负荷（计算值）考查比较

17.5.4　矿浆和充填料位

两次考查中矿浆液位都是在矿浆提升器和给矿耳轴上的已知点测量，充填料位则是通过在几个点测量水下导管的深度估算的。矿浆液位和充填率的测量如图 17－16 所示。第一次考查所估算的总充填率为 19%，第二次考查的为 23%。两次考查都观察到了“浆池”。

在急停车之后进行了测量，磨机内矿浆排空，测量磨机内球的充填体积。第一次考查所估算的充球率（以磨机内部的体积分数计）为 16.5%，第二次考查的为 19.1%。

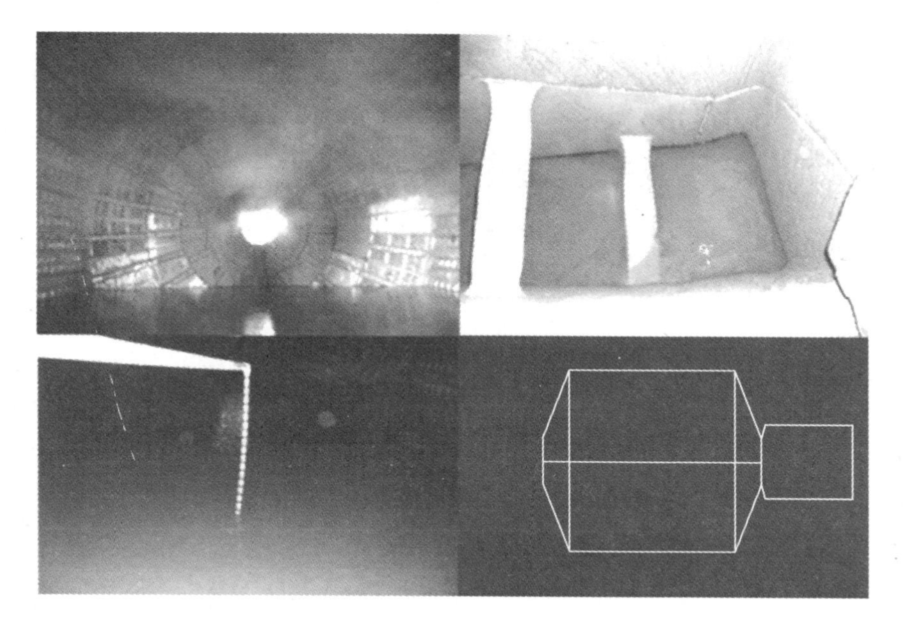

图 17 – 16　矿浆液位和总充填率测量

17.5.5　钢球规格分布

钢球规格分布采用拍摄照片进行，如图 17 – 17 所示。当处理粗矿石时，补加球 75% 为 90mm，25% 为 100mm。当处理粒度较细的矿石时，补加球 100% 为 90mm。因而钢球规格的分布主要是 60mm 以上，大多在 75 ~ 90mm 之间。第一次考查过程中，钢球的尺寸分布稍微过大，如图 17 – 18 所示。

图 17 – 17　钢球尺寸图像分析

17.5.6　格子板堵塞

第一次考查期间，过量的格子板堵塞严重地影响了半自磨机的性能，降低了其处理能力和磨矿效率。表 17 – 7 为两次考查时格子板堵塞的比例，格子板的堵塞使得浆池液位远高于靠近磨机中心的格子板堵塞少矿浆易于排出点的液位。因此，很大一部分矿浆实际上绕过了磨矿区，粒度变化很少，通过旋流器的底流又回到了磨机中。磨机消耗功率把球荷提升了，但大量的矿浆没有经过磨矿就旁通

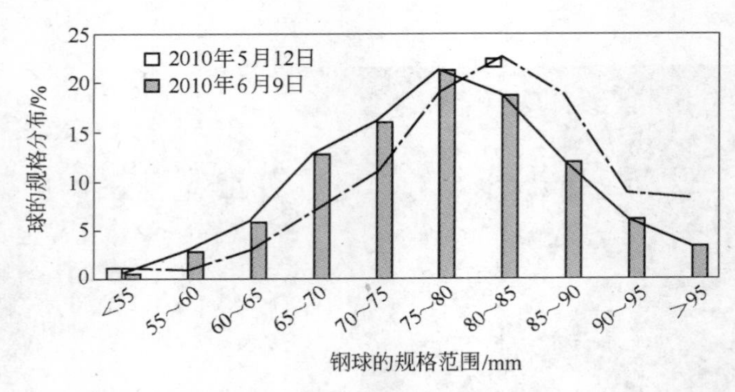

图 17－18　半自磨机介质规格分布

过了磨机。由于旁通的原因，增大了磨机的循环负荷，限制了磨机的处理能力，浪费了能量，导致产品粒度变粗，因此浆池的形成严重影响了磨矿效率。

表 17－7　不同格子板类型的堵塞情况

格子板类型	第一次考查		第二次考查	
	数量	堵塞比例/%	数量	堵塞比例/%
钢格子板	12	61	9	20
橡胶格子板（原设计）	12	35	11	14
橡胶格子板（新设计）	0	—	4	3
总计	24	48	24	14

矿浆在格子板没有堵塞与格子板堵塞情况下的流动情况如图 17－19 所示。格子板没有堵塞时，矿浆优先从靠近磨机周边的格子板通过，大部分的矿浆通过充填体，并且经过了磨矿过程，然而即使是在格子板没有堵塞的情况下，也会有少量的浆池形成，尤其是在旋流器底流的循环导致矿浆液面过高的情况下。在第二次考查时尽管格子板堵塞不像第一次考查那么严重，还是观察到了浆池。

17.5.7　闭路磨矿模型和仿真

考查得到的数据利用 JK SimMet 软件进行质量平衡计算以确定所得数据质量和估算任何无法测量的流程数据。质量平衡计算的结果和试验数据很吻合，表明考查和所采集数据的质量很好。

目前考查得到的样品粒度分布情况与之前所做的工作比较，发现两者非常吻合。考查所得旋流器溢流的分析结果与日常的粒度分析结果吻合（从 2010 年 2 月到 6 月一天采样两次）。

考查的数据与历史数据和日常分析结果的相似性及流程平衡计算的很好的吻合表明考查期间得到的数据质量适合于建立回路模型和仿真。第二次考查中的矿

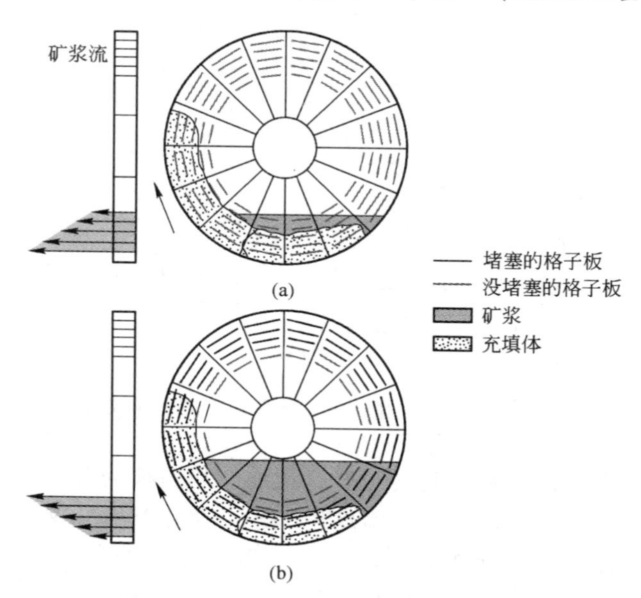

图 17－19 矿浆在格子板没有堵塞（a）与堵塞（b）情况下的流动情况

石混合和处理能力的条件更接近理想的条件，因此，数学模型的参数选取依据第二次考查的数据，同时参考质量平衡计算结果、工厂的运行数据、矿石特性试验结果和历史数据，以保证模型的一致性和适用性。

研发出的半自磨机模型是令人满意的，并且得到一个标准的模型破碎速率函数，如图 17－20 所示。与破碎速率曲线有关的临界颗粒物料是在 6～20mm 的范围内，明显小于硬矿石临界颗粒一般为 25～50mm 的范围。

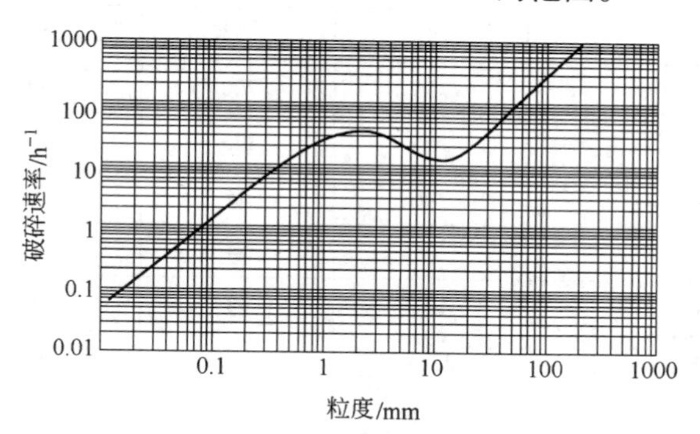

图 17－20 半自磨机破碎速率函数

旋流器模型通过建立的分离曲线被用来确定旋流器的效率和旋流器的性能，如图 17－21 所示。可以看到，旁通到底流的细粒部分约占 29%，d_{50}的分离点为 124μm。

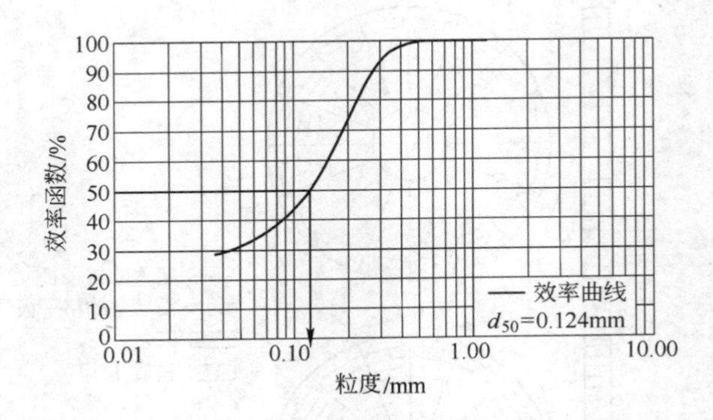

图 17-21 模型拟合后的旋流器效率曲线

半自磨机模型与试验数据吻合很好，预测的总负荷为23.5%，测量的结果为23.8%，功率输出（预测值14100kW，测量值为14000kW）和旋流器压力（预测值98.8kPa，测量值为100.5kPa）的预测和测量结果也吻合得很好。

由于模型拟合数据与试验数据吻合得非常好，因此此模型被认为非常地精确，可用于模拟各种回路运行策略。模型也可用来评估旋流器几何形状的影响，旋流器溢流粒度的调整，模拟的结果见表17-8。

表 17-8 旋流器模拟结果

参 数	基础数据	模拟1	模拟2	模拟3
溢流口直径/mm	230	230	230	191
沉砂嘴直径/mm	170	170	180	170
旋流器数量/台	5	5	6	6
干矿量/$t \cdot h^{-1}$	755	700	680	680
P_{80}/μm	144	125	121	122
溢流浓度/%	40	33	33	35
给矿浓度/%	58	54	54	56
旋流器给矿压力/kPa	101	93	99	115
旋流器给矿泵流量/$m^3 \cdot h^{-1}$	2288	2692	2769	2604
SAG 排矿量/$m^3 \cdot h^{-1}$	1260	1372	1410	1378
循环负荷/%	173	214	232	230
SAG 功率/kW	14100	14136	14150	14145
总负荷/%	21.2	21.2	21.2	21.1
顽石量/$t \cdot h^{-1}$	25.4	24.5	24.1	23.8

模拟过程中对旋流器溢流粒度影响最大的变量是旋流器的给矿浓度。可以通过降低旋流器给矿浓度来降低旋流器的溢流粒度，但同时会降低处理能力。选矿厂现在使用的ϕ660mm的旋流器不适合于设计的分离粒度。要达到设计的分离粒度并且产品最终粒度P_{80}为75μm，需要ϕ500mm的旋流器。

17.6 磨矿回路优化

对磨矿回路的考查确认了几个需要进一步研究的潜在问题，解决这些问题可能会有利于减小最终产品粒度并保持选矿厂处理能力不变。确定的优化内容包括：格子板和矿浆提升器的设计、钢球规格和充球率、提升棒和衬板的设计。磨矿回路之前的粗碎回路的优化也可能有益于磨矿回路的最终产品粒度。

17.6.1 降低磨矿产品粒度的可能性

通过单段半自磨机得到更细产品的可能性关键在于旋流器分级回路的水力分级能力和半自磨机矿浆提升器输送矿浆的能力。其次，钢球规格及其与磨机衬板的相互作用、格子板的影响较小。

水力旋流器分级的设计要求是给矿浓度45%，溢流产品粒度P_{80}为75μm，流量为3712m^3/h。到目前为止的运行数据显示，水力旋流器的平均矿浆流量限定于2900m^3/h，平均浓度为65%，产品粒度P_{80}为148μm。根据目前的实际情况，要使磨矿产品粒度P_{80}接近于75μm，砂泵、旋流器和矿浆提升器的能力都需要加倍，但是处理能力会在目前的水平上大幅降低。

17.6.2 格子板和矿浆提升器的设计

Yanacocha矿的半自磨回路处理了大量的软矿石，导致磨机的矿浆流量非常高，在充填体趾部过多的矿浆滞留，当滞留的矿浆占据的体积大于矿石的体积时，形成浆池。这种现象与格子板和矿浆提升器的能力及效率有关。半自磨机的排出矿浆能力受到排矿格子板的设计、矿浆提升器的设计和磨机操作条件（包括磨机转速、充填水平和介质规格分布、孔隙度）的影响。浆池的出现对磨机的功率输出和磨矿性能不利，这个在选择ϕ9.75m的半自磨机的设计中就考虑了，采用比2005年时运行的单段半自磨机更深的矿浆提升器，以提高矿浆的扬送能力，满足设计处理能力620t/h、循环负荷为500%的高矿浆流量条件下的需求。投产后的运营结果表明，在处理能力为750t/h、循环负荷400%的情况下，磨机已经是在设计排矿能力的极限条件下运营。

在两次半自磨机的考查期间都看到了严重的浆池存在，第一次更严重，大面积的格子板堵塞限制了磨机的矿浆排出。更换成采用新的开孔设计的橡胶格子板后，堵塞状况大为减轻。但即使是格子板堵塞降低了，浆池依然还是一个问题。

这在第二次考查时得到证实。

标准矿浆提升器的排矿能力不能适应 Yanacocha 矿半自磨机的实际排矿流量，而改进的矿浆提升器则显著地增大了矿浆提升器的能力，改善了磨机的排矿状况。当矿浆更高效地排出时，浆池就会减小或者消失，从而提高磨矿效率。Yanacocha 矿半自磨回路的循环负荷为 150% ~400%。增大矿浆提升器的能力，可以使磨机在更高的循环负荷下运行，从而产生更细的回路产品。

改变矿浆提升器的设计，与增加回路的处理能力和体积流量的益处相比，其投入相对更低。有几种矿浆提升器的设计可以改善矿浆排出，排出口顶面的开口可以增大，如图 17 - 22 所示；或者叶片布置可以从长—短—短变成长—短—中—短布置，如图 17 - 23 所示。

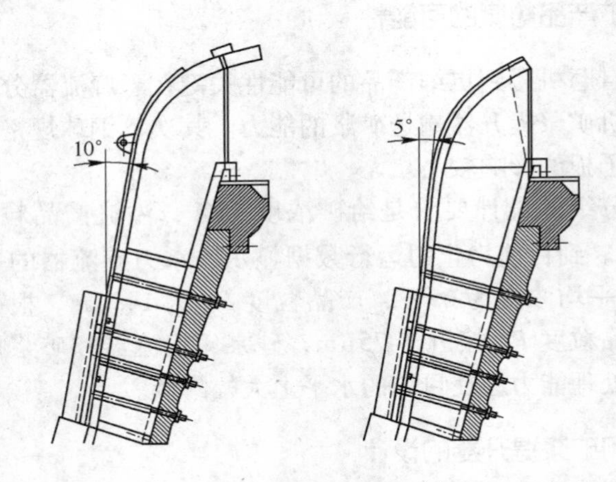

图 17 - 22 矿浆提升器排出口的不同顶面开口设计

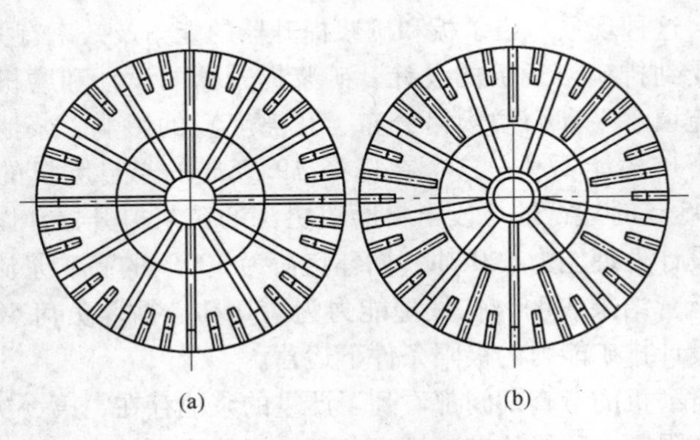

图 17 - 23 矿浆提升器叶片布置形式

(a) 长—短—短布置；(b) 长—短—中—短布置

17.6.3 钢球规格和充球率

半自磨机中的破碎通常是给矿中大块岩石导致的冲击破碎和磨矿介质产生的研磨和磨剥的组合，由于 Yanacocha 矿的矿石相对较软，其半自磨机的运行更像是一台大球磨机，大多数的矿石粒度比钢球规格小得多，因而需要有足够的钢球磨矿比表面积。考查结果表明，Yanacocha 矿采用了相对高的充球率，为 16.5% ~ 19%，这对软矿石是适合的。

对半自磨机中钢球规格分布的评估表明，补加 50 ~ 75mm 的钢球是很重要的，可以提供更高的比表面积增加细磨，但同时钢球消耗量非常高，为 2 ~ 3.5kg/t。使用更小的球会增大这种消耗并且费用可能过高。

17.6.4 提升棒和衬板的设计

大量的考查数据和工业实践表明，对于硬矿石和相对较粗的给矿，改变提升棒和衬板的设计可以使磨机处理能力提高 3% ~5%。在常规的半自磨机运行中，最大的冲击破碎和高效磨矿都是介质在充填料区的趾部移动时实现的。磨机的运行要避免钢球直接冲击充填料区趾部以上的磨机筒体，以免造成提升棒和衬板的破碎和快速磨损。这种运行方式需要更强烈的提升棒外形以抛落介质，提高冲击破碎。但是，对于 Yanacocha 矿来说，其磨机的给矿是软矿石，给矿粒度小，磨机的运行更像一台高处理能力的大型球磨机，球小、充球率高、转速低。这种运行方式提高了低能研磨和磨剥破碎。

目前，Yanacocha 矿的半自磨机在磨机内的所有区域都使用了很温和的提升棒外形，介质提升强度小，增加了研磨和磨剥破碎，可以得到更细的磨矿产品。

17.6.5 粗碎机的运行

Yanacocha 矿的粗碎机利用率不是很高，只有很小量的粗粒矿石通过破碎机破碎。为了使半自磨机的效率和大型球磨机一样高，必须通过提高粗碎机的效率来减小磨矿回路的给矿粒度。为半自磨机提供更细的给矿粒度，会消除半自磨机的前半部分对提升棒提升强度的需求，也会降低衬板的磨损速率。

17.7 结论和后续工作

Yanacocha 选矿厂自从 2008 年运营以来是非常成功的，一直以比设计高出 30% 的能力在生产更多的黄金。运行优化主要注重于降低钢球消耗。经过 3 年的运行，可以得出这样的结论：没有重大的回路改进，更重要的是黄金产量不减少，仅靠一段半自磨机得到 P_{80} 为 75μm 的磨矿产品是不切实际的。如果经济利益驱动，如增加矿石处理能力，在磨矿细度和金、银回收率之间有很强的相关关系，表明细粒磨矿是值得的，那么需要考虑选矿厂的扩建工程。扩建可能主要集中于增加塔磨机或球磨机来处理半自磨机回路的 P_{80} 为 150μm 的产品，使其磨到更经济所需的粒度。

随着几项改进的实施，得出结论如下：

（1）橡胶格子板的安装减轻了使用钢格子板所存在的堵塞问题，单橡胶格子板的设计，特别是砾石窗的形状，仍然需要改进。

（2）前两套筒体衬板的设计，提升棒的提升强度太大，因此，磨机只能在低转速下运行（小于 9r/min），导致了电动机的高转矩、高电流和高的励磁电流。将提升棒的数量从 54 排减少到 36 排，使得磨机运行得更快，在 76% 的转速率下，解决了高转矩、高的电动机和励磁电流的问题。

（3）球耗高，为 2 ~ 3. 5kg/t。这与选矿厂所处理矿石的高磨蚀性有关。

（4）爆破方式和炸药类型的改变使原矿粒度 P_{80} 从 135mm 降低到 67mm，同时增加了矿石的微裂隙。这些变化降低了磨机的功耗和钢耗。

（5）半自磨机在低转速、低功率和高充球率下的运行对处理能力没有负面影响，考虑这些运行条件连同提升棒的数量和面角及其（由于钻孔和爆破变化导致的）更细的给矿粒度，选矿厂的运行规则改变，从而使半自磨机如同一台大球磨机一样运行。

参考文献

[1] BURGER B，VARGAS L，AREVALO H，et al. Yanacocha gold single stage SAG mill design, operation，and optimization [C] //Department of Mining Engineering University of British Columbia. SAG 2011. Vancouver，2011：127.

附录

附录 A　CEET 数据库的形成

利用两个生产矿山实例介绍 CEET 数据库的形成过程[1]。

A1　创立数据库

创立矿块的 SPI 和邦德功指数估值的基本程序与创立矿块品位和储量的估值程序相同。通常的方法包括采取岩芯样、变量分析和地质统计或几何插值。

A1.1　取样

MinnovEX SPI 试验需要一个样品的质量至少为 2kg，最大粒度不得小于 25.4mm（1in），修正后的邦德功指数试验通常也需要 1～2kg 矿样，考虑样品准备过程中的损失及试验的重复等，建议每个矿样至少 5kg。

硬度试验所采取岩芯样的基本程序是：按采矿开采的台阶高度上，每 0.5m 采取一段 25.4～50.8mm（1～2in）的岩芯（假定岩芯是劈开的），对于 15m 的台阶则采取 30 小段的岩芯。当采取破碎或很脆的岩芯样时，一定要注意取上有代表性的细粒部分。

采用该程序取样所产生的方差已经通过在同样 15m 间隔上重复取样和试验工作进行了测定，结果见表 A－1，矿样为来自于奇诺（Chino）矿的软矿石。

表 A－1　取样方差（15m 台阶）

项　目		SPI	W_i
矿样	1	32	11.7
	2	31	11
	3	28	10.5
平均值		30.3	11.1
方差		4.3	0.4
相对标准方差（RSD）/%		7	5

尽管表 A－1 中只是列出了 3 个完全相同的矿样的试验结果，但在一些生产矿山进行的试验工作已经得到了几乎完全相同的结果。表 A－1 中很低的标准偏差表明上述的对 15m 台阶的取样程序所产生的误差是可以接受的。

其他与每个样品有关的重要数据有：样品中心的坐标 x，y，z；岩石类型；蚀变类型；密度；RQD；岩石的力学性能数据；观察资料（或报告）。

A1.2　变量分析

只根据过去矿石分类的经验来预测其冶金学性能是很困难的，正像图 A－1 所示，矿石的类型很少是一成不变的。另外，图 A－1 中所显示的数据是非常有价值的，只是为了精确的空间计算而简单地忽略也是不合理的。

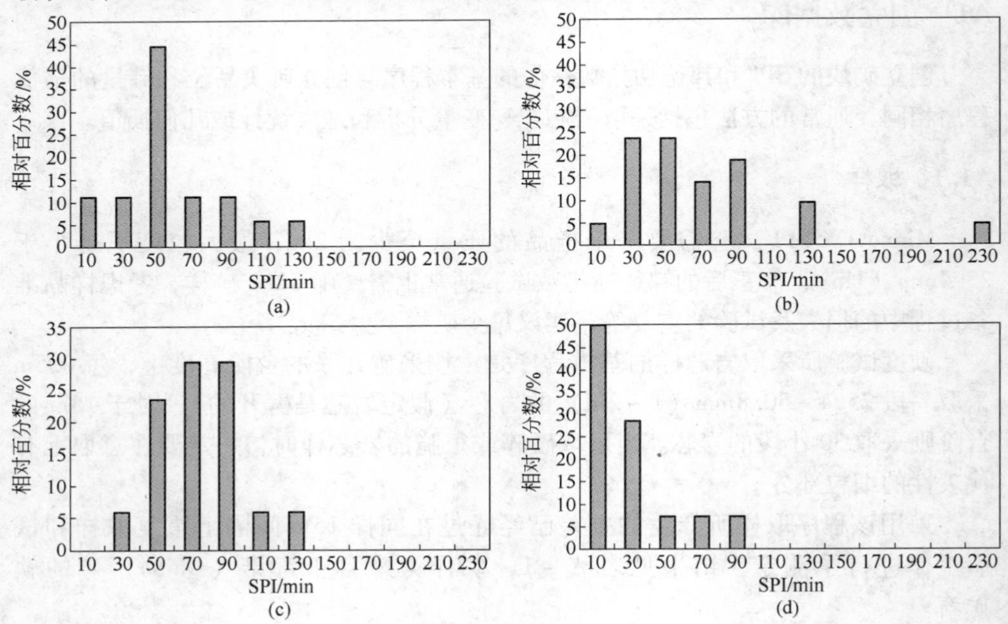

图 A－1　奇诺（Chino）矿部分岩石和蚀变类型的 SPI 数据

（a）花岗闪长岩；（b）矽卡岩；（c）Biotized 型蚀变岩；（d）Retrograde 型蚀变岩

因此，为了使获得的数据能达到所要求的精度，要利用地质统计学和空间相关关系，利用所有的有用信息。这就需要保证必需的试验工作。

根据有效样品的数量，有以下两种方式。

A1.2.1　变量分析方法一

如果完成了足够的试验工作，能够可靠地模拟出变量图，则常用的克里金法（Kriging）是最有效的，它能够使估计的误差方差最小。用这种方法，变量图计算、模拟和克里金法仅限于单一的矿石类型。这里的问题是当每种矿石类型的样品少于 100 个（根据矿体和采样布置）时，变量图的模拟就困难了。并且矿石类型越多，需要的样品越多。避免这个问题的一个捷径是建立一个通过计算和模拟形成的全球性各种不同矿样的变量图，且不考虑矿石的类别，以同一矿石类别内的变化为依据，将岩床缩放并做成各种变量图，然后，把这些缩放后的变量图用于同一类别矿石中的克里金法计算。这种方法很有意义，不同矿石类别的硬度的连续性观察成本更低。

图 A－2 是采用从奇诺铜矿采取的 97 个台阶样品计算所得的变量图。模拟变量图（光滑的曲线）是两种指数成分（大范围和小范围）和一个非常低的金块效应（Nugget effect）的和（实际上是通过表 A－1 的数据确定）。由于奇诺矿石的硬度变化非常大，以至于目前钻孔的距离太大无法得到小距离内的可靠的模拟变量图，因而在小范围内采用槽样来补充模拟变量，这就是图 A－2 模型中的小范围样的构成。矿床的变量图就构筑出来了，也就是说，这等同于 97 个台阶成分的变化。知道了金块效应（表 A－1）、小范围的成分（槽样）、矿床（97 个样品），需要确定的唯一事情就是模型曲线的形状。这是利用 97 个样品计算的变量图近似而成。

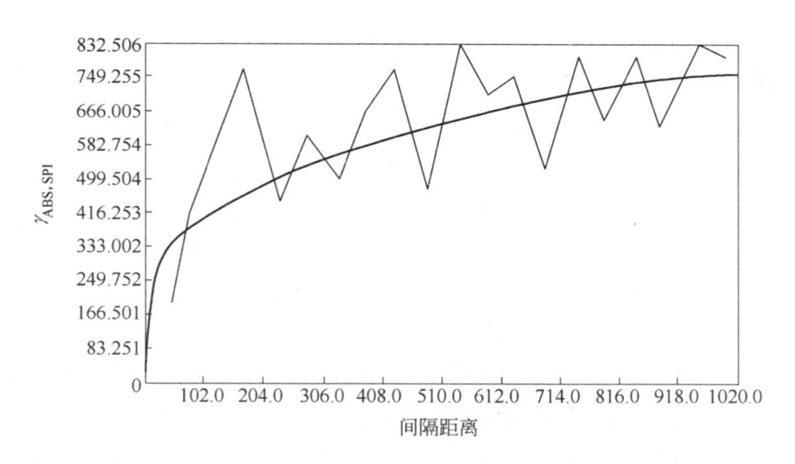

图 A－2　从奇诺铜矿采取的 97 个台阶样品计算所得的变量图

一般来说，槽样只是当小范围的变量构成对模型很重要时才采用，如变化非常大的矿石以及需要精确估算时。

图 A－2 中计算的变量的分散是采用的样品相对少的结果，当采用的样品多时，计算的变量图会更光滑。图 A－3 所示是 BHP Escondida 计算的 SPI 的变化图，大约采用了 800 个样品，用于 SPI 和邦德功指数的试验。有趣的是，Escondida 的变量图的大概形状和奇诺的一样，如低的金块效应、小范围和大范围的指数构成。较低的顶沿表明 Escondida 的可变性比奇诺的小。

A1.2.2　变量分析方法二

对硬度插值的第二种方法主要适用于当变量图计算和分析的样品不足时，对缺省 SPI 和邦德功指数的矿块，根据矿石的类别赋值，然后采用几何插值法，根

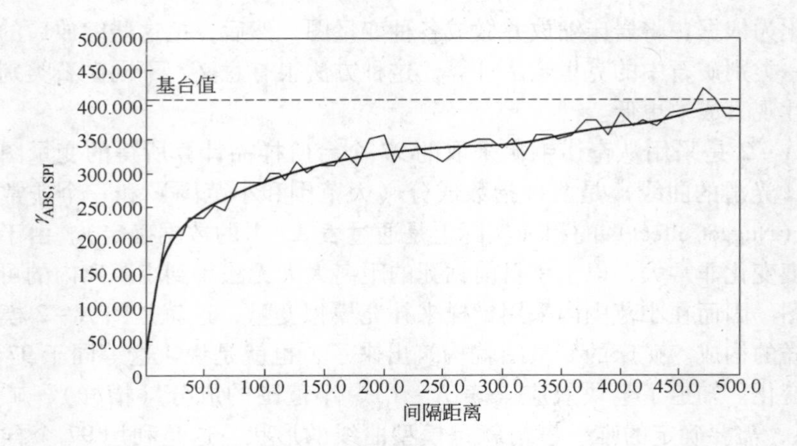

图 A－3　Escondida 计算的变量和模拟图

据与试验岩芯的成分的亲近性赋值。这种方法利用 Barrick Goldstrike 矿的案例研究来进行说明。

Barrick Goldstrike 金矿的露天矿模型有 620 万个矿块和 6200 个钻孔。矿块的规格为 15.24m × 15.24m × 6.1m（50ft × 50ft × 20ft），模型的尺寸为 4130m × 3063m × 701m（13550ft × 10050ft × 2300ft）。当时露天矿的储量是 89376552t，矿石品位为 4.76g/t（0.168 oz/t），总的金属量为 425t（1500 万盎司）。矿山寿命预计 10 年，到 2010 年结束。Barrick Goldstrike 金矿的矿石处理采用一台 17000t/d 的高压釜和一台 12700t/d 的焙烧炉。

用于 SPI 和邦德功指数试验的样品采用钻孔岩芯的间隔，样品的选择根据矿石品位、岩石类型和与后几年将要开采的矿石的亲近性。少量的样品选自于最后几年计划开采的矿石，以利于预测长期的处理能力。岩芯孔间隔的位置和大小根据岩石类型和是否能够得到足够的样品来确定。基本上是采用 6.1m（20ft）的结构，当时邦德功指数共试验了 181 个间隔的样品，SPI 共试验了 87 个间隔的样品，间隔长度范围为 2.13 ~ 44.2m（7 ~ 145ft）。

SPI 和 W_i 的值输入到 Minesight 中并且复合成 6.1m（20ft）的间隔，共生成 295 个 W_i 值和 164 个 SPI 值，每个数值都包含一个基于最近的岩石类型代码。

SPI 和 W_i 值的估算利用下述计算：每一个模型的矿块首先根据岩石类型给予一个 SPI 和 W_i 的缺省值，以保证所有矿块都有一个值。采用逆向（inverse distance weighting）插值法相对于已经做过 SPI 和邦德功指数试验的钻孔样品来校正模型中矿块的值。插值当中，样品最小的数为 1，最大的数是 4。每个钻孔最多只用一个样品。东面和北面的研究距离设定为 152.4m（500ft），研究的高度设定为 76.2m（250ft）。此外，插值法只限于特殊的岩型，通过限定，使研究约束在模型矿块所在的岩石类型中。

从Goldstrike金矿4450台阶估算的SPI和W_i值如图A-4和图A-5所示。

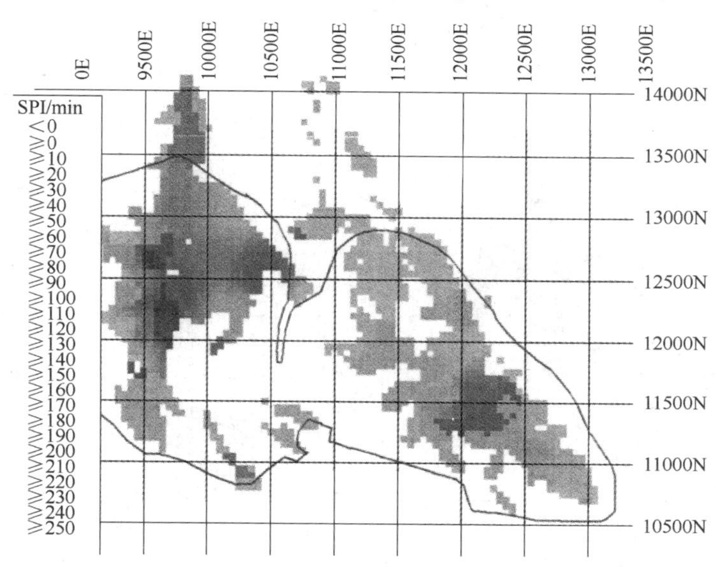

图A-4 Goldstrike金矿4450台阶估算的SPI值

（图中所示的矿块为含金大于1.13g/t（0.04oz/t））

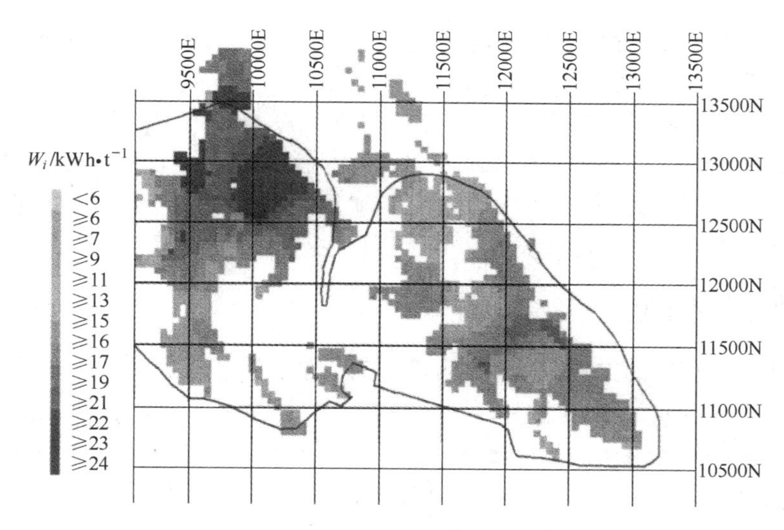

图A-5 Goldstrike金矿4450台阶估算的W_i值

矿块的W_i和SPI值从Minesight软件中连同x，y，z坐标一起输出到一个ASCⅡ文件中，ASCⅡ文件被送到处理包，每个矿块的产量都采用CEET进行计算。目前，只有2号选矿厂的产量值进行计算。计算的产量值随后返回到 Minesight 装载到矿块模型中。图 A－6 所示为图 A－4 和图 A－5 所示的台阶经 CEET 计算后得出的产量值。

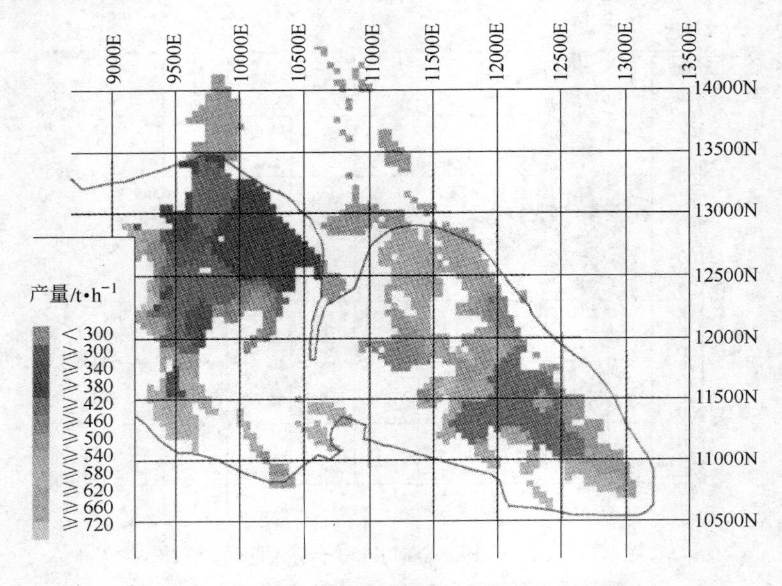

图 A－6　4450 台阶经 CEET 计算后的产量值

从矿块模型得到的储量输出后作为选矿厂今后一段给定时期的处理量使用。2号选矿厂的产量与物料的工艺编码、含金量和工艺指标一同输出。由于高压釜的要求，1号选矿厂的产量保持恒定，2号选矿厂的产量是变化的。所有的选矿处理能力叠加计算即得到整个选矿厂的处理能力。这种方法在2001年曾用来计算选矿厂和高压釜的处理能力和第五期选矿厂的扩建，将来计划用于包括1号选矿厂的变化的生产能力的计算和2号选矿厂生产能力的连接。

A2　预测的准确度

矿块产量预测的方差是 SPI 或者 W_i 校准的方差（取决于矿块的产量是否受半自磨回路或球磨回路的限制）和矿块估计方差的和。校准方差是恒定的，并且根据磨矿回路基准研究的经验确定。矿块的方差是矿块自身估值的精度。对磨矿回路的设计或生产计划来说，工程师对平均生产能力估计的误差或磨机规格的误差，也就是平均的标准误差更感兴趣。

对于 SPI 和邦德功指数的平均标准误差估计有两种方法，第一种方法是当取样活动已经完成，工程师希望知道处理能力预测或磨机规格的准确度时使用；第二种方法是当工程师必须设计一个取样活动，以取得最小的可接受的处理能力预测或磨机设计的误差时使用。

在第一种方法中，应是已经有了一个对应于矿体中 x，y 和 z 坐标（或选择的一个预测理想的矿体）的 SPI 和 W_i 值的数据库。主要的方法如下：与周围每个矿样有关的多边形被离散，利用方差图和传统的 Kriging 公式得到基本扩展方差。然后，扩展的方差合并来确定多边形的估计方差。体积与方差的关系用来合并每个多边形的方差。

第二种方法是假定不同的取样格均利用上述估计每个格的平均方差的方法。在这种方法里，可以根据特定的采矿模型所对应矿石的体积，或者是工作面的几何形状，或者是将工作面假定为不同的时间阶段，可以做出一条曲线，这条曲线表示所取样品之间的距离和处理能力估计的准确度之间的关系。这个将在后面的案例研究中描述。

以奇诺矿准确度曲线的建立为案例进行研究。

图 A－2 所示的奇诺铜矿的变量图用来确定所需的 SPI 矿样的数量，以得到 4 个不同时间段半自磨回路处理能力的准确度，4 个时间段分别为 1 年、6 个月、3 个月和 1 个月。

利用以前年份的回路平均处理能力，估计出 1 个月的时间段，可以处理两个采矿工作面（每个工作面为 152.4m × 91.4m × 15.2m，即 500ft × 300ft × 50ft），120 个矿块（15.2m × 15.2m × 15.2m，50ft × 50ft × 50ft）的矿石量。

首先假设 SPI 矿样采取的是 15.2m（50ft）的间隔，利用变量图模型计算出每个矿块的离散点的单个 SPI 值的扩展方差，在这种情况下，矿块的范围是 15.2m × 15.2m × 15.2m（50ft × 50ft × 50ft），因为其间隔是 15.2m（50ft）。然后，扩展方差合并，得到一个总的方差。再由一个工作面上的矿块的数量除以总的方差，得到工作面的估计方差，再除以工作面的数量（因为在该案例中，工作面的形状和规格是相同的），即得到 1 个月时间段的估计方差。估计方差的平方根就是该情况下的平均 SPI 的标准误差。

然后，这种计算不断增大取样间隔为 30.4m（100ft）、45.6m（150ft）、60.8m（200ft）、…，重复进行，每个取样间隔得到一个 1 个月时间段的不同的标准误差。同样，利用类似于奇诺铜矿工作面实际几何形状的假定，重复计算得到 3 个月、6 个月和 1 年时间段的标准误差。图 A－7 所示为 4 个时间段的平均 SPI 的标准误差图形。图 A－7 右边的纵坐标是利用半自磨机的实际功率、平均的排矿粒度、SPI 的校准资料数据以及前述的以前奇诺半自磨回路基准研究的结果计算得到的。它是以 t/h 表示的与平均 SPI 的标准误差相对应的相等的误差。

要使用这个图形，工程师必须首先确定预期的可接受的误差是多少。例如，如果能力预测在 95% 的可信度水平上，最小可接受的误差是 ±50t/h，对 1 年处理能力预测的样品的采取必须是 91.2m（300ft）的间隔（50t/h 被 2 除，因为

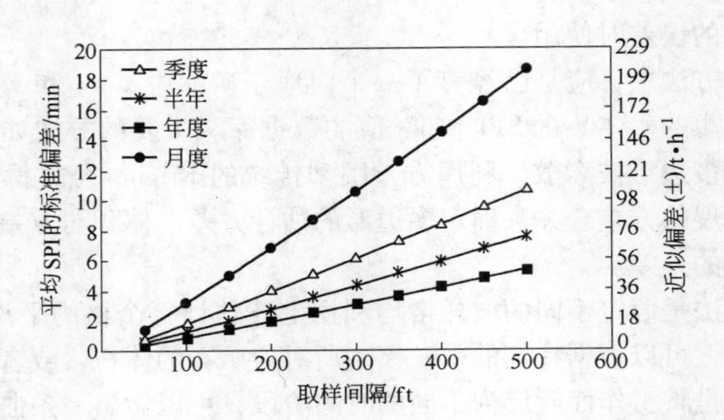

图 A-7　奇诺铜矿不同工作面形状、取样间隔和时间段的处理能力估计准确度（1ft = 0.304m）

95%的可信度的标准误差是2）。另外，也可采用效益分析来确定经济最佳的采样密度。

参考文献

［1］AMELUNXEN P，BENNETT C，GARRETSON P，et al. Use of geostatistics to generate an orebody hardness dataset and to quantify the relationship between sample spacing and the precision of the throughput predictions［C］//Department of Mining Engineering University of British Columbia. SAG 2001. Vancouver，2001：Ⅳ-207～220.

附录 B　SAGDesign 试验及应用案例

选矿上一直需要一个符合实际的、准确的试验室半自磨试验程序，SAGDesign 咨询部已经研发了一个这样的试验程序。本书也给出了一些如何使用的案例。给矿是大约 10kg 破碎到 P_{80} = 19mm 的岩芯样，然后在一台直径 0.5m 的半自磨机中磨到 80% 通过 12 目（美国标准），即 1.7mm。半自磨机的磨矿产品然后用来进行邦德功指数试验。到目前为止，半自磨机重复磨矿试验的可重复性偏差小于 3%。试验已经用来预测处理能力以及新选矿厂的设计[1]。

B1　背景

在合理的费用下得出准确的半自磨机设计参数已经是多年来 John Starkey 着重考虑的事情，首先提出一个切实的方法是在 1991 年发明了半自磨功指数（SPI）试验法，后来在 MinnovEX 的帮助下，发展成为地质冶金学的工具。这个试验的成功已经在文献中报道过，一个 10 年回顾已经在 2005 年 Perth 论坛出版的论文集中介绍。在 2002 年，由于缺少公开的资料和讨论，SPI 试验用来设计新磨机没有受到客户的认可，因为每个试验的矿样只有 2kg，且需要许多矿样，才能达到理想的准确程度。SPI 试验对地质冶金学是很有用的，但对于新磨机的设计却不受欢迎。因此，有正当的理由来考虑研发一种新的、更可行的试验，专门用于半自磨机的设计，因而，研发出了 SAGDesign 试验来完成这种要求。

所提的问题是：如果客户有一个矿体，正在做可行性研究来开发它，他们自己又不熟悉，要满足客户要求，所需的是什么？要首先考虑试验过程的费用和单个试验的费用，此外，工程所需的新的磨矿设备的投资更为重要，因而试验结果必须准确。

Starkey 与 Denver 的 Outokumpu 公司和盐湖城的 Dawson 公司进行了交流，达成了一个如何来做开发工作的协议。三个公司都认为这个工作会做出更好的磨机设计。工作开始启动，成立了由 Outokumpu 技术公司、Dawson 选矿实验室和 Starkey & Associates 三家组成的 SAGDesign 咨询组。

B2　SAGDesign 试验

开发这个新的试验设定了许多标准，可以称为标准自磨设计（Standard Autogenous Grinding Design）或 SAGDesign 试验，因为是专门发明用于设计半自磨机/球磨机磨矿回路和单段半自磨机回路的标准。目标也是使它简单又基本，以使它成为采矿工业的标准试验。试验所需的物料的量要足够以使在与半自磨机磨矿同体积的条件下进行邦德功指数试验。这是设计采用半自磨机的任何磨矿回路（用于氰化、重选或浮选）所实际需要的资料。

SAGDesign 试验中半自磨机采用的运行参数为26%的充填率，其中钢球11%（16kg），矿石15%（恒定体积），转速率为76%。每个试验所需的矿样为4.5L（约7kg硅质矿样，密度为2.7g/cm^3）。半自磨机规格为ϕ488mm×163mm的MacPherson磨机，内装8个38mm的正方形提升棒。添加的钢球为ϕ51mm和ϕ38mm的各一半。

半自磨机的给矿粒度与MacPherson自磨功指数试验相同，即80%小于19mm（F_{80}=19mm），每个磨矿循环后，从充填的物料中筛除小于1.7mm（12目，美国标准）的细粒，反复进行，使得到的半自磨试验的产品粒度是80%小于1.7mm（P_{80}=1.7mm）。

为了重复工业上半自磨机内的停留时间，对于硬矿石，第一个循环的磨矿是462转（约10min），对软矿石则少一些。然后把物料从磨机中倒出，将矿石和钢球分离，采用美国标准12目（1.7mm）的筛子对磨过的矿石进行筛分。筛分后，小于12目的细粒被除去，大于12目的矿石和钢球再装入半自磨机继续磨矿。一旦除去60%小于12目的矿石，则停止细粒筛除，磨矿继续进行，直到达到80%通过12目筛（P_{80}=1.7mm）的目标。达到这个目标时，半自磨机的转数是SAGDesign中半自磨机磨矿所要得到的结果，这和SPI试验中所要得到的结果是时间（分钟数）是不同的，由于细粒已经筛除，相对球矿比更大，磨矿时间则会减少。

SAGDesign 试验方法中，半自磨机所需功率有如下关系：

$$N = n\frac{16000 + g}{447.3g} \tag{B-1}$$

式中　N——半自磨机所需轴功率，kW·h/t；

n——半自磨机把给定的矿石磨到所需结果时的转数；

g——所试验矿石的质量，即4.5L的矿石质量，g；

16000——半自磨机中充填钢球的质量，g。

式（B-1）为一线性函数，试验结果的可重复性很好，偏差小于3%。和工业上运行的半自磨机及半工业试验的半自磨机运行结果比较，仍是类似的准确度。这种线性关系使得SAGDesign试验磨机的性能可以利用磨机每一转中功率的增量，采用基本原理进行分析，因为体积是恒定的，矿石质量是已知的，选择恒定的矿石体积与邦德试验是相同的。

由于半自磨机减去衬板后的内径D与轴功率N是$N=f(D^{2.5})$的关系，因而可以从这种关系中定义出试验磨机每转中功率的增量。资料表明，在直径

0.304m（1ft）到至少 12.2m（40ft）之间的半自磨机的这种能耗与直径的函数关系都是正确的。

因此，通过分析，对给矿粒度（试验的 F_{80} = 19mm 与工业上半自磨机的 F_{80} = 152mm 相比较），矿石密度（试验矿石的实际密度与基本试验物料 2.7g/cm³ 的密度相比较）以及图 B－1 中磨矿曲线的非线性部分的调整，把样品试验的结果转化为对功率的预测。当这种分析得到的结果与经验数据相同时，可以断定试验的结果对于确定半自磨机的轴承功率是准确的。

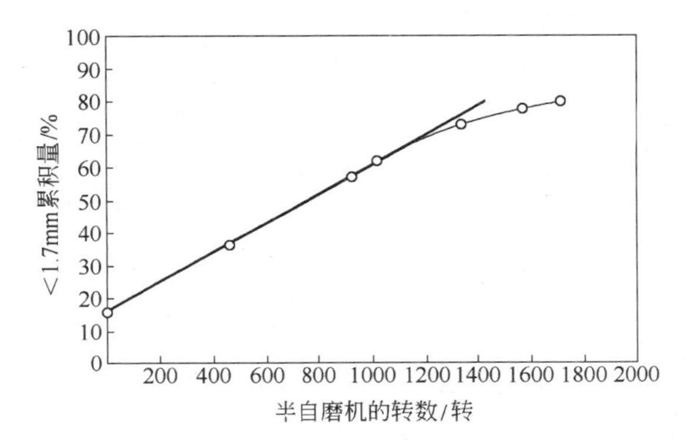

图 B－1 典型的 SAGDesign 试验结果

在明尼苏达州 Hibbing 的 Midland 研究中心采用直径 1.52m 的 Nordberg 半工业试验磨机进行了基准试验。这个试验证实 SAGDesign 试验（见图 B－2）在半工业厂给矿粒度下，产生了和半工业试验厂实际功耗类似的结果，其半自磨筛下产品 P_{80} = 1mm。

图 B－2 SAGDesign 试验磨机

半自磨小齿轮能耗的可重复性试验进行了 5 次，每次的结果与最初的结果相比，偏差都小于 3%，这是采用 7～8kg 的矿样作为 SAGDesign 试验的给矿，每个矿样中含有足够粗的颗粒以表明所需磨的量，且将其磨到 P_{80} = 1.7mm。

磨完的矿石中有一些大于 3.3mm（6 目）的颗粒，将其破碎到小于 3.3mm 后，放回到这些矿石中，作为半自磨的产品进行标准邦德功指数试验。半自磨和球磨的磨矿数据在设计中都需要，因为这两个硬度相互之间是不一致的。这个邦德功指数的值和常规的小于 3.3mm 破碎矿石的邦德功指数值相比要高约 1～

1.5kW · h/t。

为什么 SAGDesign 试验可以应用?

取样是 SAGDesign 试验程序成功的第二个重要因素。因此，采取矿样是 SAGDesign 试验程序的一个重要组成部分。回顾以前，采用任何试验进行的任何调查，对于磨机的设计来说，都是关键的部分。随着地质 - 冶金图绘制的出现，半自磨的硬度变化比以前所想象的大得多，在许多矿体中，所需的能耗变化范围和平均或中间硬度值相比为 ±50% 或更多。如果所做的取样不能包括最硬的矿石，设计就会失败。工程师取样的水平是好的设计的关键。设计的目的必须明确，过去传统上讲，目标是取一个有代表性的矿样，根据矿样的试验结果进行磨机的设计。但现在许多人认识到，如果对于矿体的硬度变化情况未知的条件下，单一的样品是不可能有代表性的。客户可能需要这个设计，但一个更透彻的分析表明这种设计经常会导致周期性地发生生产能力不足，即使矿样是有代表性的。更严格的办法是按最硬的矿石来做设计，这样绝不会发生生产能力不足的现象。更谨慎的方法是按硬度变化范围的 80% 来做设计，除非有其他的理由说明，这就是通常 SAGDesign 咨询组建议的方法。

对于最终磨矿回路设计的取样，要包括有资质的采矿工程师的现场调查，研究矿石的储量、地质和开采计划，同时，要评估一下矿石量随着金属价格的变化情况，也要看一下矿量增加的可能性，以确定是否将来可以扩建。为了给客户控制预算，目标是为这个设计取约 10 个矿样，做约 10 次 SAGDesign 试验。可以根据矿床的性质、形状以及在开采计划中包含的矿段的数量来确定。但是很明显，如果已知矿体是临界的，在可行性研究阶段，磨矿设计的预算不允许超过 50000 美元，越少越好。同等重要的是设计的准确度，特别是在工程的可行性研究阶段。如果在工程的可行性研究阶段没有确认磨机的规格，磨机和建筑物的投资估算是不准确的。

B3 性能保证

SAGDesign 研发工作完成后，赫尔辛基工业大学的 K. Heiskanen 教授进行了审查，根据审查结果，Outokumpu 技术公司（OKT）决定他们要把这个试验申请专利。最后同意 OKT 拥有专利权，Starkey 拥有商业使用权。当 Starkey 根据 SAGDesign 程序设计出磨机后，磨机磨矿能力（t/h）的工艺性能保证由 OKT 负责。SAGDesign 程序需要现场调查取样，取约 10 个样，要保证在研究中包含矿石的可变性样品和硬矿石。

关于磨机的设计有几点值得注意：第一点，半自磨机功率的计算是在 26% 的充填负荷条件下来选择磨机的容积。高负荷需要更多的功率，但结果是，当负荷超过 26% 时，实际处理能力下降，不管是 ϕ9.75m 的工业磨机，还是 ϕ0.91m

的半工业试验磨机，都表明了同样的结果。ϕ0. 91m 的半工业磨机的结果发表在2004 年的 CMP 会议论文集中。这对于设计的半自磨机能够顺利达到设计生产能力是一个关键点。第二点是利用分级设备控制过渡粒度 T_{80}。MacPherson 推荐振动筛来作为半自磨机排矿的分级设备。12. 7mm 的圆筒筛在处理能力大的情况下效果很好，其 T_{80}约 3mm，但是为了有效地利用半自磨机功率，在 1 ~ 10mm 的范围内，常常有必要采用振动筛。目前，合适的球磨机设计选型常常感到困难。Fred Bond 非常详细地解释了当球磨机直径超过 ϕ2. 44m 时，要利用直径系数，以增加效率。这个系数在许多工程设计计算中没有包括，虽然通过选择大的设备的基准试验最终表明 Bond 提出的直径校正系数是正确的，甚至是保守的。这个系数是：对于 ϕ7. 32m 球磨机，W_{io}（操作功指数）= W_{ib}（邦德功指数）×$(8/D)^{0.2}$或 0. 80×球磨功指数。C. Rowland 对这个系数提出了一个极限值 0. 914，但这个值主要是根据当时的磨机规格而不是经验分析所提出的。这些选择计算的结果和其他的方法比，给出的半自磨机大，球磨机小，而总的功率差不多相同。半自磨机的规格合适可以使最佳化或扩建更有信心。

B4 磨矿设计的理论

为了解 SAGDesign 试验程序的设计原理，有必要回顾和简单总结一下磨矿设计理论。这是根据下面的前提，在研发半自磨功指数 SPI 技术期间，进行 SPI 的初始校准工作时，由发明者发现的。

准则 1：SAGDesign 试验的半自磨磨矿阶段，测量把矿石从 F_{80} = 152mm 磨到 T_{80} = 1. 7mm 时的小齿轮能耗。

准则 2：SAGDesign 试验的球磨磨矿（邦德球磨功指数试验）阶段，测量把矿石从 T_{80} = 1. 7mm 磨到 P_{80} = 150μm（或矿石所需的解离粒度）时的小齿轮能耗。

准则 3：在 0. 4 ~ 4mm 范围内，调整设计的半自磨机到球磨机的过渡粒度（矿浆中的固体）T_{80}，需要利用邦德球磨功指数来调整半自磨机和球磨机的小齿轮能耗。这是发明者从做基准试验中观察到的。

准则 4：根据上面所述，总的小齿轮能耗（kW · h/t）等于半自磨机和球磨机的小齿轮能耗的和，改变 T_{80}所进行的功率分配调节不改变总的设计功率。

准则 5：按照邦德要求，细粒校正系数（产品粒度 P_{80}小于 70μm 时）只是应用于磨粒度小于 1. 7mm 的粒级部分时。同时，也不推荐这时在单段半自磨机中磨到粒度 P_{80}小于 70μm。

准则 6：在设计单段半自磨机时，大直径的效益没有使用，当时不知道这个系数是否能够用到单段半自磨机上。从这个方面来讲，这个设计是保守的。球磨机的设计需要包括直径校正系数。

准则7：当采购单段半自磨机时，需提供足够的功率和筒体强度，以便将来必要时能够转变为球磨机。

准则8：半自磨机的安装功率需要有10%的富裕，球磨机需要有5%的富裕功率。

B5　案例

利用SAGDesign试验程序，已经完成了涉及4个方面的7项工程。4个方面有：预测现有设备的处理能力（1项），设计新的或改造的半自磨机+球磨机回路（3项），基准试验（2项），设计单段半自磨机（1项）。

B5.1　现有选矿厂处理能力的预测

一个金矿已经买了一台使用过的单段半自磨机 $\phi 5.0m \times 6.1m$，安装功率2300kW，处理能力75t/h，$P_{80}=150\mu m$（100目）。以前没有做过试验，因而没法评价其能力。选取了5个样品来调查主要的矿石类型，采用SAGDesign试验得到了表B-1中的结果。

表B-1　预测处理能力的SAGDesign结果

矿石类型	半自磨试验		邦德功指数	小齿轮能耗/kW·h·t⁻¹			预测能力
	转数/转	质量/g	W_i/kW·h·t^{-1}	2000μm（10目）	150μm（100目）	总计	/t·h^{-1}
硅质矿石	1944	6191	16.26	15.58	9.33	24.91	75
硅质矿石2	2061	6878	17.54	15.33	10.07	25.40	74
铁锰矿石	828	6657	14.94	6.30	8.57	14.87	126
石灰石	992	6600	11.46	7.60	6.58	14.18	133
软矿石	298	6425	10.48	2.33	6.02	8.34	225
硬：软矿石=50:50						16.75	112

由此推断出处理能力在软矿石和硬矿石比例为50:50的混合矿的条件下，可以达到2700t/h，可能还会更高，因为软矿石比正常矿石细得多，因此，业主计划处理能力到3000t/h。

B5.2　新设计的两段磨矿回路

新的两段磨矿回路已经完成了3个项目，其中两个是贱金属矿，一个是铁矿。第一个贱金属工程涉及现有的和新建的磨机的组合，做了4个SAGDesign试验，表B-2为试验结果，表B-3为结果分析。

表 B-2 SAGDesign 试验结果（现有的和新建的）

矿石类型	半自磨试验		邦德功指数 W_i/kW·h·t^{-1}	小齿轮能耗（P_{80}）/kW·h·t^{-1}		
	转数/转	质量/g		2000μm（10 目）	150μm（100 目）	总计
QF 片麻岩	719	7100	13.34	5.23	10.10	15.33
CB 片岩	711	7260	12.76	5.09	9.67	14.76
Amph. 片岩	729	7010	11.43	5.35	8.66	14.01
石英斑岩	903	6471	13.91	7.01	10.54	17.55
4 个矿样平均				5.67	9.74	16.41

表 B-3 现有和新建磨机的预测能力

方案	系列功率/hp		磨机规格/ft				T_{80} /μm	P_{80} /μm	系列能力 /t·h^{-1}
	半自磨机	球磨机	半自磨机		球磨机				
			直径	有效长度	直径	有效长度			
现有	6000	3000	28	12	16.5	19			
1	6000	3000	28	12	16.5	19	310	100	434
2	6000	3000	28	12	16.5	19	500	150	512
3	6000	3000	28	12	16.5	19	700	200	574
在上述方案中增加新的球磨机 1		7000			20	26.5	2500	100	833

注：1hp = 745.6999W，1ft = 0.304m。

这个分析使得可以预测现有的 2 台半自磨机和 2 台球磨机能够达到 21000t/d，新增加的 2 台 7000hp 球磨机可以在细磨的情况下，把能力提高到 40000t/d。

第二个新设计的工程全是新设计，用来处理 650t/h 的矿石，结果见表 B-4。

表 B-4 SAGDesign 试验结果（新磨机）

矿石类型	半自磨试验		邦德功指数 W_i/kW·h·t^{-1}	小齿轮能耗（P_{80}）/kW·h·t^{-1}		
	转数/转	质量/g		2000μm（10 目）	150μm（100 目）	总计
GGT1	2243	6935	19.18	16.58	17.50	34.08
GGT2	1841	6961	15.42	13.58	14.07	27.64
GGT3	2341	7263	16.55	16.76	15.10	31.86
GGT4	2041	7013	17.25	14.97	15.73	30.71
GGT5	2277	6974	20.40	16.77	18.61	35.38

续表 B-4

矿石类型	半自磨试验		邦德功指数 W_i/kW·h·t^{-1}	小齿轮能耗（P_{80}）/kW·h·t^{-1}		
	转数/转	质量/g		2000μm（10 目）	150μm（100 目）	总计
CIPR6	2130	7013	16.14	15.63	14.72	30.35
CPR7	1574	7042	12.93	11.51	11.79	23.31
7 个样平均				15.12	15.36	30.48
3 个最硬的样平均（设计）				16.70	17.28	33.98
6 号样重复	2210	7427	18.20	15.59	16.60	32.19

结果表明，要以每小时 650t 的能力处理矿石，需要一台 ϕ10.36m×4.57m 半自磨机（装机功率 10500kW，双电机变速驱动），一台 MP800 顽石破碎机和一台 ϕ7.32m×9.9m 球磨机（装机功率 10500kW，双电机定速驱动）。同时也注意到，由于工程前期要开采软的矿石，因而不会需要顽石破碎机，直到大约在第三年软的矿石采完。

第三个新的设计是为一个大的铁矿床，结果见表 B-5。反复做了几次半自磨试验为磁粗选试验和精矿的邦德功指数试验准备物料。磁选试验的平均回收率是 53.5%。

表 B-5　SAGDesign 试验结果（铁矿新磨机）

矿石类型	半自磨试验		邦德功指数 W_i /kW·h·t^{-1}		小齿轮能耗（P_{80}）/kW·h·t^{-1}		
	转数/转	质量/g	矿石	磁铁矿	2000μm（10 目）	45μm（325 目）	总计
水平 1（3）	2868	8145	17.7		19.01		19.01
水平 2（3）	3041	8349	16.1		19.83		19.83
水平 3（3）	2665	8062	16.0		17.78		17.78
水平 4（3）	2622	8864	15.2		16.44		16.44
水平 5（3）	2816	8513	14.7		18.13		18.13
水平 6（3）	2164	8514	13.0		13.93		13.93
水平 7（3）	2308	8050	14.9		15.42		15.42
8　第一年混合样	2527	8380	14.7		16.44		16.44
9　顶部三个混合样	2830	8162	17.3		18.73		18.73
10　下部混合样	2450	8620	14.8		15.64		15.64
7 个样平均	2641	8357	15.4		17.22		17.22

续表 B－5

矿石类型	半自磨试验		邦德功指数 W_i /kW·h·t^{-1}		小齿轮能耗（P_{80}）/kW·h·t^{-1}		
	转数/转	质量/g	矿石	磁铁矿	2000μm（10 目）	45μm（325 目）	总计
设计（9 和 10）	2651	8377	16.1		17.28		17.28
8 重复	2561	8443		14.9	16.58	（磁铁矿）20.4	
9 重复	2863	8268		16.6	18.79	22.6	
10 重复	2523	8600		15.1	16.13	20.6	
设计（9 和 10）						21.6	
ϕ7.32m 磨机调整后（c/w 同步电机）						18.5	
基准试验 半工业试验给矿	2219	7926	16.7		14.97		14.97
基准试验 半工业试验数据校正后					15.0		15.0

采取了 23 个样，每个水平从 3 个交叉点做一个混合样。此外，上部 3 个水平和下部 4 个水平各做一个混合样。这些矿样代表了整个矿体，总共做了 13 个 SAGDesign 试验。半自磨机把矿石磨到 P_{80} = 1.7mm 后采用磁选机粗选。利用最大的半自磨机是可行的，采用一台 ϕ12.2m × 6.1m（有效长度）半自磨机在 T_{80} = 1.7mm 的条件下，处理能力可以达到 1100t/h。同理，计算所需一台 ϕ7.32m ×9.9m 的球磨机，把粗磁选的精矿从 F_{80} = 1.7mm 磨到 P_{80} = 45μm（325 目）。

B5.3　新设计的单段半自磨机

该工程是一个金矿，新设计的单段半自磨机，处理能力为 100t/h。SAGDesign 试验结果见表 B－6。试验了 9 个矿样，试样由 J. Starkey 现场取回。

表 B－6　单段半自磨的 SAGDesign 试验

矿石类型	半自磨试验		邦德功指数 W_i /kW·h·t^{-1}	小齿轮能耗（P_{80}）/kW·h·t^{-1}		
	转数/转	质量/g		2000μm（10 目）	75μm（200 目）	总计
1 主区段	1438	7072	16.4	10.49	14.92	25.41
2 主区段	1192	7130	15.8	8.65	14.40	23.05
3 老区段 LG	2207	6735	16.2	16.66	14.74	31.40
4 老区段 HG	1554	7069	16.2	11.34	14.73	26.07

续表 B－6

矿石类型	半自磨试验		邦德功指数 W_i/kW·h·t^{-1}	小齿轮能耗（P_{80}）/kW·h·t^{-1}		
	转数/转	质量/g		2000μm（10 目）	75μm（200 目）	总计
5 新斜面	1949	7180	16.6	14.07	15.14	29.21
6 新斜面	1690	6972	16.8	12.45	15.31	27.75
7 新—硬矿石	2290	6531	19.5	17.66	17.80	35.46
8 新—硬矿石	1757	6824	16.2	13.14	14.79	27.92
9 新废石	2107	7324	15.1	15.00	13.78	28.78
平均	1798	6982	16.5	13.23	15.07	28.30
设 计				14.83	15.26	30.09

根据表 B－6 中数据确定单段半自磨机为 ϕ5.5m×8.38m（有效长度），装机功率为 4300kW，定速驱动，如果将来有必要，可以转换成球磨机。如果增加一台顽石破碎机，磨机长度可以改为 7.32m，但不推荐。

参考文献

[1] STARKEY J，HINDSTROM S，NADASDY G. SAGDesign testing——what it is and why it works [C]//Department of Mining Engineering University of British Columbia. SAG 2006. Vancouver，2006：Ⅳ－240～254.

附录C　高压辊磨机的发展简况

自1985年高压辊磨机在工业上应用以来，已经有500多台被使用，主要是在水泥行业。

1988年，在南非的Premier金刚石矿，安装了一台高压辊磨机，用于破碎金伯利岩。

1990年，在澳大利亚的Argyle金刚石矿安装了一台高压辊磨机来破碎硬岩金伯利岩，该矿石的邦德研磨指数为0.6，UCS（unconfined compressive strength，抗压强度）为250MPa。该矿花了2年多的时间终于使用正常，后来于1994年又安装了第二台。此后，世界上有20多台用于金刚石生产，包括南非的Debswana矿、加拿大的Diavik和Ekati矿，在Ekati矿还首次采用了带钉的辊面。2002年，Argyle矿也安装了一台带钉辊面的高压辊磨机。

1994年，瑞典的LKAB公司在Malmberget安装了一台小型的高压辊磨机，一是在降低能耗的情况下，提高产量，二是用于球团厂的给矿增加比表面。成功之后，该公司于1995年在Kiruna球团厂又安装了一台更大规格的高压辊磨机。

巴西的Hispanobras和CVRD在Tubarão的第一球团厂在1996年投入运行了高压辊磨机，两年后，印度的Kudremukh铁矿石公司采用了一台高压辊磨机用于滤饼再磨，Iron Dynamics公司安装了一台用于球团厂购进的重选精矿再磨。

2003年，CVRD订购了6台新的设备用于巴西的3个项目，1台1200t/h能力的高压辊磨机用于Vitoria，2台1000t/h的高压辊磨机用于位于Ponta Ubu的Samarco，另外3台650t/h的高压辊磨机用于São Luis的球团厂。

我国的武钢程潮铁矿球团厂于2002年引进了一台高压辊磨机，随后，武钢的鄂州球团厂、马钢的南山铁矿等均引进了高压辊磨机。

在有色金属行业，早期在Neves Corvo和El Teniente铜矿安装的高压辊磨机由于辊子磨损问题而不被接受。1995年，Cyprus Amax在Arizona的Sierrita铜矿安装了一台2×2250kW的高压辊磨机进行工业试验，这也是当时最大的高压辊磨机。矿石的最大UCS大于300MPa。该设备作为第三段破碎，在一年多的时间里，处理了600多万吨矿石。选矿试验结果非常好，改善了后续作业的处理能力，但是辊的磨损依然是一个问题，加上金属市场萧条，没有进一步在技术上投入。

目前世界上有三个高压辊磨机的制造商，德国的KHD Humboldt Wedag和

ThyssenKrupp Polysius、澳大利亚的 Köppern。其中 KHD Humboldt Wedag 和 ThyssenKrupp Polysius 自 20 世纪 80 年代就开始进入矿物和水泥行业。Köppern 在 2004 年才进入矿物加工领域，在澳大利亚的佩斯安装了半工业规模的高压辊磨机。

目前在辊的设计和耐磨材料上的改进已经克服了主要的疲劳和磨损问题。由于其结构的改进，其运转率有可能达到 95%。

1997 年，美国明尼苏达州的 Empire 铁矿，就安装了一台高压辊磨机作为 3 台 ϕ7.32m 半自磨机排出顽石的第二段破碎机（第一段是圆锥破碎机）。1998 年，智利的 Los Colorados 的一台 2×2000kW 的高压辊磨机作为第三段破碎设备投入运行，处理能力为 1700～2000t/d，其产品为 82% 小于 6mm，辊胎的寿命为 14600h。1998 年，毛里塔尼亚的 SNIM 铁矿订购了 2 台高压辊磨机用于顽石破碎。印度尼西亚的 Freeport 铜矿也在其常规破碎流程中的第三段圆锥破碎机之后增加了高压辊磨机，作为第四段破碎。

2004 年 3 月，CMP 为其 Romeral 选矿厂订购了一台高压辊磨机处理小于 40mm 的矿石，其产品粒度为小于 6mm 占 63.5%。设备于 2005 年运行，包括 KHD 的高压辊磨机和 Rolcox 的驱动系统和控制系统。过大的颗粒返回高压辊磨机，满负荷处理能力约 1500t/h。据 KHD 介绍，从小于 6mm 物料给到球磨机，由于高压辊磨机的采用使后续到球团给矿之前的能耗节省 15%～25%。

Köppern 2005 年从南澳大利亚的 OneStee 得到了一个订单，该公司将其在 Whyalla 的钢厂原料从赤铁矿改为磁铁矿，在新的矿山安装了两台中等规格的高压辊磨机与湿式筛分闭路来破碎矿石，回路的产品送去磁选分离。该项目得出的结论是该方案是所有方案中的最佳方案。磁铁矿精矿通过管道送到钢厂。该项目的投资为 3.25 亿澳元，2005 年 5 月批准，2007 财政年底运行。

在有色金属矿山，随着低品位难磨矿石的利用，更趋向于将高压辊磨机与半自磨机配合使用。为了稳定金属产量，需要处理品位低、硬度大的矿石，特别是对于半自磨机产生的顽石，更适合于采用高压辊磨机处理。

澳大利亚的 Boddington 金矿在考虑处理其 Wandoo 矿体的低品位、硬度大的矿石时，通过与半自磨机回路比较，最终采用了常规碎磨流程（第三段采用高压辊磨机）。在此之前，Newmont Mining 在美国内华达的 Lone Tree 金矿采用 Krupp Polysius 的高压辊磨机建立了一个验证回路，试验结果使公司增强了采用高压辊磨机技术的信心。2005 年，Boddington 的碎磨回路设计完成，2007 年施工图设计、施工，2009 年试车投产。

此外，Norilsk Nickel 公司的 Zapadnoye 金矿，采用了 KHD RP5－100/90 型高压辊磨机，驱动功率为 2×400kW，作为第三段闭路破碎。2004 年投入运行，高压辊磨机给矿的 UCS（极限抗压强度）为 160～170MPa，最大粒度为 20～

25mm，处理能力为320 ~ 415t/h。

秘鲁的Cerro Verde铜矿采用了4台能力为2500t/h的Polysius生产的24/16型高压辊磨机，每台功率2×2500kW，作为第三段破碎，与湿式筛分构成闭路，筛下给到球磨机。

哈萨克斯坦的Kasachsmys铜矿采用了2台RPS 13 - 170/140型高压辊磨机，安装功率为2×1150kW，处理能力为945t/h，其排矿均给到湿筛作业。

总之，高压辊磨机由于其特殊的结构及破碎性能，可以大大地降低电能消耗，但其明显的弱点是，不适合于软矿石，特别是含泥高的矿石。

如Cerro Verde铜矿在确定采用高压辊磨机之前，做了大量的工作，为了进行HPGR试验，共采取了14t矿样，把矿样分为三种类型：比平均矿石硬的、比平均矿石软的和最普通的矿石。把这些矿样根据矿石硬度分类的依据是预可行性研究中确定的SPI分布，然后把14t矿样分给三个制造商进行试验。试验的目的如下：

（1）确定HPGR的能耗；

（2）确定HPGR操作参数的影响；

（3）提出确定工业生产所需设备规格的依据；

（4）评估HPGR对后续球磨机磨矿效果的影响；

（5）提出HPGR衬板寿命评估的依据数据。

在半工业试验的HPGR上共进行了31次开路和闭路试验，辊径为0.6m和0.8m，其中两台辊面带钉，一台辊面是六角钉辊。

试验的结果是：当挤压力（N/mm^2）增加时，比处理能力（$t \cdot s/(m^3 \cdot h)$）稍微降低，原因是由于压力增加，破碎带厚度稍微减小；比能耗（kW·h/t）随压力增加呈线性增加；产品的细度受压力的影响强烈，压力越高，细粒越多，当压力增加到3.5 ~ 4.0N/mm^2时，细度的增加出现拐点，此后更高的压力下，HPGR的比能耗和所需的功率继续增加，但产品的细粒增加很小；给矿的水分从2%增加到4%，导致比处理能力降低5%，比能耗增加20%；辊速从0.4m/s增加到1.4m/s，导致比处理能力轻微降低（滑动增加），并且产品粒度变粗；在相当的压力条件下，硬的矿石比软的矿石比处理能力稍微降低，且产品粒度变粗。

在闭路试验中，比处理能力增加约10%，这是由于闭路排矿筛上物料对于HPGR给矿更适宜的原因，同时，闭路破碎的比能耗也比开路降低10%。

结饼或结团现象是HPGR工艺的必然结果，在试验过程中注意到了这一现象，在设计和配置上考虑了相应的措施（采用湿筛）。

目前，国外新设计的采用高压辊磨机破碎原矿的工程中，都在高压辊磨机之后设置了打碎或湿筛作业，以消除高压辊磨机破碎过程中形成的压饼或压团。

高压辊磨机的适用条件主要从以下三个方面来看：

(1) 工程特点：

1) 电费高；

2) 电网或电站的需求；

3) 边远地区（磨矿介质和运费等费用）。

(2) 矿床特性。给矿中需处理或混合的黏性矿石或废石少。

(3) 矿石特性：

1) 比较硬的矿石，$A \times b$ 值和 t_a 值低（或 SMC 值高）；

2) 邦德功指数值高；

3) 通过高压辊磨机破碎后矿石的堆密度变大；

4) 矿石中黏性成分和水分低（与能力和成片有关）；

5) 矿石中纤维成分低（与能力、粉尘和成片有关）。

国外研究的结果认为，高压辊磨机不能代替半自磨机。但在许多条件下，高压辊磨机仍然是一个有竞争力的选择，在合适的环境和矿石性质的条件下，高压辊磨机潜在的效益是很大的。如果矿石采用半自磨机处理的比能耗大于 8～9kW · h/t，及邦德球磨功指数大于 15～17kW · h/t，则该种矿石采用高压辊磨机处理有明显的优势，反之则相反。

表 C－1 中为三种不同的碎磨流程在正常运行状态下，取样分析计算后得到的数据，其中自磨和半自磨流程均有闭路的顽石破碎作业，但给矿没有预破碎。球磨机配置是一致的，只是 Candelaria 的数据点是取自两台平行的球磨机，取平均值后按一台处理。Cerro Verde 的功指数试验矿样取之于湿筛的给矿，考虑了微观裂隙的影响。

表 C－1 三种磨矿回路的平均 CF_{net} 系数[1]

矿山	流程类型	SPI/min	W_i /kW · h · t^{-1}	T_{80}/μm	P_{80}/μm	生产 W_i /kW · h · t^{-1}	计算 W_i /kW · h · t^{-1}	平均 CF_{net} /kW · h · t^{-1}	球磨给矿中小于 P_{80} 的含量/%
Bagadad	自磨	112	13.3	2379	211	3.4	5.7	0.64	57
Candelaria	半自磨	123	13.3	2322	135	7.3	8.6	0.86	43
Cerro Verde	HPGR	136[2]	15.4	3769	162	9.2	9.5	0.97	30

从表 C－1 中看出，三种不同的碎磨流程得出的产品细度和对邦德修正系数（CF_{net}）的贡献是不一样的，高压辊磨机回路产品中小于 P_{80} 的含量为 30%，半自磨回路的产品中为 43%，自磨回路的产品中为 57%，相对应的邦德修正系数分别为 0.97、0.86、0.64。这就意味着在同样处理能力的条件下，采用高压辊磨机流程，其选择的球磨机规格要大得多。

参考文献

[1] AMELUNXEN P, MULAR M A, VANDERBEEK J, et al. The effects of ore variability on HPGR trade - off economics [C]//Department of Mining Engineering University of British Columbia. SAG 2011. Vancouver, 2011: 152.

[2] VANDERBEEK J L, LINDE T B, BRACK W S, et al. HPGR implementation at Cerro Verde [C]//Department of Mining Engineering University of British Columbia. SAG 2006. Vancouver, 2006: Ⅳ -45 ~61.

作者简介

杨松荣，1957年生，工学博士，教授级高级工程师。中国黄金集团建设有限公司总工程师。曾任中国恩菲工程技术有限公司副总工程师，中铝海外控股有限公司技术总监。先后兼任中国矿业联合会选矿委员会副主任委员，中国有色金属学会选矿学术委员会副主任委员，中国黄金协会理事，北京金属协会理事，全国勘察设计注册采矿/矿物工程师（矿物加工）执业资格考试专家组组长。

先后参加中国德兴铜矿、巴基斯坦山达克铜金矿、伊朗米杜克铜矿和松贡铜矿、亚美尼亚铜工业规划、赞比亚谦比西铜矿、越南生权铜矿、中国冬瓜山铜矿、阿舍勒铜锌矿、尹格庄金矿、烟台黄金冶炼厂生物氧化厂、金川有色公司选矿厂和白音诺尔铅锌矿、蒙古奥云陶勒盖铜矿、中国白象山铁矿、普朗铜矿、多宝山铜矿、澳大利亚Sino铁矿、巴新瑞木红土矿、金堆城钼矿、东沟钼矿、秘鲁Toromocho铜矿等多项大型矿山的选矿工程及20余项中小型选矿工程的咨询设计工作。曾获国家优秀设计奖银奖一项、铜奖一项，部级优秀设计奖一等奖一项、二等奖一项；国家科技进步奖一等奖一项，部级科技进步奖二等奖一项。在国内外发表论文25篇、英文和日文译文多篇；获授权国家发明专利一项、实用新型专利三项。出版专著《含砷难处理金矿石生物氧化工艺及应用》，作为总编出版教材《全国勘察设计注册采矿/矿物工程师执业资格考试辅导教材（矿物加工专业）》。